高职高专土建施工与规划园林系列『十二五』规划教材

园林工程施工

主编 于立宝 李佰林

华中科技大学出版社
http://www.hustp.com
中国·武汉

U0303229

内 容 提 要

　　本书根据高等职业教育园林类专业培养方案和教学大纲编写。全书内容共分为 8 个项目 19 个任务，主要内容包括园林土方、园林建筑小品、园林给排水、园林山石、园林水景、园路、绿化、综合工程施工等。

　　本书可作为高等职业技术教育园林工程技术、园林技术专业的教材，也可作为开设该课程的相关专业教材，中职院校的园林类专业还可选用作为参考资料，从事园林工程技术专业工作的人员可阅读参考。

图书在版编目(CIP)数据

园林工程施工/于立宝　李佰林　主编.—武汉:华中科技大学出版社,2010.10(2022.12
重印)
　ISBN 978-7-5609-6389-1

　Ⅰ.园…　Ⅱ.① 于…　② 李…　Ⅲ.园林-工程施工-高等学校:技术学校-教材
Ⅳ.TU986.3

中国版本图书馆 CIP 数据核字(2010)第 127694 号

园林工程施工　　　　　　　　　　　　　　　　　于立宝　李佰林　主编

策划编辑:袁　冲
责任编辑:张　毅
封面设计:刘　卉
责任校对:周　娟
责任监印:周治超
出版发行:华中科技大学出版社(中国·武汉)　　　电话:(027)81321913
　　　　　武汉市东湖新技术开发区华工科技园　　　邮编:430223
录　　排:天慧图文
印　　刷:武汉邮科印务有限公司
开　　本:787 mm×1092 mm　1/16
印　　张:18.5　插页:3
字　　数:486 千字
版　　次:2022 年 12 月第 1 版第 6 次印刷
定　　价:37.00 元

·编 委 会·
BIAN ｜ WEI ｜ HUI

前　　言

　　随着园林建设事业的发展,园林工程施工技术的要求越来越高,社会对园林专业技能型人才的需求不断扩大,而高等职业教育作为不同于普通教育的另一种教育类型,承载着满足这样的社会需求的重任,它将为社会培养直接创造财富的高素质劳动者和专门人才。

　　根据教高〔2006〕16号文件《关于全面提高高等职业教育教学质量的若干意见》加大课程建设与改革的力度、增强学生的职业能力的要求,本教材编写组结合当前职业教育现状,在该教材的内容选择和组织安排上,改变了以往以知识体系结构为主、知识本位、以章节为层次的传统教材编写模式,而是以园林工程施工过程中的真实案例作为载体,以工程施工图为依托,以完成园林工程施工任务的工作过程为主线来进行课程内容的选择和序化,即由培养科学型人才的课程架构转变为培养职业型人才的课程架构。

　　在教材的每个项目中都提出完成该项目所需的技能要求、知识要求,并在具体的施工任务中使学生明确能力目标、知识目标。在学习的过程中可以参照以下结构分析内容进行。

　　基本知识:介绍完成本任务相关的基本知识。

　　学习任务:将真实的工作任务通过专业施工图(载体)提出来作为学习任务。

　　任务分析:对提出的施工图进行分析,说明完成该任务的知识点和技能点等,提出完成任务的思路。

　　操作工艺(施工工艺):简明扼要地概括操作或者施工工艺流程。

　　材料、工具及设备:介绍完成该任务所需的材料、工具及设备等。

　　操作步骤:说明详细的操作或施工流程及各步骤的要点、注意事项等。

　　任务考核:制订出完成该项任务的考核评分标准。

　　知识链接:介绍相关知识、新产品、新工艺、新材料等。

　　复习提高:复习题,重点体现实践操作能力。

　　课程内容采用"学习任务→任务分析→操作工艺(施工工艺)→材料、工具及设备→操作步骤→任务考核→知识链接→复习提高"的体例结构,在保证基本知识"必须、够用"的前提下,以工作过程导向来组织整个学习内容,充分体现学生职业能力的培养。

　　在教材编写过程中,参考了有关文献资料,在此向有关的作者表示由衷的感谢,同时,对书中引用的插图的作者表示由衷的感谢。在教材出版之际,对参与教材策划、编写等工作的专家、老师,以及支持教材编写的各学校表示衷心感谢。

　　由于编者水平有限,加之时间仓促,疏漏和不妥之处在所难免,恳请广大读者提出宝贵意见。

编　者
2010 年 3 月

目　　录

目 录

项目一　园林土方工程施工

大凡园筑,必先动土。在园林建设中,第一个要进行的施工内容就是土方工程,其范围很广,如地形的整理和改造、场地的平整、建筑物或者构筑物的基础施工、地下管线的敷设等。土方工程是园林工程主要的工程项目,施工质量的好坏直接影响着整个工程的质量、安全、景观效果和日后的维护管理。

- 能够熟读土方工程的施工图;
- 能够进行土方工程量的计算;
- 能够指导土方工程的施工。

- 掌握土方工程量的计算方法;
- 掌握制定土方工程土方平衡表和调配方案的方法;
- 掌握土方工程施工的基本知识。

任务1　土方工程量计算

1. 能够独立进行竖向设计和地形分析;
2. 能运用体积公式进行土方体积计算;
3. 能够制定中、小型土方工程土方平衡表和调配方案。

1. 理解土方工程的特点;
2. 理解土方平衡计算、调配的方法;
3. 了解土方工程量计算软件的应用。

一、土方工程施工概述

园林建设工程包括各种分项工程,首先要做的就是地形的整理和改造。土方工程、整地

工程是园林建设工程的主要工程项目,如果土方工程质量不过关,就会影响整个工程的质量、安全和景观效果,特别是挖湖堆山、修建微地形等工程,因为这些项目工期长、工程量大、投资大,而且在艺术方面要求高。

在进行土方工程施工之前,一般都有相应的外业和内业工作。通过外业的工作对施工现场所有的标高数据进行实地施测,记录各项数据后为内业提供依据。内业工作主要进行土方计算、土方的平衡调配等相关工作。通过土方的计算,可以明确地了解工程设计施工范围内的各区域的填土、挖土的情况。对于规划设计者来说,土方计算可以修正设计图中存在的不合理的地方;而对于投资方来讲,则可以凭借计算的土方量进行工程概预算,从而确定投资额;从施工方角度来看,土方计算的数据资料可为其施工组织设计提供可靠的依据,进而合理地安排人员、资金、物资等,保证土方合理、有序地调运,提高整个工程的工作效率。图 1-1-1、图 1-1-2 所示为土方工程在园林景观中的应用。

图 1-1-1 重庆南山别墅区山水景观

图 1-1-2 扬州凤凰岛水上乐园景观效果图

二、土方工程的竖向设计

在城市园林绿地规划与建设中,地形是构成整个园林景观的骨架。根据地形的功能不同和地形的竖向变化,园林地形分陆地和水体两类,陆地又可分为平地、坡地和山地三类。竖向设计与园林绿地总体规划同时进行,在设计中,必须处理好自然地形和园林建设工程中各单项工程(如园路、园桥、建筑物、构筑物、地下隐蔽工程等)之间的关系。

1. 竖向设计的概念

竖向设计是指在一块场地上进行垂直于水平面的布置和处理。在园林建设过程中,原地形往往不能完全符合建造的景观要求,所以在充分利用原有地形的情况下必须进行适当的改造。竖向设计的任务就是从最大限度地发挥园林综合功能的目的出发,统筹安排园内各种景点、设施和地貌景观之间的关系,使地上设施和地下设施之间、山水之间、园内与园外之间在高程上有合理的关系。因此,园林用地的竖向设计就是园林中各个景点、各种设施及地貌在高程上如何创造出高低变化和协调统一的设计。

2. 竖向设计的方法

竖向设计的方法有多种,如等高线法、断面法、模型法等。园林建设中常用等高线法。

（1）等高线法

等高线是一组垂直间距相等、平行于水平面的假想面,与自然地貌相交切所得到的交线在平面上的投影。

等高线法在园林设计中使用最多,一般地形测绘图都是用等高线或点标高表示的。在绘有原地形等高线的底图上用设计等高线进行地形改造或创作,在同一张图纸上便可表达原有地形、设计地形状况及场地的平面布置、各部分的高程关系。这大大方便了设计过程中方案的比较及修改,也便于进行土方的计算工作。

用设计等高线进行设计时,经常要用到坡度公式:

$$i = \frac{h}{L}$$

式中:i——坡度,%;

h——高差,m;

L——水平间距,m。

以下是设计等高线在设计中的具体应用。

① 陡坡变缓坡或缓坡改陡坡。

等高线间距的疏密表示地形的陡缓。在设计时,如果高差 h 不变,可用改变等高线间距 L 来减缓或增加地形的坡度。例如,在竖向设计时缩小 L 的数值,高差 h 保持不变,则坡度变陡,反之则变缓。

② 平垫沟谷。

在园林建设过程中,有些沟谷地段须垫平。平垫这类场地的设计,可以用平直的设计等高线与拟平垫部分的同值等高线连接。其连接点就是不挖不填的点,也称为"零点";这些相邻点的连线称为"零点线",也就是垫土的范围。如果平垫工程不需按某一指定坡度进行,则设计时只需将拟平垫的范围在图上大致框出,再以平直的同值等高线连接原地形等高线即可。如果要将沟谷部分依指定的坡度平整成场地时,则所设计的设计等高线应互相平行、间

距相等。

③ 削平山脊。

削平山脊的设计方法与平垫沟谷的设计方法相同，只是设计等高线所切割的原地形等高线方向正好相反。

④ 平整场地。

园林中的场地包括铺装的广场、建筑地坪、各种文体活动场地、较平缓的种植地段，如草坪、较宽的种植带等。非铺装场地对坡度要求不那么严格，目的是垫洼平凸，将坡度理顺，地表坡度则任其自然起伏、排水通畅即可。铺装地面的坡度则要求严格，各种场地因其使用功能不同对坡度的要求也各异。通常为了排水，最小坡度应大于5%，一般集散广场坡度为1%～7%，足球场为3%～4%，篮球场为2%～5%，排球场为2%～5%，这类场地的排水坡度可以是沿长轴的两面坡，或沿横轴的两面坡，也可以设计成四面坡，这取决于周围环境条件。一般铺装场地都采用规则的坡面。

⑤ 园路设计等高线的计算和绘制。

园路的平面位置，纵、横坡度，转折点的位置及标高经设计确定后，便可按坡度公式确定设计等高线在图面上的位置、间距等，并处理好它与周围地形的竖向关系。

（2）断面法

断面法是指用许多断面表示原有地形和设计地形的状况的方法。此法便于计算土方量。应用断面法设计园林用地，首先要有较精确的地形图。断面的取法可以沿所选定的轴线取设计地段的横断面，断面间距视所要求的精度而定，也可以在地形图上绘制方格网，方格边长可依设计精度确定，设计方法是在每一方格角点上，求出原地形标高，再根据设计意图求取该点的设计标高。各角点的原地形标高和设计标高进行比较，求得各点的施工标高，依据施工标高沿方格网的边线绘制出断面图。沿方格网长轴方向绘制的断面图称为纵断面图，沿其短轴方向绘制的断面图称为横断面图。从断面图上可以了解各方格点上的原地形标高和设计地形标高，这种图纸便于土方量计算，也方便施工。

（3）模型法

模型法是指采用泥土、沙、泡沫、工程塑料等材料制作成缩小的模型的方法。此方法表现直观、形象、具体，但制作费工费时，投资较多。大的模型不便搬动，如需保存，还需要专门的放置场所。

3. 竖向设计和土方工程量

竖向设计是否合理，不仅影响整个规划设计区域的景观和建成后的使用管理，而且直接影响着土方工程量，和工程项目的建设费用息息相关。一项好的竖向设计应该是以能充分体现设计意图为前提，并且土方工程量为最少。影响土方工程量的因素很多，大致有以下方面。

（1）整个工程项目的竖向设计是否遵循"因地制宜"的设计原则

地形设计应顺应自然，充分利用原地形，能因势利导地安排内容、设置景点，必要之处可进行一些改造，这样，既可以减少土方工程量，从而节约工力，又可以降低综合成本。

（2）园林建筑和地形的结合情况

园林建筑、地坪的处理方式，以及建筑与其周围环境的联系，直接影响着土方工程。由图1-1-3看出，(a)图的土方工程量最大，(b)图其次，而(d)图又次，(c)图最小。可见，园林中的建筑如能紧密结合地形，建筑体型或组合能随形就势，就可以少动土方。

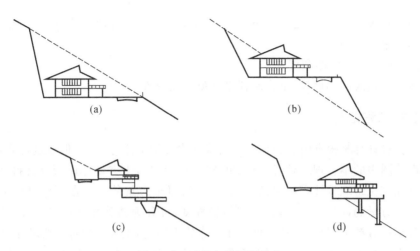

图 1-1-3　建筑与地形的结合

（3）园路选线对土方工程量的影响

在山坡上修筑园林路基，大致有全挖、半挖半填、全填三种情况，如图 1-1-4 所示。在沟谷低洼的潮湿地段或桥头引道等处，道路的路基需修成路堤；有时道路通过山口或陡峭地形，为了减少道路坡度，路基往往做成堑式。

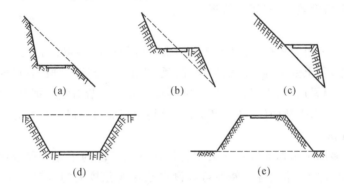

图 1-1-4　道路与地形的结合

（a）全挖；（b）半挖半填；（c）全填；（d）路堤；（e）路堑

（4）搞小地形，少搞或不搞大规模的挖湖堆山

杭州植物园分类区小地形处理就是这方面值得借鉴的典型范例，如图 1-1-5 所示。

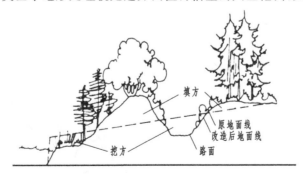

图 1-1-5　用降低路面标高的方法丰富地形

（5）缩短土方调配运距，减少小搬运

前者是设计时可解决的问题，即做土方调配图时，考虑周全，将调配运距缩到最短；而后

者则属于施工管理问题,往往是运输道路不通畅或施工现场管理混乱等原因,卸土不到位、卸错地方等因素造成的。

（6）合理布置管道线路和埋深

合理布置管道线路和埋深,重力流管要避免逆坡埋管。

三、土方工程量计算

土方工程量计算是根据附有原地形等高线的设计地形来进行的,但通过计算,又可以反过来修订设计图中的不合理之处,使图纸更臻完善。另外,土方量计算所得资料又是基本建设投资预算和施工组织设计等项目的重要依据,所以土方量的计算在园林设计工作中是必不可少的。土方量的计算工作,就其要求精确程度,可分为估算和计算。在规划阶段,土方量的计算无须过分精细,只作毛估即可。而在作施工图时,土方工程量则要求比较精确。

计算土方体积的方法很多,常用的大致可归纳为以下三类:用体积公式的估算法、断面法、方格网法。

（1）用体积公式的估算法

在园林建设过程中,不管是原地形或设计地形,经常会碰到一些类似锥体、棱台等几何形体的地形单体。这些地形单体的体积可用相近几何体的体积公式来计算,如图1-1-6所示。此法简便,但精度较差,多用于估算。

（2）断面法

断面法是指以一组等距（或不等距）的互相平行的截面将拟计算的地块、地形单体（如山、溪涧、池、岛等）和土方工程（如堤、沟渠、路堑、路槽等）分截成"段",分别计算这些"段"的体积,再将各段体积累加,以求得该计算对象的总土方量。断面法根据其取断面的方向不同可分为垂直断面法、水平断面法（或等高面法）及斜面剖面法。以下主要介绍前两种方法。

① 垂直断面法。

垂直断面法多用于园林地形纵横坡度有规律变化地段的土方工程量计算,如带状的山体、水体、沟渠、堤、路堑、路槽等。断面可以设在地形变化较大的位置。这种方法的精确度取决于断面的数量:地形复杂,要求计算精度较高时,应多设断面;地形变化小且变化均匀,要求仅作初步估算,断面可以少一些。如图1-1-7所示,在 S_1、S_2 相差不大时可用以下公式运算:

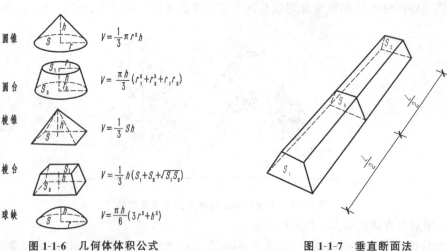

圆锥　$V = \frac{1}{3}\pi r^2 h$

圆台　$V = \frac{\pi h}{3}(r_1^2 + r_2^2 + r_1 r_2)$

棱锥　$V = \frac{1}{3}Sh$

棱台　$V = \frac{1}{3}h(S_1 + S_2 + \sqrt{S_1 S_2})$

球缺　$V = \frac{\pi h}{6}(3r^2 + h^2)$

图1-1-6　几何体体积公式　　　　**图1-1-7　垂直断面法**

$$V = \frac{1}{2}(S_1 + S_2)L$$

在 S_1、S_2 相差较大或相邻断面距离大于 50 m 时,如图 1-1-8 所示,可用以下公式计算:

$$V = \frac{1}{6}(S_1 + S_2 + 4S_0)L$$

$$S_0 = \frac{1}{4}(S_1 + S_2 + 2\sqrt{S_1 S_2})$$

式中:V——相邻两断面的挖、填方量,m^3;

　　　S_1——断面 1 的挖、填方面积,m^2;

　　　S_2——断面 2 的挖、填方面积,m^2;

　　　L——相邻两断面的距离,m;

　　　S_0——中间断面面积,m^2。

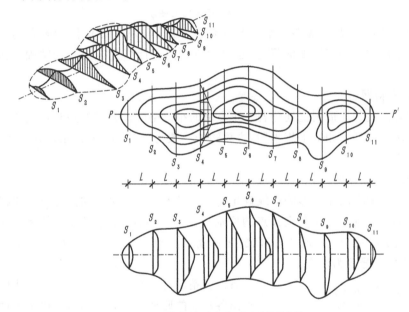

图 1-1-8　带状地形土方垂直断面取法

② 等高面法(水平断面法)。

等高面法是在等高线处沿水平方向截取断面,断面面积即为等高线所围合的面积,相邻断面高差即为等高距。等高面计算法与垂直断面法基本相似,如图 1-1-9 所示,其求体积计算公式如下:

$$V = \frac{1}{2}(S_1 + S_2)h + \frac{1}{2}(S_2 + S_3)h + \frac{1}{2}(S_3 + S_4)h + \cdots + \frac{1}{2}(S_{n-1} + S_n)h + \frac{1}{3}S_n h$$

式中:V——土方体积,m^3;

　　　S——各层断面面积,m^2;

　　　h——等高距,m。

此法适用于大面积自然山水地形的土方计算。由于园林设计图纸上的原地形和设计地形均用等高线表示,因而采取等高线法进行计算最为便当。

(3) 方格网法

方格网法是把平整场地的设计工作和土方量计算工作结合在一起进行的。园林中有许

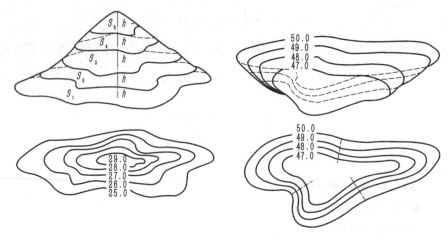

图 1-1-9　等高面法图示

多各种用途的地坪、缓坡地需要整平。平整场地就是将原来高低不平、破碎的地形按设计要求整理为平坦的并有一定坡度的场地,这时用方格网法计算土方量较为精确。其基本工作程序如下。

① 划分方格网。

在附有等高线的地形图上划分若干正方形的小方格网。方格的边长取决于地形状况和计算精度要求。在地形相对平坦地段,方格边长一般为 20～40 m;地形起伏较大地段,方格边长为 10～20 m。

② 填入原地形标高。

根据总平面图上的原地形等高线确定每一个方格交叉点的原地形标高,或根据原地形等高线采用插入法计算出每个交叉点的原地形标高,然后将原地形标高数字填入方格网点的右下角(见图 1-1-10)。求施工标高:施工标高＝原地形标高－设计标高。得数为"＋"号者为挖方,为"－"号者为填方。

施工标高	设计标高
-1.000	36.000
+⑨	35.000
角点编号	原地形标高

图 1-1-10　方格网点标高的注写

当有比较精确的地形图时,我们一般在地形图上用插入法求出各角点的原地形标高。通常有以下三种情况。

H_a 为位于低边等高线的高程。待求点标高 H_x 在两等高线之间:

$$h_x : h = x : L, \quad h_x = \frac{xh}{L}$$

$$H_x = H_a + h_x = H_a + \frac{xh}{L}$$

待求点标高 H_x 在低边等高线之下:

$$h_x : h = x : L, \quad h_x = \frac{xh}{L}$$

$$H_x = H_a - h_x = H_a - \frac{xh}{L}$$

待求点标高 H_x 在高边等高线之上:

$$h_x : h = x : L, \quad h_x = \frac{xh}{L}$$

$$H_x = H_a + h_x = H_a + \frac{xh}{L}$$

③ 求平整标高 H_0。

把一块高低不平的地面在保证土方平衡的前提下,挖高、垫低,使该地面成为水平面,这个水平面的高程就是平整标高(见图 1-1-11)。该土体自水准面以上经平整后的体积 $V_平$:

$$V_平 = H_0 N a^2$$

则导出

$$H_0 = \frac{V_平}{Na^2}$$

式中:$V_平$——该土体自水准面以上经平整后的体积,m³;

　　N——方格数;

　　H_0——平整标高,m;

　　a——方格边长,m。

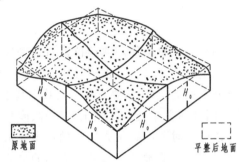

图 1-1-11　平整地形透视图

根据平整前后这块土体体积相等的条件:

$$V = V'$$

平整前体积为各方格体积之和:

$$V' = V_1' + V_2' + V_3' + \cdots + V_N'$$

如图 1-1-11 所示,$N=4$,则每个方格体积为底面积乘平均高度:

$$V_1' = \frac{a^2(h_{4-1} + h_{4-2} + h_{3-1} + h_{3-2})}{4}$$

$$V_2' = \frac{a^2(h_{4-2} + h_{4-3} + h_{3-2} + h_{3-3})}{4}$$

以此类推,组成一个方格的角点其高程在运算过程中计算一次;组成两个方格的边点其高程在运算过程中计算两次;组成三个方格的拐点其高程在运算过程中计算三次;组成四个方格的中点其高程在运算过程中计算四次,则得:

$$H_0 N a^2 = \frac{\left(\sum H_角 + 2 \sum H_边 + 3 \sum H_拐 + 4 \sum H_中 \right) a^2}{4}$$

导出平整标高计算公式:

$$H_0 = \frac{\sum H_角 + 2 \sum H_边 + 3 \sum H_拐 + 4 \sum H_中}{4N}$$

H_0 是初步的平整标高,实际工作中影响平整标高的还有其他因素,如外来土方和弃土的影响。这些运进或外弃的土方量直接影响到场地的设计标高和土方平衡,设这些外弃的(或运进的)土方体积为 Q,则这些土方影响平整标高的修正值 Δh 应是:

$$\Delta h = \frac{Q}{Na^2}$$

所以

$$H_0 = \frac{1}{4N}(\sum h_1 + 2\sum h_2 + 3\sum h_3 + 4\sum h_4) \pm \frac{Q}{Na^2}$$

学习任务

某市旅游度假中心地形改造工程,总规划设计面积约 30 400 m²,原始坐标、原始高程数据及设计坐标、设计高程数据和方格网划分如图 1-1-12(见插页)和图 1-1-13(见插页)所示。要求对规划设计区域进行平整,平整场地坡度系数:横坡为 2%,纵坡为 3%。求出挖方与填方土方量,并编制土方平衡表和土方调配表。

任务分析

该工程地形标高图纸是勘察设计单位使用测绘仪器对现场进行实地施测后绘制的,所有数据经过复测后得到验证。现对此任务目标进行分析,规划设计区域内土方按照设计单位要求就地平衡。所以在土方工程量计算时,要有一定的数学基础,而且要掌握土方工程量计算的相关知识,同时要掌握园林测量学、土壤学、土木工程、园林工程施工与组织管理、气象学等相关学科知识。完成该任务时要明确土方平整的技术要求,对于已有任务图纸进行认真比对,确定各土方计算实施方法,明确挖方与填方之间的平衡关系,注意提高土方计算的精确度。

施工工艺

土方工程量计算的施工工艺流程如下:

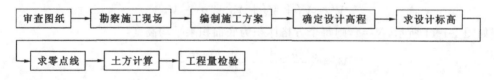

材料、工具及设备

根据该任务的实际特点,主要工具、设备及材料包括计算器、计算机、绘图仪(打印机)、土方计算软件、全站仪(电子经纬仪)、记号笔(彩色笔)、木桩、油漆(自喷漆)、绘图工具等。

操作步骤

一、审查图纸

检查该任务与土方工程相关的图纸和资料是否齐全,核对平面尺寸和标高数据,图纸间有无错误和矛盾;掌握设计内容及各项技术要求,了解工程规模、特点、工程量和质量要求,熟悉土层地质、水文勘察资料;会审图纸,搞清建设场地范围与周围地下管线设施的关系;研究好开挖或回填程序,明确各专业工序间的配合关系及施工工期要求;对参加施工的人员进行技术交底。

二、勘察施工现场

园林工程技术人员要到工程现场实地踏看并摸清工程场地情况,收集施工需要的各项资料,包括该项目区域施工场地地形、地质、地貌、水文、植被、气象、交通、建筑物、构筑物、地下隐蔽设施(地下基础、管线、电缆坑基、防空洞)、地上障碍物、水电通信设施、防洪排涝设施等,为施工规划提供准确的资料和数据。对图 1-1-12(文后插图)进行综合分析,分析结果如下。

(1)规划设计区域原有地貌属丘陵地区,地势起伏相对较大,西南地势较高,东北地势较低。

(2)根据地质资料以及勘察记录显示,该地区地质情况比较稳定,无明显地质活动和大规模地质灾害发生,土壤结构属黑钙土。

(3)地表植被覆盖程度中下等,地表存在若干民房和畜舍、水井等设施,有交通设施。

三、编制施工方案

研究制定施工现场场地整平、土方开挖施工方案,绘制工程施工总平面布置图和土方开挖图,确定开挖路线、顺序、范围、底板标高、边坡坡度、排水沟水平位置,以及挖去的土方堆放地点,提出需用施工机具、劳力等计划,对于特殊深开挖还应该提出支护、边坡保护和降水处理等具体方案。

四、确定设计高程

现将该任务地形图进行方格网划分,方格网尺寸规格为 40 m×40 m,如图 1-1-13 所示(文后插图)。现取 C4、C8、F4、F8 围合区域进行方格网法讲解,如图 1-1-14 所示。

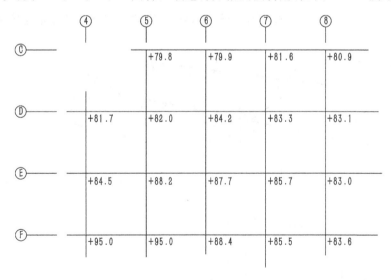

图 1-1-14　局部区域标高的方格网分析

$$\sum H_{角} = C5 + C8 + D4 + F4 + F8$$
$$= (79.8 + 80.9 + 81.7 + 95.0 + 83.6)\text{m} = 421 \text{ m}$$
$$2\sum H_{边} = 2 \times (C6 + C7 + D8 + E4 + E8 + F5 + F6 + F7)$$
$$= 2 \times (79.9 + 81.6 + 83.1 + 84.5 + 83.0 + 95.0 + 88.4 + 85.5)\text{ m}$$

$$= 1\,362\ \text{m}$$

$$3\sum H_{\text{拐}} = 3 \times \text{D5} = 3 \times 82.0\ \text{m} = 246\ \text{m}$$

$$4\sum H_{\text{中}} = 4 \times (\text{D6} + \text{D7} + \text{E5} + \text{E6} + \text{E7})$$

$$= 4 \times (84.2 + 83.3 + 88.2 + 87.7 + 85.7)\ \text{m}$$

$$= 1\,716.4\ \text{m}$$

$$H_0 = \frac{\left(\sum H_{\text{角}} + 2\sum H_{\text{边}} + 3\sum H_{\text{拐}} + 4\sum H_{\text{中}}\right)}{4N}$$

$$= \frac{(421 + 1\,362 + 246 + 1\,716.4)}{4 \times 11}\ \text{m} \approx 85.12\ \text{m}$$

得出 $H_0 = 85.12$ m 就是此特定区域范围中的平整标高。

五、求设计标高 X

根据图 1-1-14 所给的条件将特定区域绘成立体图，F4 点最高，设其设计标高为 X，则依给定的坡向、坡度和方格边长，可以立即算出其他各角点的假定设计标高。以点 F5 为例，点 F5 在点 F4 的下坡方向，两点之间的距离即方格边长 $a = 40$ m，设计坡度 $i = 2\%$，则点 F4 和点 F5 之间的高差为：

$$h = ia = 0.02 \times 40\ \text{m} = 0.8\ \text{m}$$

所以 F5 的假定设计标高为 $X - 0.8$ m，而在纵向方向的点 E4，因其设计纵坡为 3%，所以该点较 F4 点低 1.2 m，其假定设计标高应为 $X - 1.2$ m。依此类推，可将各角点的假定设计标高求出，见图 1-1-15。再将图中各角点假定标高值代入公式 $H_0 = \left(\sum H_{\text{角}} + 2\sum H_{\text{边}} + 3\sum H_{\text{拐}} + 4\sum H_{\text{中}}\right)/(4N)$。根据这些设计标高，求得的挖方量和填方量比较接近。

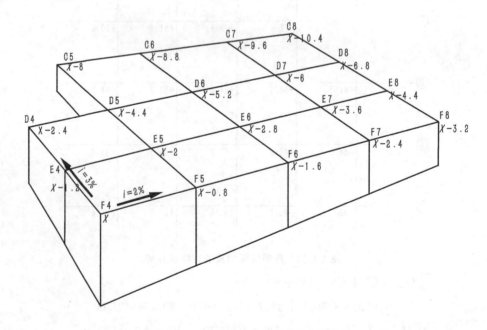

图 1-1-15　局部区域标高方格网立体图

$$\sum H_{\text{角}} = X + X - 2.4 + X - 3.2 + X - 8 + X - 10.4 = 5X - 24 \text{ m}$$

$$2\sum H_{\text{边}} = (X - 8.8 + X - 9.6 + X - 6.8 + X - 4.4 + X - 2.4 + X - 1.6 + X - 0.8 + X - 1.2) \times 2 = 16X - 71.2 \text{ m}$$

$$3\sum H_{\text{拐}} = (X - 4.4) \times 3 = 3X - 13.2 \text{ m}$$

$$4\sum H_{\text{中}} = (X - 5.2 + X - 6 + X - 3.6 + X - 2.8 + X - 2) \times 4 = 20X - 78.4 \text{ m}$$

$$H_0 = \frac{(5X - 24 + 16X - 71.2 + 3X - 13.2 + 20X - 78.4)}{4 \times 11}$$

$$= X - 4.245 \text{ m}$$

前面已经求出 $H_0 = 85.12$ m，则得

$$X = (85.12 + 4.245) \text{ m} \approx 89.37 \text{ m}$$

六、求零点线

所谓零点是指不挖不填的点，零点的连线就是零点线，它是挖方和填方区的分界线，因而零点线成为土方计算的重要依据之一。在相邻两角点之间，若施工标高一值为"＋"数，另一值为"－"数，则它们之间必有零点存在，如图 1-1-16 所示，其位置可用下式求得：

$$L = \frac{h_1 a}{h_1 + h_2} \tag{1-1}$$

式中：L——零点距 h_1 一端的水平距离，m；

h_1、h_2——方格相邻两角点的施工标高绝对值，m；

a——方格边长，m。

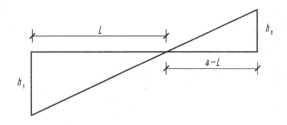

图 1-1-16　零点位置求法

该项目特定区域范围内，以方格点 F6 和点 F7 为例，求其零点。F6 点施工标高为 ＋0.63 m，F7 点施工标高为 －1.47 m，取绝对值代入公式(1-1)，得

$$h_1 = 0.63; \quad h_2 = 1.47; \quad a = 40 \text{ m}; \quad L = 12 \text{ m}$$

零点位于点 F6 的 12 m 处(或距 F7 点 28 m 处)，同法求出其余零点，并依地形特点将各零点连接成零点线，按零点线将挖方区和填方区分开，以便计算其土方量，如图 1-1-17 所示。

七、土方计算

零点线为计算提供了填方、挖方的区域面积，而施工标高又为计算提供了挖方和填方的高度。依据这些条件，便可选择适宜的公式求出各方格的土方量。

由于零点线切割方格的位置不同，形成了各种形状的棱柱体。常见的土方量计算公式详见表 1-1-1。

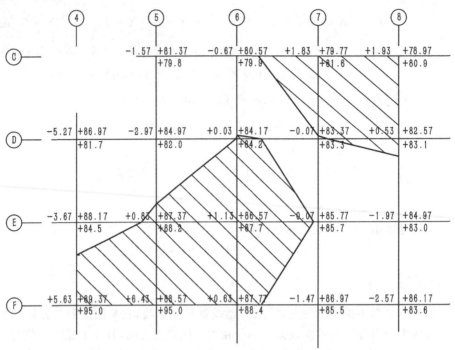

图 1-1-17　该特定区域挖填方区划图

表 1-1-1　土石方量的方格网计算图式

常见土方计算类型及图示		计 算 公 式
零点线计算		$b_1 = a \cdot \dfrac{h_1}{h_1+h_3}$　$b_2 = a \cdot \dfrac{h_3}{h_3+h_1}$ $c_1 = a \cdot \dfrac{h_2}{h_2+h_4}$　$c_2 = a \cdot \dfrac{h_4}{h_4+h_2}$
四点挖方或填方		$V = \dfrac{a^2}{4}(h_1+h_2+h_3+h_4)$
二点挖方或填方		$V = \dfrac{b+c}{2} \cdot a \cdot \dfrac{\sum h}{4}$ $= \dfrac{(b+c) \cdot a \cdot \sum h}{8}$
三点挖方或填方		$V = \left(a^2 - \dfrac{b \cdot c}{2}\right) \cdot \dfrac{\sum h}{5}$

常见土方计算类型及图示		计 算 公 式
一点挖方或填方	h_1 h_2 c h_3 h_4 b	$V=\dfrac{1}{2}\cdot b\cdot c\dfrac{\sum h}{3}=\dfrac{b\cdot c\cdot \sum h}{6}$

在 E4、E5、F4、F5 形成的方格四个角点的施工标高值 3 个为"＋"号，1 个为"－"，是大部分挖方，用下式

$$V=\frac{a^2-bc}{2}\times \frac{\sum h}{5}$$

计算：

$$V_{挖}^1=\left(40^2-\frac{15.78\times 32.62}{2}\times \frac{5.63+6.43+0.83}{5}\right)\ \mathrm{m}=3\ 461\ \mathrm{m}^3$$

$$V_{挖}^2=\frac{a^2(h_1+h_2+h_3+h_4)}{4}=3\ 608\ \mathrm{m}^3$$

以上计算根据情况分别选择表 1-1-1 公式进行。

依此法可将其余各个方格的土方量逐一求出，如图 1-1-18 所示，并将计算结果逐项填入土方量计算表，如表 1-1-2 所示。土方量计算方法除应用上述公式计算外，还可使用土方工程量计算表或土方量计算图表(也称为诺莫图)。

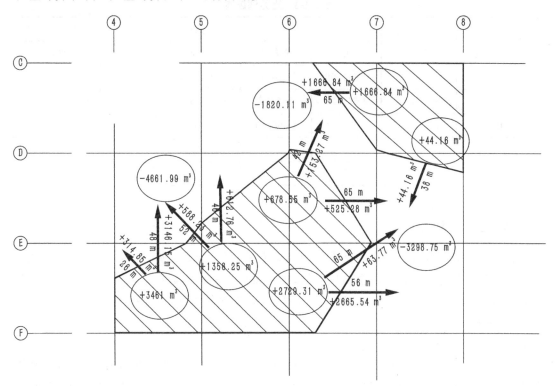

图 1-1-18 局部区域土方调配图

表 1-1-2　土方平衡表

方 格 编 号	挖方/m³	填方/m³	备 注
V_1	3 461	314.85	
V_2	3 608	3 734.38	
V_3	8.92	612.76	
V_4	390.46	1 666.84	
V_5	0.003 4	153.27	
V_6	0.102 6	21.23	
V_7	288.09	611.98	
V_8	437.10	233.54	
V_9	344.09	2 432	
V_{10}	1 366.91		
V_{11}	26.46		余土 150.29 m³

　　绘制土方平衡表及土方调配图：土方平衡表和土方调配图是土方施工中必不可少的图纸资料，是施工组织设计的主要依据，从土方平衡表上可以一目了然地了解各个区的出土量和需土量、调拨关系和土方平衡情况。在调配图上则可更清楚地看到各区的土方盈缺情况、土方的调拨量、调拨方向和距离，如表 1-1-3 所示。

表 1-1-3　土方调配表

挖方及进土	体积/m³	体积/m³				
		填方Ⅰ	填方Ⅱ	填方Ⅲ	弃土	总计
		4 661.99	1 820.11	3 298.75		9 780.85
A	8 193.67	4 661.99	153.27	3 254.59	123.82	
B	1 737.46		1 666.84	44.16	26.46	
进土						
总计	9 931.13				150.28	

八、土方工程量检验

　　该任务土方平衡计算采用的是方格网计算方法，对于标高计算、挖方、填方等进行精确检验。如果有外业测量保存的全站仪数据，也可将实测的标高数据输入计算机内的土方计算软件，使用土方计算软件进行精确复核计算，从而节省大量的人力、物力。

任务考核

　　按照本任务教学讲解的方法完成该项目整体区域的土方平衡计算和调配工作，整理后的项目整体区域方格网标高如图 1-1-19 所示，画出挖方、填方区划图，挖方、填方调配图，制定土方平衡表和土方调配表。

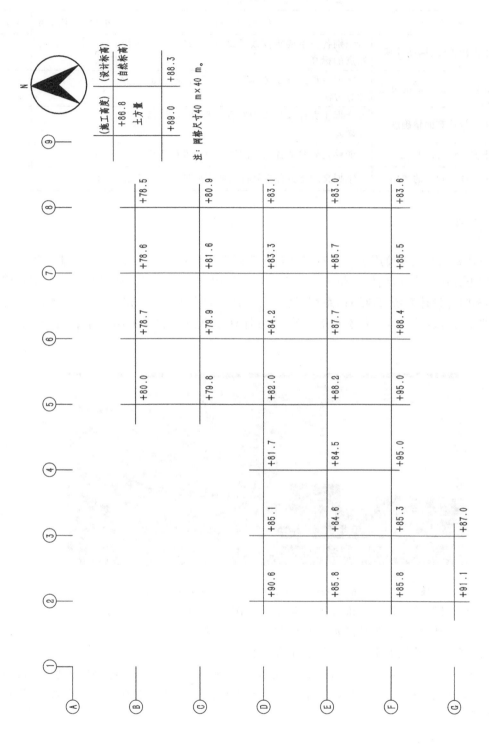

注：网格尺寸40 m×40 m。

	（设计标高）	（自然标高）
（施工高度）	+86.8	+88.3
土方量	+89.0	

图1-1-19　项目整体区域方格网标高

具体考核指标与考核标准如表 1-1-4 所示。

表 1-1-4　任务考核指标和标准

序号	考核内容	考核标准	配分	考核记录	得分
1	地形图识读、标高计算	识别各条主要等高线的高程,精确计算出各控制点的标高	15		
2	确定土方量计算的方法	掌握各种土方量体积计算公式,正确判断土方计算方法	20		
3	土方量计算的精度	掌握土方计算过程中数据的取舍关系,减少计算误差	30		
4	土方工程量的验证	能够正确验证各土方的计算数据准确程度	15		
5	土方计算软件的使用	掌握常用土方计算软件的使用原理及操作方法	20		

　　土方计算以前大多使用手工计算,目前,在实际工程设计、施工、监理、预算造价等领域大多使用土方计算软件,例如杭州飞时达土方计算绘图软件、家园土方算量软件、中望景园软件、图圣园林设计系统 TSCAD 系列、鸿业土方计算设计软件、广州开思土方测量师,等等。这些土方计算软件大多都有地形设计、土方计算等功能,如图 1-1-20 所示。

图 1-1-20　杭州佳园科技有限公司 HTCAD 土方工程量计算软件

　　运用土方计算软件进行精确计算时常采用方格网法计算土方,基本操作过程为:布置方格网,自动采集地形标高(包括地形等高线和标高离散点),输入或计算(采用最小二乘法优化)设计标高,求得填挖方量。以下简述计算过程。

　　一般土方软件的计算都分为六个步骤,分别为:地形图的处理,设计标高的处理,方格网的布置、采集和调整标高,土方填挖方量的计算和汇总,土方零线、剖面和边坡等的绘制,各种参数的调整。

1. 地形图的处理

　　因为大部分地形图上的地形等高线和标高离散点基本上都没有真实的高程信息,或有高程信息而软件并不识别,这需要做一定的转换工作,让软件自动读取标高数据。

（1）定义自然标高点

对于没有地形图的，可直接根据要求在相应坐标点上输入自然标高值。

（2）转换离散点标高

对于已有高程信息的离散点（有 Z 值的点），经转换程序可自动识别标高信息。

（3）采集离散点标高

对于现有离散点仅有文字标识而无标高信息，程序可自动提取和赋予标高信息。

（4）导入自然标高

对于全站仪生成的数据文件，自动导入转化为图形文件。

（5）采集等高线标高

对于现有地形等高线仅有文字标识而无标高信息的，程序可自动提取和赋予标高信息。

（6）离散地形等高线

将等高线的高程信息扩散至面，构筑三维地表高程信息模型，如果不做此步骤，后续工作无法进行。

2. 设计标高的处理

设计标高以设计等高线或标高离散点来表示的形式，程序需经过一定的处理，软件方可自动读取设计标高的数据。然后在以下第 3 个步骤第 4 环节"计算设计标高"中可直接计算出每个方格点上的设计标高。

（1）定义设计标高点

对于某几个设计标高已定的情况，程序可直接在相应坐标点上输入设计标高值。

（2）采集设计点标高

对于某些点的设计标高值已在图中表示，但仅有文字标识而无高程信息，程序自动赋予标高信息。

（3）导入设计标高

对于某些坐标点的设计标高以文本文件的形式表示，程序可自动读取该文本文件。

（4）定义设计等高线

对于设计等高线仅有文字标识而无标高信息的，程序自动赋予标高信息。

（5）离散设计等高线

将设计等高线的标高信息扩散至面，构筑三维地表标高信息模型，如果不做此步骤，后续工作无法进行。

3. 方格网的布置和采集、调整标高

布置方格网后，程序可根据处理过的自然标高和设计标高自动采集，或直接在方格点上输入自然标高和设计标高。

（1）划分场区

根据设计需要，布置需土方计算的设计范围。

（2）布置方格网

根据设计需要确定网格大小和角度，程序自动布置方格网。

（3）计算自然标高

根据处理过的地形，程序自动计算每个方格点的自然标高。

（4）计算设计标高

根据处理过的设计标高，程序自动计算每个方格点的设计标高。

（5）输入自然标高

也可直接输入每个方格点上的自然标高（如无高程信息、原始标高相同或等高面等情况）。

（6）输入设计标高

也可直接输入每个方格点上的设计标高（如无高程信息、设计标高相同或等高面等情况）。

（7）输入台阶标高

如要计算有台阶的地势（如梯田），可采用此功能。

（8）调整标高

可以对方格点的标高值作调整，以求得到最优的土石方填挖量。

（9）优化设计标高

程序采用最小二乘法优化场地的土石方量，在满足设计要求的基础上力求土方平衡，土方总量最小。

4. 土方填挖方量的计算和汇总

（1）计算方格土方

根据已得到的自然标高和设计标高，程序自动计算每个方格网的填方量和挖方量。

（2）汇总土方量

程序根据每个方格的土石方填挖方量，自动计算出总的填挖方量。可重复操作"调整标高"，以求得到最优的土石方填挖方量。

5. 土方零线、剖面和边坡等的绘制

（1）绘制土方零线

程序自动绘制土方零线。

（2）绘制剖面图

程序自动根据所截断面情况，绘制剖面图。

（3）边坡设计

根据条件，程序自动绘制边坡并计算边坡土石方量。

6. 各种参数的调整

（1）显示控制

显示或关闭各种数值。

（2）调整选项

各种参数的字高、标注位置、精度、颜色等的设置。

最终完成工程设计范围内的所有土方设计、土方平整、土方调配、土方量计算等工作，如图 1-1-21 所示。

通过此项任务的学习，要能够正确回答以下的复习题：

① 竖向设计的内容、方法有哪些？土方工程量计算方法有哪几种？

② 怎样求设计标高？如何计算施工标高？如何求零点线？

③ 如何计算挖方体积、填方体积？

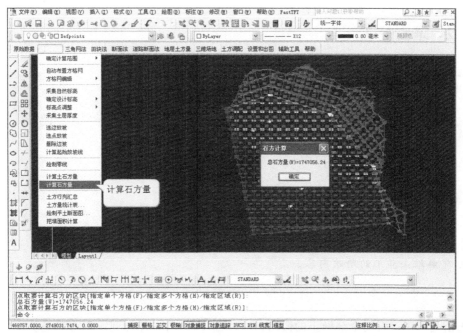

图 1-1-21 土方工程计算软件计算石方量

④ 某市修建一座公园,该项目规划设计中为满足游人活动的需求,拟将一块地面平整为三坡向两面坡的 T 字形广场,要求广场具有 1.5% 的纵坡和 2% 的横坡,土方就地平衡。试求其设计标高并计算挖方、填方土方量(如图 1-1-22 所示),并绘制挖方、填方区划图,挖方、填方调配图,制定土方平衡表和土方调配表。

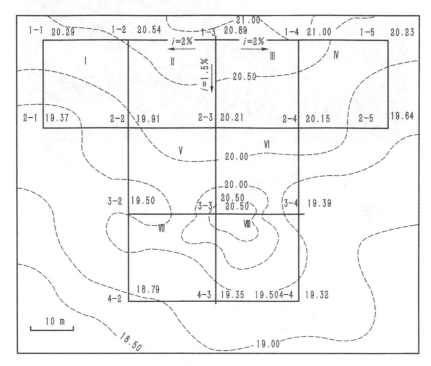

图 1-1-22 广场标高地形

任务 2　堆山施工

能力目标

1. 能够熟读堆山施工图纸;
2. 堆山的总体布局及理法;
3. 能够指导土方堆山施工。

知识目标

1. 掌握土山的概念及分类;
2. 掌握堆山施工的工艺及操作步骤;
3. 了解堆山施工的验收内容。

基本知识

　　土山是不用一石而全部堆土的假山,是人工假山中的一种类型。假山就是从土山开始,逐步发展到叠石的。土山可利于植物生长,能形成自然山林的景象,极富野趣,所以在现代城市绿化中有较多的应用。在北方园林中应用相对较多,如图 1-2-1 所示,且多与山石结合布置。因南方地区多雨,易受冲刷,故而多用草坪或地被植物等护坡,防止发生泥土流失。

图 1-2-1　黑龙江省植物园人工堆叠土山

一、土山的分类

园林中的土山按其在组景中的功能不同分为以下几种。

1. 主景山

主景山体量大,位置突出,山形变化丰富,构成园林主题,便于主景升高,多用于主景式园林,高 10 m 以上。

2. 背景山

背景山用于衬托前景,使其更加明显,用于纪念性园林,高 8~10 m。

3. 障景山

障景山阻挡视线,用于分隔和围合空间形成不同景区,增加空间层次,呈蜿蜒起伏丘陵状,高1.5 m以上。

4. 配景山

配景山用于点缀园景,登高远眺,增加山林之趣,一般园林中普遍运用,多为主山高度的1/3~2/3。

二、堆山材料

土山是以土壤作为基本堆山材料,在陡坎、陡坡处用块石做护坡、挡土墙或蹬道,但一般不用自然山石在山上造景。这种类型的假山占地面积很大,是构成园林基本地形和基本景观背景的重要构成要素。在实际造园中,常常利用建筑垃圾(废砖瓦、墙土等)堆积成山,外覆土壤而成。

带石土山的主要材料是泥土,只在土山的山坳、山麓点缀岩石,在陡坎或山顶部分用自然山石砌筑成悬崖绝壁景观,一般还有山石做成梯级或蹬道。带石土山可以建造得比较高,其用地面积却比较小,故多用在较大的庭院中。

带土石山从外观看主要是由自然山石组成的,山石多用在山体的表面,由石山墙体围成假山的基本形状,墙后则用泥土填实。这种山石结合的假山占地面积较小,山的特征却较为突出,适用于营造奇峰、悬崖、崇山峻岭等多种山地景观,在古典园林中比较常见。

三、土的工程分类与性质

1. 土的工程分类

对于土壤的分类有着不同的划分标准。参考市政工程的相关法规条文,为了便于确定技术措施和施工成本,根据土质和工程特点对土方加以分类。

(1)松土

用铁锹即可挖掘的土。如砂土、壤土、植物性土壤。

(2)半坚土

用铁锹和部分十字镐翻松的土。如黄土类黏土、15 mm 以内的中小砾石、砂质黏土、混有碎石与卵石的腐殖土。

(3)坚土

坚土用人工撬棍或机具开挖,有时用爆破的方法。如各种不坚实的页岩、密实黄土、含有50 kg以下块石的黏土块石。

2. 土的工程性质

土一般由固体(土颗粒)、液体(水)和气体组成,土的性质取决于各组成部分的特性及其相对含量与相互作用。

(1)土壤容积密度和含水量

土壤的容积密度是指单位体积内天然状况下的土壤质量,单位为 kg/m^3。容积密度对

土方工程的难易程度有着较大的影响,容积密度越大,挖掘就越难。

土壤的含水量是土壤孔隙中的水和土壤颗粒质量的比值。土壤虽具有一定的吸持水分的能力,但土壤水的实际含量是经常发生变化的。一般土壤含水量愈低,土壤吸水力就愈大;反之,土壤含水量愈高,土壤吸水力就愈小。土壤含水量在5%以内时称为干土,5%~30%时称为潮土,大于30%时称为湿土。土壤含水量对施工的难易有着直接的影响,含水量过大、过小均会增加施工难度:含水量过小,土质硬,不易挖掘;含水量过大,土壤泥泞,也不利于施工。

（2）土壤的自然倾斜面和安息角

土壤自然倾斜面是指松散状态下的土壤颗粒自然滑落而形成的天然斜坡面。该面与地平面的夹角称为土壤自然安息角(α)。如图1-2-2所示。在工程设计时,为了使工程稳定,就必须有意识地创造合理的边坡,使之小于或等于自然安息角。随着土壤颗粒、含水量、气候条件的不同,各类型土壤的安息角亦有不同。

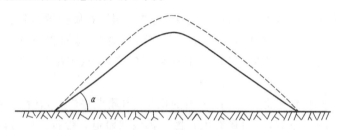

图1-2-2 土壤自然安息角

（3）土壤的相对密实度

相对密实度用来表示土壤在填筑后的密实度。一般说来,在地基或路基等土方工程施工时,要对土壤进行夯实,采用的办法可分为人工夯实和机械夯实两种。人工夯实的密实度可达87%,机械夯实的密实度约为95%。填土厚度较大时,为达到较好的夯实效果,可以采用多次填土、分层夯实的办法。回填土如不夯实,随着时间的推移,会自然沉降,也能达到一定的密实度。

（4）土方松散度

土壤的实方与虚方之比便是土壤的松散度。土方从自然状态被挖动后会出现体积膨胀的现象,这种现象与土壤类型有着密切的关系。往往因土体膨胀而造成土方剩余,或因造成塌方而给施工带来困难和不必要的经济损失。土壤膨胀的一般经验数值是虚方比实方大14%~50%,一般砂为14%、砾为20%、黏土为50%。填方后土体自落的快慢要看利用哪种外力的作用。若任其自然回落则需要1年时间,而一般以小型运土工具填筑的土体要比大型工具回落得快。当然如果随填随压,则填方较为稳定,但虚方也要比实方体积大3%~5%,在经过一段时间回落后方能稳定,故在进行土方量计算时,必须考虑这一因素。

四、自然山体的组成

自然山体是隆起地表的高低,或峰峦叠嶂,或山峰巍峨,或孤山独立,或群山蜿蜒,虽形态变化万千,但根据山岳形体要素和地貌分析,其组成部分包括以下三部分。

1. 山顶

山顶是山岳的最高部分,按其形态有尖顶、圆顶和平顶之分,山岳两坡顶部相接形成山脊。山脊起分水岭的作用,主干山脊往往代表山岳的走向,山脊每个转折处常是次一级山脊的起点。

2. 山坡

峰脊线以下,山麓带之上为山坡。山坡为山体露出的主要部分,按其倾斜程度,可分为陡坡、凹坡和梯形坡。

3. 山麓

山坡下部过渡到其他地貌单元的地段称为山麓。每个山麓的个体组成部分成条带状持续延伸称为山脉。多个山脉的组合称山系。如图1-2-3所示。

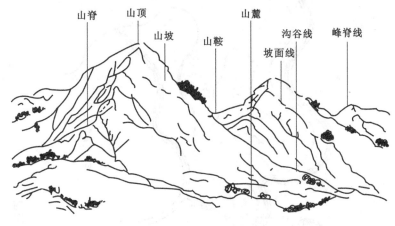

图1-2-3　自然山体组成示意

本工程是某公园的自然式堆山工程(如图1-2-4所示),利用挖湖的土方堆叠土山,力求达到土方的平衡。

该任务首先要明确堆山施工的技术要求,其次要模拟自然界山体的走势进行施工。通过图纸分析我们可以看出,在工程施工准备及施工过程中,要有土方工程的基础知识,会计算挖湖的土方量和堆山的土方量,使土方工程达到平衡,降低成本,这样才能很好地进行该项目的实施。

本公园的高程±0.000为37.00 m,等高线的高差为0.5 m,本工程中山体的最高处为水系的源头,山体高度为10.5 m。山体堆叠的形式按照自然山势的走向进行施工,要求施工技术人员要很好地了解设计意图。

该自然堆山的施工工艺流程如下:

施工准备 → 现场放线 → 土方开挖 → 运方堆筑 → 成品修整与保护 → 验收保养

材料、工具及设备

根据该工程施工特点,人工挖方堆山所用工具包括尖头及平头铁锹、手锤、手推车、梯子、铁镐、撬棍、钢尺、坡度尺、小线绳或铅丝等。

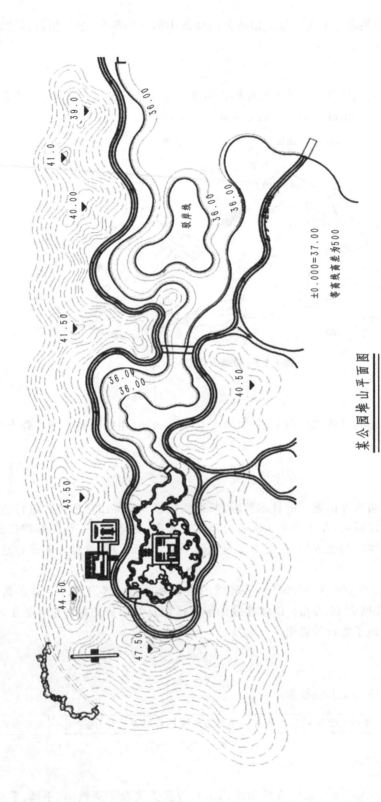

某公园堆山平面图

图1-2-4　某公园堆山施工平面图

±0.000=37.00
等高线高差为500

驳岸线

39.0
41.0
40.00
41.50
36.00
36.00
43.50
44.50
47.50
40.50
36.00
36.00
36.00

主要的机械器具有水平仪、经纬仪、推土机、挖掘装载机、夯土机等。

操作步骤

一、施工准备

在土方施工前应对工程建设进行认真、周全的准备,合理组织和安排工程建设,否则容易造成窝工,甚至返工,进而影响工期,带来不必要的浪费。施工准备工作应包括以下方面。

1. 图纸与现场核对

(1)研究和审查图纸

检查图纸和资料是否齐全,图纸是否有错误和矛盾;掌握设计内容及各项技术要求。熟悉土层地质、水文勘察资料,进行图纸会审,搞清建设场地范围与周围地下设施管线的关系。

(2)勘察施工现场

摸清工程现场情况,收集施工相关资料,如施工现场的地形、地貌、地质、水文、气象、运输道路、植被、邻近建筑物、地下设施、管线、障碍物、地面上施工范围内的障碍物和堆积物状况,供水、供电、通信情况,防洪排水系统等。

2. 清理现场

在施工场地范围内,凡是有碍于工程的开展或影响工程稳定的地面物和地下物均应予以清理,以便后续的施工工作正常开展。

有碍挖方填方的草皮、乔灌木应先行挖除,凡土方挖深不大于 50 cm 或填方高度较小的土方施工,其施工现场及排水沟中的树木都必须连根拔除。

3. 做好排水设施

对场地积水应立即排除。特别是在雨季,在有可能流来地表水的方向上都应设堤或截水沟、排洪沟,若有积水必须及时抽水。

排除地面水的注意事项:在施工前根据施工区域地形特点在场地内及周围挖排水沟,并防止场外的水流入。在低洼处挖湖施工时,除挖好排水沟外,必要时还应加筑围堰或设防水堤。另外,在施工区域内考虑临时排水设施时,应注意与原排水方式相适应,并且应尽量与永久性排水设施相结合。为了排水通畅,排水沟的纵坡不应小于 2%,沟的边坡值为 1∶1.5,沟底宽及沟深不小于 50 cm。

地下水排除的注意事项:园林土方工程中多用明沟,将水引至集水井,再用水泵抽走。一般按排水面积和地下水位的高低来安排排水系统,先定出主干渠和集水井的位置,再定支渠的位置和数目。土壤含水量大,要求排水迅速的,支渠分支应密些,反之可疏。

二、定点放线

对于堆山工程的放线,一般采用方格网法施工。如图 1-2-5、图 1-2-6 所示。将方格网放样到地上,在每个方格网交点处立桩木,桩木上应该有桩号和施工标高,木桩一般选用 5 cm × 5 cm × 40 cm 的木条,桩上的标号与施工图上方格网的编号相一致,施工标高中挖方注上"+"号,填方注上"-"号。在确定施工标高时,由于实际地形可能与图纸有出入,因此,需要放线时用水准仪重新测量,重新确定施工标高。分层填筑时,5 m 以上的山体需分层进行打桩,如图 1-2-6 所示。

图 1-2-5 方格网放线   图 1-2-6 分层打桩

三、运方堆筑

1. 堆筑顺序

（1）先填石方，后填土方

土、石混合填方时或施工现场有需要处理的建筑渣土而堆筑区又比较大时，应先将石块、粗粒废土或渣土填在底层，并紧紧地筑实，然后再将壤土或细土在上层填实。如图 1-2-7 所示。

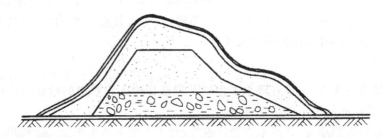

图 1-2-7 土山分层堆筑

（2）先填底土，后填表土

在挖方中挖出的原地面表土暂时堆在一旁，然后将底土先填入填方区底层，待底土填好后，再将肥沃表土回填到填方区作面层。

（3）先填近处，后填远处

近处的填方区应先填，待近处填好后再逐渐填向远处；但每填一处，均要分层填实。

2. 运方

本工程在运方的过程中按照就近挖方和就近填方的原则，力求土方就地平衡，以减少土方的搬运量。运土的关键是运输线路的组织，一般采用回环式道路，避免相互交叉。运土方式也分人工运土和机械运土两种。人工运土一般是短途的小搬运。长距离运土和工程量很大时通常需要机械运土，运输工具主要是装载机和汽车。根据本工程施工特点和工程量大小，我们采用的是半机械化与人工相结合的方式运土。以设计的山头为中心，采用螺旋式分路上土法，运土顺循环道路上填，每经过全路一遍，便顺次将土卸在路两侧，空载的车（人）沿线路继续前行下山，车（人）不走回头路，不交叉穿行。这不仅合理组织了人工，而且使土方分层上升，土体稳定，表面较自然，如图 1-2-8 所示。

3. 土山体堆筑

（1）土山体的堆筑材料

土山体堆筑的填料应符合设计要求，保证堆筑土山体土料的密实度和稳定性。当在地下构筑物的顶面堆筑较高的土山体时，可考虑在土山体的中间放置轻型填充材料，减轻整个山体重量。

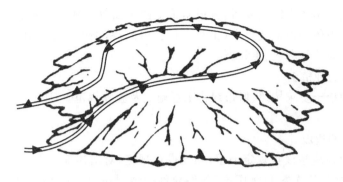

图 1-2-8 土山堆土施工路线

（2）地基加固

土方堆筑时，要求对持力层地质情况作详细了解，并计算山体重量是否符合该地块地基最大承载力，如大于地基承载力则应采取地基加固措施。地基加固的方法有打桩、设置钢筋混凝土结构的筏板基础、箱形基础等，还可以采用灰土垫层、碎石垫层、三合土垫层等，并且进行强夯处理，以达到山体堆筑的承载要求。

（3）土山体的堆筑方式

土山体堆筑应采取分层填筑方式，一层一层地堆，不要采取沿着斜坡向外逐渐倾倒的方式。分层填筑时，在要求质量较高的填方中，每层的厚度应不超过 30 cm，在一般的填方中，每层的厚度可为 30～60 cm。

（4）土山体的压实

填土过程中，最好填一层即压实一层，层层压实。在自然斜坡上填土时，为防止新填土方沿着坡面滑落，可先把斜坡挖成阶梯状，再填入土方，这样就增强了新填土方与斜坡的咬合性，保证了新填土方的稳定性，如图 1-2-9 所示。

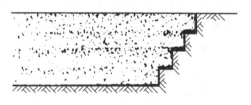

图 1-2-9 斜坡填土法

① 土山体应采用机械进行压实：用推土机来回行驶进行碾压，履带应重叠 1/2，填土可利用汽车行驶作部分压实工作，行车路线须均匀分布于填土层上，汽车不能在虚土上行驶，卸土推平和压实工作须采用分段交叉进行。

② 为保证填土压实的均匀性及密实度，避免碾轮下陷，提高碾压效率，在碾压机械碾压之前，宜先用轻型推土机、拖拉机推平，低速预压 4～5 遍，使表面平实。

③ 碾压机械压实填方时，应控制行驶速度，一般平碾、振动碾不超过 2 km/h，并要控制压实遍数。当堆筑接近地基承载力（达到承载力 80%）时，未作地基处理的山体堆筑应放慢堆筑速率，严密监测山体沉降及位移的变化。

④ 已填好的土如遭水浸，在把稀泥铲除后方能进行下一道工序。填土区应保持一定横坡，或中间稍高两边稍低，以利排水。当天填土，应在当天压实。

（5）土山体密实度的检验

土山体在堆筑过程中，每层堆筑的土体均应达到设计的密实度标准，若设计未定标准，则应达到 88% 以上，并且进行密实度检验，一般采用环刀法（或灌砂法），才能填筑上层。

（6）土山体的等高线

山体的等高线按平面设计及竖向设计施工图进行施工，在山坡的变化处做到坡度的流畅，每堆筑 1 m 高度对山体坡面边线按图示等高线进行一次修整。采用人工进行作业，以符

合山形要求。整个山体堆筑完成后,再根据施工图平面等高线尺寸形状和竖向设计的要求自上而下对整个山体的山形变化点(山脊、山坡、山凹)精细地修整一次,要求做到山体地形不积水,山脊、山坡曲线顺畅、柔和。

(7)土山体的种植土

土山表层种植土要求按照《城市绿化工程施工及验收规范》(CJJ/T 82—1999)中的有关条文执行。

(8)土山体的边坡

土山体的边坡应按设计规定要求,如无设计规定,对山体部分大于23.5°的自然安息角的造型,应该增加碾压次数和碾压层,条件允许的情况下,要分台阶碾压,以达到最佳密实度,防止出现施工中的自然滑坡。

在堆土做陡坡时,要用松散的土堆出陡坡是不容易的,需要采取特殊处理,如可以用袋装土垒砌的办法直接垒出陡坡,其坡度可以做到200%以上。土袋不必装得太满,装土约70%~80%即可,这样垒成陡坡更为稳定。袋子可选用麻袋、塑料编织袋或玻璃纤维布袋。袋装土陡坡的后面要及时填土夯实,使两者结成整体以增强稳定性。陡坡垒成后,还需要湿土对坡面培土,掩盖土袋使整个土山浑然一体。坡面上还可栽种须根密集的灌木或培植山草,利用树根和草根将坡土紧固起来。

土山的悬崖部分用泥土堆不起来,一般要用假山石或块石浆砌成挡土石壁,然后在背面填土,石壁后要有一些长条形石条从石壁埋入山体中,形成狗牙槎状,以加强山体与石壁的连接,增强石壁的稳定性。砌筑时,石壁砌筑1.2~1.5 m,应停工几天待水泥凝固硬化,并在石壁背面填土夯实之后,才能继续向上砌筑崖壁。

4. 应注意的质量问题

(1)土壤下沉

虚铺土超过规定厚度或冬季施工时有较大的冻土块或夯实遍数不够,甚至漏夯;回填基底有机杂物或落土清理不干净;施工用水渗入垫层中,受冻膨胀等造成山体下沉。

(2)堆山夯实不足

在夯实时应对干土适当洒水加以润湿,如土壤太湿同样夯不密实,呈"橡皮土"现象,这时应将"橡皮土"挖出,重新换好土再予夯实。

(3)堆山应按设计要求预留沉降量,如设计无要求时,可根据工程性质、堆山高度、密度要求和地基情况确定沉降量(沉降量一般不超过填方高度的3%)。

四、成品修整与保护

由于以上质量问题的存在,都可能导致土壤下沉,所以在养护的过程中要对土山不断地进行修整。

土山的养护过程是一个相当漫长的过程,需要慢慢沉积形成自然安息角,若土方超过各种土壤的不同安息角和地面承载力,就易被冲刷、坍塌、自身不稳定。同时,游人攀登也不安全,极易造成事故。

五、验收保养

工程竣工后应进行检查验收。验收后签订正式的验收证书,即移交给使用单位或保养单位进行正式的保养管理工作。验收标准如下:

① 土山的整体协调、美观,能够与周围环境相适宜;

② 土山的土壤必须符合设计或施工规范的规定;

③ 土山必须按规定分层夯实,取样测定夯实情况;

④ 验收时土山必须保持本身的整体性和稳定性;

⑤ 土山高程符合施工图纸的要求;

⑥ 土山主峰、配峰的位置和设计图纸相符合。

任务考核内容及标准见表 1-2-1 所示。

表 1-2-1　任务考核内容及标准

序号	考核内容	考核标准	配分	考核记录	得分
1	堆山施工图识读	熟读设计意图	30		
2	堆山构造	掌握堆山施工山体的构造形式	30		
3	堆山施工	掌握堆山施工的工艺流程	30		
4	工程验收	能够达到堆山施工验收标准	10		

不同园地地形类型的处理方式。

地形可以通过各种途径加以分类和评价。这些途径包括它的地表形态、地形分割条件、地质构造、地形规模、特征及坡度等。在上述各种分类途径中,对于园林造景来说,坡度是涉及地形的视觉和功能特征最重要的因素之一。

一、平地

在现实世界的外部环境中,绝对平坦的地形是不存在的,所有的地面都有不同程度甚至是难以察觉的坡度,因此,这里的"平地"指的是那些总的看来是"水平"的地面,更为确切地描述是指园林地形中坡度小于 4% 的较平坦用地。平地对于任何种类的密集活动都是适用的。

由于排水的需要,园林中完全水平的平地是没有意义的。因此,园林中的平地是具有一定坡度的相对平整的地面。为避免水土流失及提高景观效果,单一坡度的地面不宜延续过长,应有小的起伏或施工成多个坡面。平地坡度的大小,可视植被和铺装情况以及排水要求而定。

① 种植平地如游人散步草坪的坡度可大些,1%～3% 较理想,以求快速排水,便于安排各项活动和设施。

② 铺装平地坡度可小些,宜在 0.3%～1.0% 之间,但排水坡面应尽可能多向,以加快地表排水速度。如广场、建筑物周围、平台等。

园林中,平地适于建造建筑,铺设广场、停车场、道路、草坪草地,建设游乐场、苗圃等。因此,现代公共园林中必须设有一定比例的平地形以供人流集散以及交通、游览需要。

平地可以开辟大面积水体以及作为各种场地用地,可以自由布置建筑、道路、铺装广场及园林构筑物等景观元素,亦可以对这些景观元素按设计需求适当组合、搭配,以创造出丰富的空间层次。

园林中对平地应适当加以地形调整,一览无余的平地不加处理容易平淡,适当地对平地形挖低堆高,造成地形高低变化,或结合这些高地变化设计台阶、挡墙,并通过景墙、植物等景观元素对平地形进行分隔与遮挡,可以创造出不同层次的园林空间。

二、坡地

坡地一般与山地、丘陵或水体并存,其坡向和坡度视土壤、植被、铺装、工程设施、使用性质以及其他地形地物因素而定。坡地的高程变化和明显的方向性(朝向)使其在造园用地中具有广泛的用途和施工灵活性。如用于种植,提供界面、视线和视点,塑造多级平台、围合空间等。但坡地坡角超过土壤的自然安息角时,为保持土体稳定,应当采取护坡措施,如砌挡土墙、种植地被植物及堆叠自然山石等。

园林中可以结合地形进行改造,使地面产生明显的起伏变化,增加园林艺术空间的生动性。坡地地表径流速度快,不会产生积水,但是若地形起伏过大或坡度不大但同一坡度的坡面延伸过长,则容易产生滑坡现象,因此,地形起伏要适度,坡长应适中。坡地按照其倾斜度的大小可以分为缓坡、中坡、陡坡、急坡和悬崖、陡坎五种类型。

1. 缓坡

缓坡坡度为 $4\%\sim10\%$,适宜于运动和非正规的活动,一般布置道路和建筑基本不受地形限制。缓坡地可以修建为活动场地、游憩草坪、疏林草地等。缓坡地不宜开辟面积较大的水体。

2. 中坡

中坡坡度为 $10\%\sim25\%$,只有山地运动或自由游乐才能积极加以利用,在中坡地上爬上爬下显然很费劲。在这种地形中,建筑和道路的布置会受到限制。垂直于等高线的道路要做成梯道,建筑一般要顺着等高线布置并结合现状进行地形改造才能修建,并且占地面积不宜过大。对于水体布置而言,除溪流外不宜开辟河湖等较大面积的水体。中坡地植物种植基本不受限制。

3. 陡坡

陡坡坡度为 $25\%\sim50\%$。陡坡的稳定性较差,容易造成滑坡,甚至塌方,因此,在陡坡地段的地形改造一般要考虑加固措施,如建造护坡、挡墙等。陡坡上布置较大规模建筑会受到很大限制,并且土方工程量很大。如布置道路,一般要做成较陡的梯道;如要通车,则要顺应地形起伏做成盘山道。陡坡地形更难设计较大面积水体,只能布置小型水池。陡坡地上土层较薄,水土流失严重,植物生根困难,因此陡坡地种植树木较困难。如要对陡坡进行绿化,可以先对地形进行改造,改造成小块平整土地,或在岩石缝隙中种植树木,必要时可以对岩石打眼处理,留出种植穴并覆土种植。

4. 急坡

急坡的坡度是土壤自然安息角的极值范围。急坡地多位于土石结合的山地,一般用作种植林坡。道路一般需曲折盘旋而上,梯道需与等高线成斜角布置,建筑需作特殊处理。

5. 悬崖、陡坎

悬崖、陡坎的坡度大于100%，坡角在45°以上，已超出土壤的自然安息角。一般位于土石山或石山，种植需采取特殊措施（如挖鱼鳞坑、修树池等）保持水土、涵养水分。道路及梯道布置均困难，工程投资大。

三、山地

山地是地貌施工的核心，它直接影响到空间的组织、景物的安排、天际线的变化和土方工程量等。由于山地尤其是石山地的坡度较大，因此在园林地形中往往能表现出奇、险、雄等效果。山地上不宜布置较大建筑，只能通过地形改造点缀亭、廊等单体建筑。

1. 未山先麓，陡缓相间

山脚应缓慢升高，坡度要陡缓相同，山体表面呈凹凸不平状，变化自然。

2. 歪走斜伸，逶迤连绵

山脊线呈之字形走向，曲折有致，起伏有度，逶迤连绵顺乎自然。

3. 主次分明，互相呼应

主山宜高耸、盘厚，体量较大，变化较多；客山则奔趋、拱状，呈余脉延伸之势。先立主位，后布辅从，比例应协调，关系要呼应，注意整体组合。忌孤山一座。

4. 左急右缓，勒放自如

山体坡面应有急有缓，等高线有疏密变化。一般朝阳和面向园内的坡面较缓，地形较为复杂；朝阴和面向园外的坡面较陡，地形较为简单。

5. 丘壑相伴，虚实相生

山脚轮廓线应曲折圆润，柔顺自然。山臁必虚其腹，谷壑最宜幽深，虚实相生，空间丰富生动。

四、丘陵

丘陵的坡度一般在10%～25%之间，在土壤的自然安息角以内不需要工程措施，高度也多在1～3 m变化，在人的视平线高度上下浮动。丘陵在地形施工中可视作土山的余脉、主山的配景、平地的外缘。

五、理水

理水是地形施工的主要内容，水体施工应选择低或靠近水源的地方，因地制宜，因势利导。山水结合，相映成趣。在自然山水园林中，应呈山环水抱之势，动静交呈，相得益彰。配合运用园桥、汀步、堤、岛等工程措施，使水体有聚散、开合、曲直、断续等变化。水体的进水口、排水口、溢水口及闸门的标高，应满足功能的需要并与市政工程相协调。汀步，无护栏的园桥附近2 m范围内的水深应不大于0.5 m；护岸顶与常水位的高差要兼顾景现、安全、游人近水心理和防治岸体冲刷等要求合理确定。

复习提高

通过堆山施工的学习，使学生掌握用等高线法进行园林堆山平面图的绘制方法，并能利用所绘制的图纸分组在校园内堆筑土山。

项目二　园林建筑小品施工

　　园林建筑小品是指在园林中供游人休息、观赏,方便游览活动,供游人使用,或为了园林管理而设置的小型园林设施。随着园林现代化设施水平的不断提高,园林建筑小品的内容也越来越复杂多样,在园林中的地位也日益重要。

　　园林小品的作用主要表现在满足人们休息、娱乐、游览、文化和宣传等活动要求方面。它既有使用功能,又可以观赏、美化环境。

1. 美化功能

　　建筑小品与山水、花木种植相结合而构成园林内的许多风景画面,有宜于就近观赏的,有适合于远眺的。在一般情况下,建筑物往往是这些画面的重点或主题。

2. 使用功能

　　以园林建筑小品作为观赏园内景物的场所,园林建筑的位置、朝向、封闭与开放占主要因素。

3. 组织空间

　　以建筑围合的一个空间。如利用廊围合成一系列的庭院,辅以山石花木,将园林划分为若干空间层次。

4. 游览路线

　　以道路结合建筑物的穿插、"对景"和障隔,创造出一种步移景异,具有导向性的游动观赏效果。

　　在本项目中主要介绍景墙、挡土墙的相关知识及施工方法。

　技能要求

- 能够识读建筑小品的施工图;
- 掌握园林建筑小品相关的施工工艺;
- 能根据施工图指导现场施工。

　知识要求

- 熟悉园林建筑小品的特点;
- 了解园林建筑小品的构成;
- 掌握识读园林建筑小品施工图的方法步骤;
- 了解园林建筑小品施工时所用材料的相关知识。

任务 1　景墙工程施工

能力目标

1. 能够识读园林景墙施工图纸；
2. 能进行园林景墙设计与施工。

知识目标

1. 了解园林中景墙的类型；
2. 掌握景墙设计与施工技法。

基本知识

中国园林善于运用藏与露、分与合的进行对比的艺术手法，营造不同的、个性化的人文景观空间，于是景墙应运而生，并得到了极大的发展。无论是古典园林还是现代园林，景墙的应用极其广泛，其形式不拘一格，功能因需而设，材料丰富多样。除了常见的园林中作障景、漏景以及背景的景墙外，近年来，很多城市更是把景墙作为城市文化建设、改善市容市貌的重要形式。

一、景墙的形式

景墙按其构景形式可以分为独立式景墙（图 2-1-1）和连续式景墙（图 2-1-2）两种类型。

图 2-1-1　滨海明珠玻璃景墙

图 2-1-2　深圳世博园湖北区景墙

二、景墙的作用

景墙是中国传统建筑中组织院落空间环境的重要手段。墙在空间中主要起围合与分隔作用,但它又可通过景窗与外界空间取得渗透与联系。同时,墙还可以通过形、光、色、质等要素来增添空间的美感和情趣,创造一系列起承转合、收放有序、变换无穷的空间,使人们在充分领略空间的转换中得到乐趣,同时还能防止侵犯、自然灾害的发生,起到安全防护的作用。而且高于地面 46 cm、宽度在 30.5 cm 左右的低矮景墙,还兼有休息坐椅的功能。

图 2-1-3 中,在波浪形云墙中开设半环形漏窗,将内外空间融合起来,似隔非隔,形成明暗对比和虚实变化。采用传统的造园方法,围墙内外美景融为一体,宛如一幅画悬于墙面,如图 2-1-4 所示。

图 2-1-3　云墙

图 2-1-4 园墙

三、景墙的设计

景墙设计多与地方的风土人情相联系。好的景墙犹如一幅画卷,能艺术地展示该地独有的人文信息。图 2-1-5 中为深圳世博园内玻利维亚景点入口处的景墙,墙面用泥浆混草梗涂抹,上面点缀着独具特色的人物形象和精美的饰品,颜色对比强烈,原汁原味儿地再现了玻利维亚的风土人情,体现了他们热爱生活、乐观豁达的性情。

图 2-1-5 深圳世博园玻利维亚景点景墙

用作景墙的材料多种多样,有传统的砖瓦结构,也有现代的玻璃以及木制隔栅等材料。图 2-1-6 中为深圳世博园佛山市景点"宝芝园"内的景墙。采用传统的砖瓦结构,景墙上饰有传统的松鹤延年等吉祥图案。景墙将"宝芝园"分隔成前场和后园两部分,体现出刚柔并济、动静结合的设计理念。

图 2-1-6　"宝芝园"景墙

学习任务

　　图 2-1-7 所示为景墙的正立面图、平面图、侧立面图及剖面图。根据该图资料完成景墙的施工。

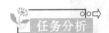
任务分析

　　通过图纸分析可以看出,该景墙工程是比较常见的类型,完成该项目主要需掌握基础工程、砌筑工程及饰面工程的施工要点。施工过程中注意明确基础类型、埋深和使用材料,掌握墙体砌筑施工的技术标准,注意饰面工程的选材和施工方法、技术标准。

施工工艺

　　景墙的施工工艺流程如下:

施工准备 → 基础放样 → 基槽开挖 → 基础施工 → 景墙墙身 → 墙面装修 → 养护 → 竣工验收

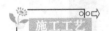
材料、工具及设备

　　该工程的主要材料包括水泥、石子、沙子、钢筋、森林绿花岗岩、黄锈石、石岛红花岗岩等。

　　该工程的主要工具及设备包括抹子、刨锛、瓦刀、扁子、托线板、线坠、小白线、皮数杆、小水桶、灰槽、砖夹子、扫帚、铁锹、卷尺、铁水平尺、打夯机、经纬仪、水准仪、放线尺、挖掘机、运输车辆等。

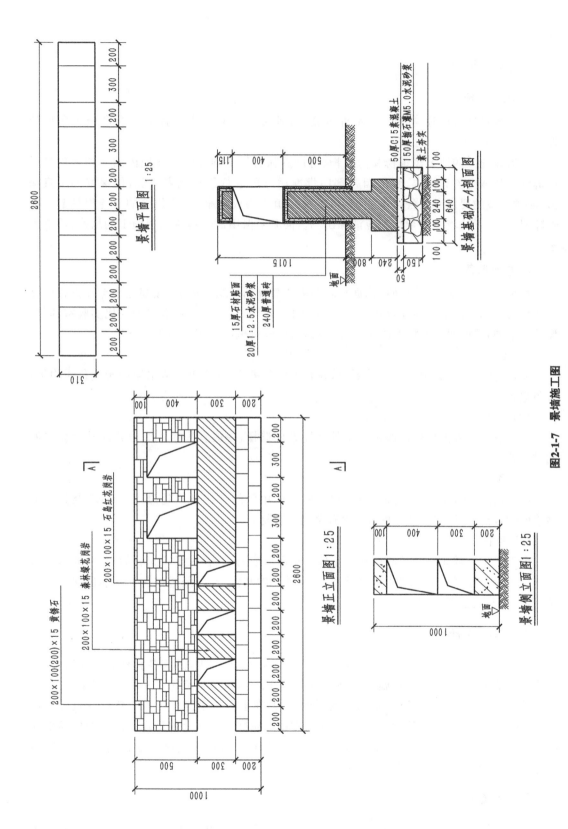

图2-1-7　景墙施工图

一、施工准备

1. 现场准备

施工现场准备即通常所说的室外准备（外业准备），它是为工程创造有利施工条件的保证。

对有碍施工的地上建筑物及构筑物、房屋拆除后的基础等施工场地内的一切障碍物予以拆除。场地内若有树木，须报园林部门批准后方可进行移栽或者伐除，能保留的尽量保留，必须移栽的要由专业公司来完成，以确保移植后的成活率，必须伐除的要连根挖起。拆除障碍后，留下的渣土等杂物都应清除出场。同时确保场地内具备工程施工的用水、用电等条件。

2. 材料准备

根据砂浆、混凝土、普通砖、饰面材料等需要量计划组织其进场，按规定地点和方式储存或者堆放。确认砂浆实际配合比，混凝土等用的砂骨料、石子骨料、水泥送配比实验室，制作设计要求的各种标号砂浆、混凝土试验试块，由试验机械确定实际施工配合比。

（1）砖

品种、强度等级必须符合设计要求，并有出厂合格证、试验单。清水墙的砖应色泽均匀，边角整齐。

（2）水泥

品种及标号应根据砌体部位及所处环境条件选择，一般宜采用 325 号普通硅酸盐水泥或矿渣硅酸盐水泥。

（3）砂

中砂，应过 5 mm 孔径的筛。M5 以下砂浆所用砂的含泥量不超过 10%，M5 及其以上砂浆的砂含泥量不超过 5%，并不得含有草根等杂物。

（4）骨料

由天然岩石或卵石经破碎或自然条件作用而形成的，粒径大于 5 mm 的颗粒，即卵石或碎石。应根据混凝土工程的质量要求，结合本地区的具体情况，经过试验证实能确保工程质量，且经济又较合理时，即可采用。

二、基础放样

基础放样的任务是把图纸上所设计好的景墙测设到地面上，并用各种标志表现出来，以作为施工的依据。放线时，在施工现场找到放线基准点，按照景墙施工平面图，利用经纬仪、放线尺等工具将横纵坐标点分别测设到场地上，并在坐标点上打桩定点。然后以坐标桩点为准，根据景墙平面图，用白灰在场地地面上放出边轮廓线。然后根据设计图中的标高设计找出标高基准点±0.000，利用水准仪测设定出坐标桩点标高及轮廓线上各点标高，可以确定挖方区、填方区的土方工程量。

三、基槽开挖

基槽开挖前，对原土地面组织测量并与设计标高比较，根据现场实际情况，考虑降低成本,尽量不外运土方而就地回填消化。本工程基槽开挖以人工挖土为主。基槽开挖时要考虑土侧的放坡,开挖前应对灰线进行复核,确认无误后才可开挖。对该地区的地下物应向挖土人员或挖土机驾驶员交代清楚,避免发生意外事故。

结合施工流水计划确定人工挖土顺序。当地下水位较高时,应选一处做集水坑,让水顺基槽流入坑内然后用潜水泵抽走。基槽挖到底标高处时应留余量,经抄平后清底,以免扰动基土。如下道工序间隔较长,应在基底标高以上留 10～20 cm 的土不挖,待到做基础前一天再清土,以保证基底土不被扰动或被水浸泡。在冬季时还可以防止基底遭受冻结。

四、基础施工

本工程基础施工按照如下流程进行:

素土夯实→150 厚插石灌 M5.0 水泥砂浆→50 厚 C15 素混凝土→砌筑砖基础。

素土夯实可采用人工夯实或机械夯实,机械夯实常用蛙式打夯机、柴油打夯机、电动立夯机及夯锤。采用 M5.0 砂浆进行插石灌浆施工。垫层使用 C15 素混凝土,浇筑时应控制好垫层顶面标高 −1.040 m,浇筑后采用塑料布覆盖养护混凝土,并应保持塑料布内有冷凝水,待垫层混凝土养护后进行砖基础砌筑。砌筑砖基础按照以下要点进行。

1. 基础施工前

基础施工前应设置龙门板,在板上标明基础的轴线、底宽、墙身的轴线及厚度、底层地面标高等,并用准线和线坠将轴线及基础底宽放到垫层表面上。砌筑基础前,必须用钢尺校核放线尺寸。用方木或角钢制作皮数杆,并在皮数杆上标明皮数及竖向构造的变化部位。

砌筑前要校核放线情况,在核对检查时要求放线尺寸(长度 L,宽度 B)的允许偏差不超过表 2-1-1 中的规定。对总尺寸线及局部尺寸线检查后,认为合格,才可对抄平、立皮数杆进行检查。检查时要核对垫层的标高 −1.040 m,厚度 50 mm,凡不符合的要进行纠正。

表 2-1-1 放线尺寸(长度 L,宽度 B)的允许偏差

L、B/m	允许偏差/mm	L、B/m	允许偏差/mm
L(B)≤30	±5	60<L(B)≤90	±15
30<L(B)≤60	±10	L(B)>90	±20

2. 排砖、摆底

基础大放脚的摆底尺寸及收退方法必须符合设计图纸规定。如一层一退,里外均应砌丁砖;如二层一退,第一层为条砖,第二层砌丁砖。排砖时注意大放脚的高度为 240 mm,参照皮数杆摆通后再进行砌筑。

3. 收退放脚

对砖基础大放脚摆砖结束后开始砌筑,砌筑时要掌握收退方法,每边各收 100 mm。退台的上面一皮砖用丁砖,这样传力效果好,而且在砌筑完毕后填土时也不易将退台砖碰掉。

4. 基础正墙砌筑

当大放脚收退结束,基础正墙(240 mm)就应开始砌筑。这时要利用龙门板上的轴线位置,拉线挂线锤在大放脚最上皮砖面定出轴线的位置,为砌正墙提供基准。同时还应利用皮数杆检查一下大放脚部分的砖面标高是否为 −0.800 m,皮数是否符合为 4 皮,如不一致,在砌正墙前应及时修正合格。正墙的第一皮砖应丁砖排砖砌筑。

5. 检查

当以上各工序结束后,应进行轴线、标高的检查。检查无误后,可以把龙门板上的轴线位置、标高水平线返到基墙上,并用红色鲜明标志,检查合格后,办好隐蔽手续,尽快回填土。

五、墙体施工

景墙主体为 240 厚普通砖墙。主要施工过程如下。

1. 施工准备工作

熟悉图纸,详细了解图纸内容并考虑于施工之中;复验砖、砌筑砂浆的强度;检查墙体放线的准确性,检查所立的皮数杆的标高是否在同一水平面上;检查回填土是否全部完成;拌制砂浆,运输砖块和砂浆,放到砌筑部位;准备砂浆试模,及时制作砂浆试块。

2. 砖墙的砌筑

砖墙的施工工艺为抄平、放线、摆砖、立皮数杆、挂线、砌筑等。

(1)抄平

砌墙前确定基础墙顶标高,如标高不同采用水泥砂浆找平。

(2)放线

根据龙门板或轴线控制桩上的标志轴线,利用经纬仪和墨线弹出墙体的轴线、边线及景窗的位置线。

(3)摆砖

在弹好线的基础顶面上按照选定的组砌方式先用砖试摆,该景墙可选用三顺一丁的组砌方法,它是砌三皮顺砖后砌一皮丁砖,上下皮顺砖的竖缝错开 1/2 砖,顺砖皮与丁砖皮上下竖缝则错开 1/4 砖。

(4)立皮数杆

皮数杆一般用 50 mm×70 mm 的方木做成,上面划有砖的皮数、灰缝厚度、窗等位置的标高,作为墙体砌筑时竖向尺寸的标志。划皮数杆时应从±0.000 开始。

(5)挂线、砌筑

该墙体厚度为 240 mm,可以单面挂线。砌筑时以线为准,避免出现墙体一头高、一头低的现象。砌筑时必须错缝搭接,最小错缝长度应有 1/4 砖长或 6 cm。灰缝厚度一般为 10 mm,最大不超过 12 mm,最小不少于 8 mm。水平灰缝太厚,在受力时砌体压缩变形增大,还可能使墙体产生滑移,这对墙体结构很不利。如果灰缝过薄,则不能保证砂浆的饱满度,使墙体的黏结力削弱,影响整体性。砌筑时宜采用三一砌筑法。三一砌筑法又称为大铲砌筑法,即一铲灰、一块砖、一挤揉,并随手将挤出的砂浆刮平。也可采用铺浆法,当采用铺浆法时,铺浆长度不宜超过 750 mm,施工期间气温超过 30 ℃时,铺浆长度不宜超过 500 mm,如图 2-1-8 所示。

图 2-1-8 砌筑墙体

六、墙面装饰

墙面装饰的主要施工程序:基层处理→墙面批砂浆找平→弹线分块→贴墙砖→勾缝。

1. 基层处理

饰面石材的镶贴基层应满足平整度和垂直度要求,阴阳角方正,并湿润、洁净。本工程墙体为砖墙,可直接进行抹灰处理。若为混凝土墙面,可采用刷界面处理剂的方法;如果混凝土面较光滑,可先进行凿毛处理,凿毛面积不小于70%,每平方米大点200个以上,再用钢丝刷清扫一遍,并用清水冲洗干净,也可用刷碱清洗后甩浆进行"毛化处理"。

2. 弹线分格

按设计要求统一弹线分格、排砖,一般要求横缝水平,阳角漏窗都需整砖,如按块安格,应采取调整砖缝大小的分格、排砖。按皮数杆弹出水平方向的分格线,同时弹竖直方向的控制线。

3. 做标志块

在镶钻面砖时,应先贴若干块废面砖作为标志块,上下用托线板吊直,作为黏结厚度的依据,横向每隔1.5 m左右做一个标志块,用拉线或靠尺校正其平整度。

4. 面砖铺贴

所有的面砖在铺贴前必须泡水,充分浸湿后晾干待用。贴面砖的灰浆用1:2.5水泥砂浆,灰浆厚度以20 mm为宜。面砖铺贴顺序为自下而上,铺贴第一皮后,用直尺检查一遍平整度,如有个别面砖凸出者,可用小木槌或木柄把其向内轻敲几下,使其平整为止。

5. 勾缝

在整幅墙面贴砖完成后,用与面砖同色的彩色水泥砂浆勾缝嵌实。面砖勾缝处残留的浆,必须及时清除干净。

6. 养护

面砖镶贴完后注意养护。

7. 清洁面层

如镶贴面砖完工后,仍发现有污渍处,可用软毛刷蘸10%的稀盐酸溶液刷洗,再用清水洗净,以免产生变色和浸蚀勾缝砂浆。

七、竣工验收

本工程竣工验收的主要内容如下:
① 景墙构造符合设计要求;
② 所用材料符合设计要求;
③ 饰面工程符合表2-1-2中规定。

任务考核内容和标准见表2-1-3所示。

表 2-1-2　块面石材饰面施工允许偏差及验收方法

项次	项目		允许偏差/mm				检查方法
			天然石			人造石	
			光面镜面	粗磨石、麻石、条纹石	天然石		
1	立面垂直	室内	2	3		2	用 2 m 托线板检查
		室外	3	6		3	
2	表面平整		1	3		1	用 2 m 靠尺和楔形塞尺
3	阳角方正		2	4		2	用 20 cm 方尺检查
4	接缝平直		2	4	5	2	拉 5 m 线检查,不足 5 m
5	墙裙上口平直		2	3	3	2	拉通线检查
6	接缝高低		0.3	3		0.5	用直尺和楔形尺检查
7	接缝宽度		0.5	1	2	0.5	用尺检查

表 2-1-3　任务考核内容和标准

序号	考核内容	考核标准	配分	考核记录	得分
1	园林景墙施工图识读	熟读表达内容	30		
2	园林景墙构造	掌握景墙的构造形式	30		
3	景墙施工	掌握景墙施工的工艺流程	30		
4	工程验收	能够达到景墙工程验收标准	10		

 知识链接

一、砖砌体施工

1. 砖墙的厚度

砖墙的厚度根据受力、保温、耐久等各种因素确定。实心砖砌体厚度分为:120 mm,俗称半砖墙;180 mm,俗称十八墙;240 mm,俗称一砖墙;370 mm,俗称一砖半墙;490 mm,俗称两砖墙等。

2. 砌体中砖和灰缝的名称

一块砖有两两相等三对面,最大的面称为大面,长条的面称为条面,短条的一面称为丁面。砖砌入墙体后,由于放置位置不同还有立砖、陡砖之分。砌筑时,条面朝操作者的称为顺砖,丁面朝操作者的称为丁砖。灰缝为水平方向的称为水平缝,竖向的缝称为竖缝或立缝,也有称为砖头前的"头缝"。

3. 砖砌体的组砌方式

(1) 一顺一丁(或称为满丁满条)组砌法

这是最常见的组砌方法。它以上下皮竖缝错开 1/4 砖进行咬合。这种砌法在墙面上又分为十字缝及骑马缝两种形式,如图 2-1-9 所示。

（2）梅花丁组砌法

梅花丁组砌法又称为沙包式砌法。这种砌法是在同一皮砖上采用一块顺砖一块丁砖相互交接砌筑，上下皮砖的竖缝也错开 1/4 砖。梅花丁组砌法可使内外竖向灰缝每皮都能错开，竖向灰缝容易对齐，墙面平整容易控制，适合于清水墙面的砌筑。但初学者易弄乱弄错，且工效相对较低。其组砌的墙面形式如图 2-1-10 所示。

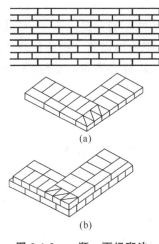

(a)

(b)

图 2-1-9　一顺一丁组砌法

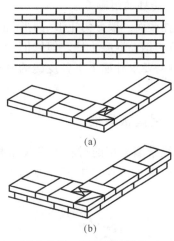

(a)

(b)

图 2-1-10　梅花丁组砌法

（3）三顺一丁的砌法

该法是砌三皮顺砖一皮丁砖，上下皮顺砖的竖缝错开 1/2 砖，顺砖皮与丁砖皮上下竖缝则错开 1/4 砖。它的优点是墙面容易平整，适用于围护墙的清水墙面。其组砌形式如图 2-1-11 所示。

（4）条砌法

每皮砖都是顺砖，砖的竖缝错开 1/2 砖长。适用于半砖厚的隔断墙砌筑。形式如图 2-1-12 所示。

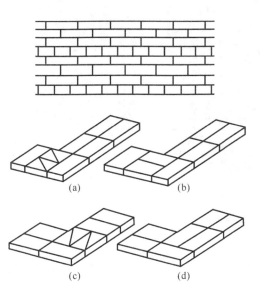

(a)　　　　　(b)

(c)　　　　　(d)

图 2-1-11　三顺一丁法

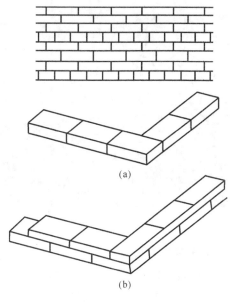

(a)

(b)

图 2-1-12　条砌法

（5）丁砌法

墙面均见丁砖头，主要用于圆形、弧形墙面和砖砌圆烟囱的砌筑。

（6）空斗墙的组砌

空斗墙是由普通实心砖侧砖和丁砌组成的，分为一斗一眠和多斗一眠两种形式。它适用于填充墙，比实心墙自重轻。

（7）砖柱的组砌方法

砖柱截面一般分为矩形、圆形、正多角形等形式。砖柱一般都是承重的，目前已较少采用，均改为钢筋混凝土柱。但修旧、改造非砖柱不可时，则还得砌筑。砌砖柱应比砌砖墙要更认真些，要求柱面上下各皮砖的竖缝至少错开 1/4 砖长，柱心不得有通缝，不得采用包心砌法。

二、铝塑板景墙

传统景墙采用的材料大多是木材、砖石、钢筋混凝土等，现代景墙也有采用玻璃等材料。近年来也出现了铝塑板景墙，实景效果很漂亮，给人耳目一新的感觉，如图 2-1-13 所示。

图 2-1-13　铝塑板墙体

1. 铝塑板的定义

铝塑板是铝塑复合板的简称，铝塑板是由内外两面铝合金板、低密度聚乙烯芯层与黏合剂复合为一体的轻型墙面装饰材料。

2. 铝塑板的组成

铝塑复合板是由多层材料复合而成,上下层为高纯度铝合金板,中间为无毒低密度聚乙烯(PE)芯板,其正面还粘贴一层保护膜。室外使用时,铝塑板正面涂覆氟碳树脂(PVDF)涂层;室内使用时,其正面可采用非氟碳树脂涂层。

3. 铝塑板的特点

铝塑板是易于加工成型的好材料,更是为追求效率、争取时间的优良产品,它能缩短工期、降低成本。铝塑板可以切割、裁切、开槽、带锯、钻孔、加工埋头,也可以冷弯、冷折、冷轧,还可以铆接、螺丝连接或胶合粘接等。

4. 铝塑板景墙存在的问题

(1)铝塑板的变色、脱色

铝塑板变色、脱色,主要是板材选用不当造成的。铝塑板分为室内用板和室外用板,两种板材的表面涂层不同,决定了其适用的不同场合。室内所用的板材表面喷涂的树脂涂层适应不了室外恶劣的自然环境,如果用在了室外,自然会加速其老化过程,引起变色、脱色现象。室外铝塑板的表面涂层一般选用抗老化、抗紫外线能力较强的聚氟碳脂涂层,这种板材的价格昂贵。

(2)铝塑板的开胶、脱落

铝塑板开胶、脱落,主要是由于黏结剂选用不当。作为室外铝塑板工程的理想黏结剂,硅酮胶有着得天独厚的优越条件。

(3)铝塑板表面的变形、起鼓

许多工程都会发生铝塑板变形、起鼓的现象,主要问题出在粘贴铝塑板的基层板材上,其次才是铝塑板本身的质量问题。若使用的基层材料是高密度板、木工板等时,这类材料在室外使用时,经过风吹、日晒、雨淋后,必然会产生变形。基层材料变形后,铝塑板面层就会变形。所以,理想的室外基层材料应与经过防锈处理后的角钢、方钢管结成骨架为佳。

(4)铝塑板胶缝整齐

用铝塑板装修建筑物表面时,板块之间一般都有一定宽度的缝隙。为了美观的需要,一般都要在缝隙中充填黑色的密封胶。在打胶时,有些施工人员为了省时,不用纸胶带来保证打胶的整齐、规矩,而是利用铝塑板表面的保护膜作为替代品。由于铝塑板在切割时,保护膜会产生不同程度的撕裂情况,所以用它来做保护胶带的替代品,不可能把胶缝收拾得整整齐齐。

5. 铝塑板景墙施工案例

图 2-1-14 所示为某铝塑板景墙施工图。

复习提高

为某住宅小区入口设计一景墙,按照工艺流程及技术要求完成施工任务。

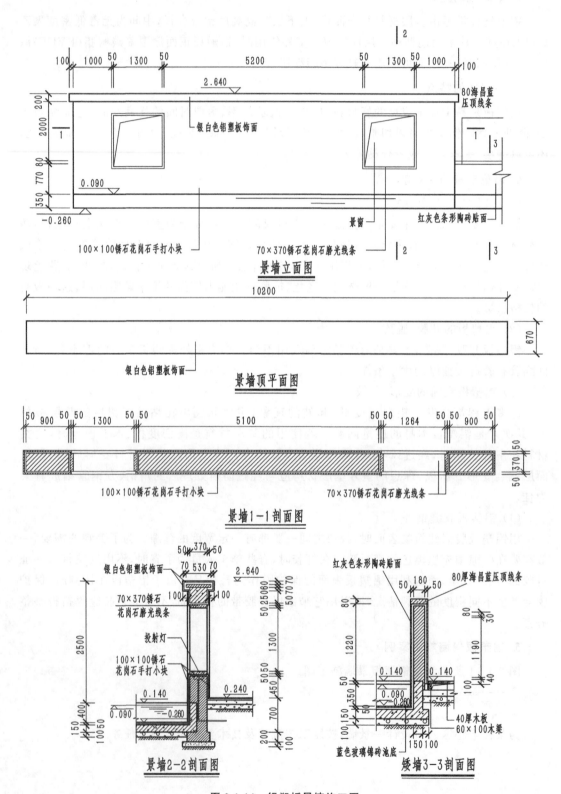

图 2-1-14　铝塑板景墙施工图

任务 2　挡土墙工程施工

能力目标

1. 能够识读挡土墙的施工图纸；
2. 能进行园林挡土墙设计与施工。

知识目标

1. 了解园林挡土墙的材料、类型；
2. 掌握挡土墙设计与施工技法。

基本知识

一、园林挡土墙的功能作用

挡土墙是防止土坡坍塌、承受侧向压力的构筑物，它在园林建筑工程中被广泛地应用于建筑地基、堤岸、码头、河池岸壁、桥梁台座、水榭、假山等工程中，如图 2-2-1 所示。

图 2-2-1　园林挡土墙

1. 固土护坡，阻挡土层塌落

挡土墙的主要功能是在较高地面与较低地面之间充当泥土阻挡物，以防止陡坡坍塌。当由厚土构成的斜坡坡度超过所允许的极限坡度时，土体的平衡即遭到破坏，会发生滑坡与坍塌。因此，对于超过极限坡度的土坡，就必须设置挡土墙，以保证陡坡的安全。

2. 节省占地，扩大用地面积

在一些面积较小的园林局部，当自然地形为斜坡地时，要将其改造成平坦地，以便能在其上修筑房屋。为了获得最大面积的平地，可以将地形设计为两层或几层台地，这时，上下台地之间若以斜坡相连接，则斜坡本身需要占用较多的面积，坡度越缓，所占面积越大。如

果不用斜坡而用挡土墙来连接台地,就可以少占面积,使平地的面积更大些。

3. 削弱台地高差

当上下台地地块之间高差过大,下层台地空间受到强烈压抑时,地块之间挡土墙的设计可以化整为零,分为几层台阶形的挡土墙,以缓和台地之间高度变化太剧烈的矛盾。

4. 制约空间和空间边界

当挡土墙采用两面甚至三面围合的状态布置时,就可以在所围合之处形成一个半封闭的独立空间。有时,这种半闭合的空间很有用处,能够为园林造景提供具有一定环绕性的良好的外在环境。

5. 造景作用

由于挡土墙是园林空间的一种竖向界面,在这种界面上进行一些造型造景和艺术装饰,就可以使园林的立面景观更加丰富多彩,进一步增强园林空间的艺术效果。因此,挡土墙可以美化园林的立面。

二、园林挡土墙的类型

园林挡土墙主要有重力式挡土墙、悬臂式挡土墙、扶垛式挡土墙、板桩式挡土墙、砌块式挡土墙,如图 2-2-2 所示。

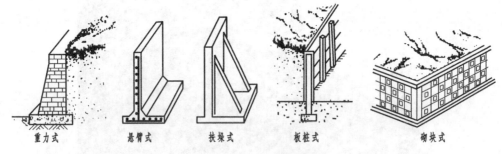

　　重力式　　　悬臂式　　　扶垛式　　　板桩式　　　　砌块式

图 2-2-2　挡土墙的类型

1. 重力式挡土墙

重力式挡土墙指的是依靠墙身自重抵抗土体侧压力的挡土墙。重力式挡土墙可用块石、片石、混凝土预制块作为砌体,或采用片石混凝土、混凝土进行整体浇筑。用不加筋的混凝土时,墙顶宽度至少应为 200 mm,以便于混凝土浇筑和捣实。基础宽度则通常为墙高的 1/3 或 1/5。从经济的角度来看,重力墙适用于侧向压力不太大的地方,墙体高度以不超过 1.5 m 为宜,否则墙体断面增大,将使用大量的砖石材料,其经济性反而不如其他的非重力式墙。园林中通常都采用重力式挡土墙。重力式挡土墙按墙背常用线形,可分为仰斜式、垂直式、俯斜式、凸折式、衡重式、台阶式等类型。

2. 悬臂式挡土墙

悬臂式挡土墙指的是由立壁、趾板、踵板三个钢筋混凝土悬臂构件组成的挡土墙。其断面通常作 L 形或倒 T 形,墙体材料都是用混凝土。墙高不超过 9 m 时,都是经济的。3.5 m 以下的低矮悬臂墙,可以用标准预制构件或者预制混凝土块加钢筋砌筑而成。根据设计要求,悬臂的脚可以向墙内一侧、墙外一侧或者墙的两侧伸出,构成墙体下的底板。如果墙的底板伸入墙内侧,便处于它所支承的土壤下面,也就利用了上面的土壤的压力,使墙体自重增加,更加稳固。

3. 扶垛式挡土墙

由底板及固定在底板上的直墙和扶壁构成的、主要依靠底板上的填土重量维持自身稳定的挡土墙。当悬臂式挡土墙设计高度大于 6 m 时,在墙后加设扶垛,连起墙体和墙下底板,扶垛间距为 1/2～2/3 墙高,但不小于 2.5 m。扶垛壁在墙后的,称为后扶垛墙;扶垛壁在墙前的,则称为前扶垛墙。

4. 板桩式挡土墙

预制钢筋混凝土桩,排成一行插入地面,桩后再横向插下钢筋混凝土栏板,栏板相互之间以企口相连接,这就构成了桩板式挡土墙。这种挡土墙的结构体积最小,也容易预制,而且施工方便,占地面积也最小。

5. 砌块式挡土墙

按设计的形状和规格预制混凝土砌块,然后将其按一定花式做成挡土墙。砌块一般是实心的,也可做成空心的。但孔径不能太大,否则挡土墙的挡土作用就降低了。这种挡土墙的高度 1.5 m 以下为宜。用空心砌块砌筑的挡土墙,还可以在砌块空穴里充填树胶、营养土,并播种花卉或草籽;待花草长出后,就可形成一道生趣盎然的绿墙或花卉墙。这种与花草种植结合一体的砌块式挡土墙,被称为"生态墙",如图 2-2-3 所示。

图 2-2-3　砌块式"生态墙"

三、挡土墙的材料

在古代有用麻袋、竹筐取土,或者用铁丝笼装卵石成"石笼",堆叠成庭院假山的陡坡,以取代挡土墙,也有用连排木桩插板做挡土墙的,这些土、铁丝、竹木材料都不耐用,所以现在的挡土墙常用石块、砖、混凝土、钢筋混凝土等硬质材料构成。

（1）石块

不同大小、形状和地区的石块,都可以用于建造挡土墙。石块一般有两种形式:毛石(或天然石块)和料石。

无论是毛石或料石,用来建造挡土墙都可使用下列两种方法。

① 浆砌法:就是将各石块用黏结材料黏合在一起,如图 2-2-4 所示。

② 干砌法:就是不用任何黏结材料来修筑挡土墙,此种方法是将各个石块巧妙地镶嵌成一道稳定的砌体,由于重力作用,每块石头相互咬合十分牢固,增加了墙体的稳定性,如图 2-2-5所示。

图 2-2-4　石块挡土墙

图 2-2-5　干垒石块挡土墙

（2）黏土砖

黏土砖也是挡土墙的建造材料，比起石块它能形成平滑、光亮的表面。砖砌挡土墙应用浆砌法。

（3）混凝土和钢筋混凝土

挡土墙的建造材料还有混凝土，既可现场浇筑又可预制。现场浇筑具有灵活性和可塑性；预制水泥构件则有不同大小、形状、色彩和结构标准。有时为了进一步加固，常在混凝土中加钢筋，成为钢筋混凝土挡土墙，也可分为现浇和预制两种类型，外表与混凝土挡土墙相同。

（4）木材

粗壮木材也可以作为挡土墙，但是需要进行加压和防腐处理。用木材做挡土墙，能与木结构建筑产生统一感。其缺点是没有其他材料经久耐用，而且还需要定期维护，以防止其风化和受潮湿的侵蚀。木质墙面最易受损害的部位是与土地接触的部分，因此，这一部分应设置在排水良好、干燥的地方，且尽量保持干燥。

四、园林挡土墙的构造

以重力式挡土墙为例，园林挡土墙的构造主要包括墙身、基础、填料、排水设施和沉降伸缩缝等。细部构造见图 2-2-6。

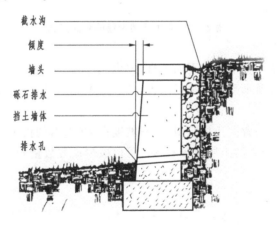

图 2-2-6 挡土墙的剖面细部构造

1. 墙身

确定原则：根据墙的用途、高度及墙趾处的地形、地质、水文等条件，在满足材料强度和整体稳定性要求的前提下，按照结构合理、断面经济、施工方便的原则来确定墙身尺寸。

仰斜墙背：坡度一般为 1：0.15～1：0.25，不宜缓于 1：0.30，以免施工困难。

俯斜墙背：坡度常用 1：0.15～1：0.40，低墙（高度不超过 4 m）时，可取竖直墙背。

墙面（基础以上部分）一般为仰斜平面，坡度与墙背坡度协调。

地面横坡较陡时，坡度宜为 1：0.05～1：0.20；地面横坡平缓时，不宜缓于 1：0.30。

墙顶宽度：浆砌时不小于 0.5 m；平砌时不小于 0.6 m。

2. 基础

一般挡土墙可直接建造在天然地基上。

① 当地基较弱、地形平坦、墙身较高时，为减小基底应力和提高抗倾覆能力，可采用扩

大基础。

② 地基为软弱土层时,可用沙砾、碎石等材料换填,以扩散基底应力和增加抗滑能力,或采用桩基础。

③ 墙趾处地面横坡较陡,地基为较完整坚硬的岩层时,为减少基坑开挖,可将基础底面做成台阶形。台阶的高宽比不应大于 2:1,宽度不宜小于 0.5 m。

3. 填料

一般采用当地的土回填并压实,有条件时,尽量选用有一定级配、内摩擦角大、透水性好、遇水后不易膨胀和非冻胀性的材料,如沙砾、碎石等。

4. 挡土墙横截面的选择

园林中通常采用重力式挡土墙,即借助于墙体的自重来维持土坡的稳定,常见的截面形式有以下三种(如图 2-2-7 所示)。

直立式 倾斜式 台阶式

图 2-2-7　重力式挡土墙的截面形式

(1) 直立式挡土墙

直立式挡土墙指墙面基本与水平面垂直,但也允许有 10:(0.2～1)的倾斜度的挡土墙。直立式挡土墙由于墙背所承受的水平压力大,只宜用于几十厘米到 2 m 左右高度的挡土墙。

(2) 倾斜式挡土墙

倾斜式挡土墙常指墙背向土体倾斜,倾斜坡度在 20°左右的挡土墙。这样使水平压力相对减小,同时墙背坡度与天然土层比较紧密。可以减少挖方数量和墙背回填土的数量,适用于中等高度的挡土墙。

(3) 台阶式挡土墙

对于更高的挡土墙,为了适应不同土层深度土压力和利用土的垂直压力增加稳定性,可将墙背做成台阶形。

5. 排水处理

挡土墙后土坡的排水处理对于维持挡土墙的安全意义重大,特别是在雨量充沛和冻土地区,因此应该十分重视。常用的排水处理方式如下。

(1) 地面封闭处理

在墙后地面上,根据各种填土及使用情况采用不同地面封闭处理以减少地面渗水。在土壤渗透性较大而又无特殊使用要求时,可做 200～300 mm 厚夯实黏土层或种植草皮封闭,还可采用胶泥、混凝土或浆砌毛石封闭。

(2) 设地面截水明沟

在地面设置一道或数道平行于挡土墙的明沟,利用明沟纵坡将降水和上坡地面径流排除,减少墙后地面渗水。必要时还要设纵、横向盲沟,力求尽快排除地面水和地下水。

（3）内外结合处理

① 盲沟：在墙体之后的填土之中，用乱毛石做排水盲沟，盲沟宽不小于 500 mm，经盲沟截下的地下水再经墙身的泄水孔排出墙外。

② 泄水孔：泄水孔一般宽 20～40 mm，高为一皮砖石的高度（100～200 mm），在墙面水平方向上每隔 2～4 m 设一个泄水孔，竖向上每隔 1～2 m 设一个泄水孔。混凝土挡土墙则可用直径为 50～100 mm 的圆孔作为泄水孔。

③ 暗沟：当墙面不适合留泄水孔时，可以在墙背面刷防水砂浆或填一层厚度 500 mm 以上的黏土隔水层，并在墙背面盲沟以下设置一道平行于墙体的排水暗沟。暗沟两侧及挡土墙基础上面用水泥砂浆抹面或做出沥青砂浆隔水层，做一层黏土隔水层也可以。墙后积水可以通过盲沟、暗沟再从沟端被引出墙外，如图 2-2-8 所示。

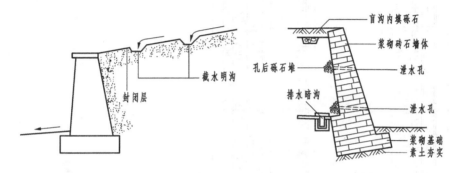

图 2-2-8　墙背排水明沟、盲沟和暗沟

图 2-2-9、图 2-2-10 所示为挡土墙的平面图、剖面图及节点大样图。根据该图设计，完成挡土墙的施工。

该挡土墙是根据具体环境所设计的混凝土挡土墙，并且该挡土墙与栏杆结合。完成该工程的施工任务，要了解挡土墙的构造及基础开挖、混凝土浇筑等施工技术知识。通过图纸分析，首先测量挡土墙的具体位置和计算基槽挖掘量，明确基础埋深和墙体浇筑的技术要求，施工时注意挡土墙排水、滤水处理技术，按照图纸要求准确施工。另外，该工程施工准备、基础放样、基槽开挖的方法与景墙施工非常相似，在这里不再重述。

挡土墙的施工工艺流程如下：

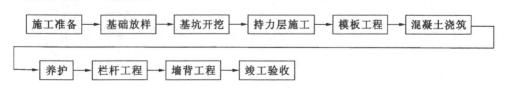

该工程的主要材料包括水泥、石子、沙子、钢筋、碎石、卵石、砂砾石、沥青麻丝、栏杆材料等。

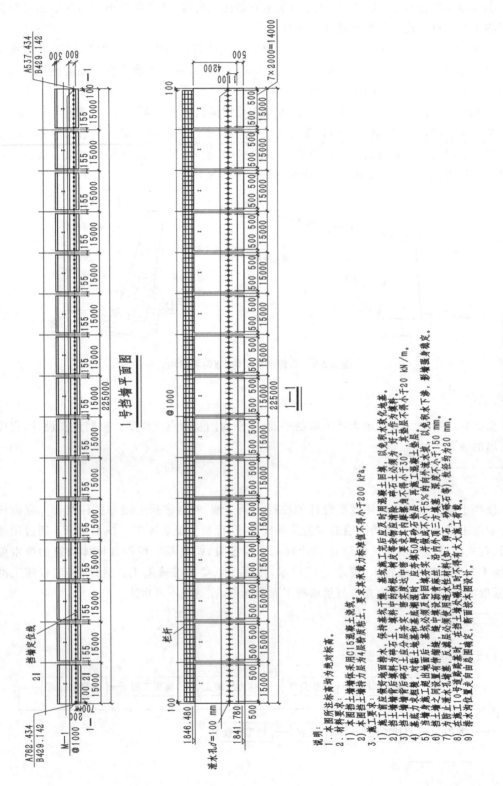

1号挡墙平面图

1—1

图2-2-9 挡土墙施工平、剖面图

说明：
1. 本图所注标高均为绝对标高。
2. 材料要求：
  1) 本图挡土墙墙体采用C15混凝土浇筑。
  2) 本图挡土墙墙背为4层粉质黏土。
3. 施工要求：
  1) 施工首要应做好地面排水，保持基坑干燥，基坑施工完后应及时用混凝土回填，碎石土必须为硬杂物应清除杂物，以免积水软化地基。
  2) 挡土墙墙背的后墙料为碎石土，填料中的杂物应清除，填料达到要求的基中含摩擦角不得小于30°，其垫层不得小于20 kN/m。
  3) 基底承力未胀拢，对基底上部碎石土应至夯实度，应夯填50厚砂石性基底层，再施工混凝土墙层。
  4) 当墙身力未胀拢，对墙面后，基坑必须反时设游青麻丝，沿内水顶三力填，以免积水不小于5%时向外流水太大，影响墙身质定。
  5) 挡土墙之间应设置有伸缩缝，缝宽2时基，在挡土墙次灌用透水性材料(如：角石、砂碎石等，粒径均为20 mm。
  6) 为防止建水孔堵塞时，反滤层处必须用透水性材料(如：角石、砂碎石等，粒径均为20 mm。
  7) 在施工10号道路路基时，反滤层处基础，在挡土墙次灌适用所需有大施工考量。
  8) 施工10号道路位置夹有总图则确定，断面袋本大图设计。
  9) 排水沟位置夹本向由总图则确定，断面袋本大图设计。

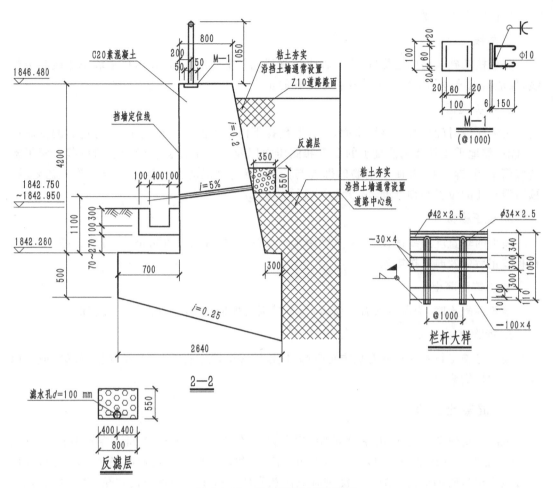

图 2-2-10 挡土墙施工局部详图

该工程的主要的工具及设备包括铁锹、挖掘机、运输车辆、打夯机、经纬仪、水准仪、放线尺、钢筋制作及焊接机具、混凝土施工用机具、模板施工的机具等。

一、持力层施工

工程施工前的施工准备工作、基础放样、基槽开挖工作基本与景墙施工相似。应着重注意,在挡土墙放样时要给施工留有充足的作业面。

该设计中挡土墙持力层为 4 层粉质黏土,要求其承载力标准值不得小于 200 kPa。黏土要严格控制含水率,要严格控制虚铺厚度,虚铺要平整。要注意天气变化,防止雨淋。在夯实过程中应一夯挨一夯顺序进行,在一次循环中同一夯位应连夯两击,下一循环的夯位应与前一循环错开 1/2 锤底直径,落锤应平稳,夯位应准确。夯实后,应对基坑表面进行修整。

二、模板工程

模板在现场拼装,工艺顺序为:
放线→组装模板→校正模板→浇筑混凝土→拆除模板。

模板操作工艺要点如下。

1. 放线

先校核基础四周的定位桩,将其轴线投测到混凝土垫层上后,弹出挡土墙中心线和边框线,保证挡土墙各部位形状尺寸和相互位置的正确。

2. 组装模板

组装模板时配件必须装插牢固,支柱和斜撑下的支承面应平整垫实,并有足够的受压面积,能可靠地承受新浇筑混凝土的自重和侧压力以及在施工过程中所产生的荷载。模板构造应简单、装拆方便,并便于钢筋的绑扎与安装,能满足混凝土的浇筑及养护等工艺要求。预留泄水孔的位置必须准确,坡度为 $i = 5\%$。

3. 校正模板

模板的垂直度用线锤校验,平整度用水平尺校正,模板要对准边框线,并应校核中心线。模板校正后应及时支撑牢固。

4. 浇筑混凝土

浇筑混凝土时,应派专人看管模板,检查模板支撑情况,要注意防止模板变形。

5. 拆除模板

模板经施工技术人员同意后方可拆除,应按顺序分段进行拆除,严禁猛撬、硬砸,或大面积撬落和拉倒模板。

三、混凝土工程

混凝土浇筑前要进行坍落度试验,坍落度可在 $10 \sim 30$ mm 之间。浇筑时按照每层 250 mm 的厚度连续浇筑,各段各层间应相互衔接,每段浇筑长度可控制在 $2 \sim 3$ m 内,并做到逐段逐层呈阶梯形向前推进。浇筑时应注意先使混凝土充满模板内边角,然后再浇筑中间部分。

混凝土灌入模板以后,由于骨料间的摩阻力和水泥浆的黏结力,不能自行填充密实,其内部是疏松的,有一定体积的空洞和气泡,不能达到要求的密实度,从而影响其强度、抗冻性、抗渗性和耐久性。因此混凝土入模后,还需要采取一定措施使其密实成型。目前现场常用机械振捣成型方法。混凝土振捣机械按其工作方式分为内部振捣器(插入式振捣器)、表面振捣器(平板式振捣器)、外部振捣器(附着式振捣器)和振动台等。

四、混凝土养护

混凝土浇筑完毕后的 12 小时以内对混凝土加以养护。对采用硅酸盐水泥、普通硅酸盐水泥或矿渣硅酸盐水泥拌制的混凝土,其浇水养护时间不得少于 7 天。浇水次数应能保证混凝土表面处于湿润状态。当温度为 15 ℃ 左右时,应每天浇水 $2 \sim 4$ 次;炎热及气候干燥时,应适当增加浇水次数,当日平均气温低于 5 ℃ 时,不得浇水。采用塑料布覆盖方式养护混凝土时,其全部表面用塑料布覆盖严密,并应保证塑料布内有凝结水。夏季塑料薄膜成型后应采取有效防晒措施,否则混凝土易产生裂纹。

五、栏杆工程

栏杆采用钢材,在施工现场加工制作。

1. 加工制作前的准备工作

首先进行图纸审查,检查图纸设计的深度能否满足施工要求,核对图纸上构件的尺寸,检查构件之间有无矛盾之处等;也对图纸进行工艺审核,即审查在技术上是否合理,构造是否便于施工,图纸上的加工要求按加工单位的施工水平能否实现等。根据工艺和图纸要求,准备必要的工艺装备。根据设计图纸算出各种材质、规格的材料净用量,并根据构件的不同类型和供货条件增加一定的损耗率,提出材料预算计划。

2. 零件加工

(1)放样

在钢结构制作中,放样是把零(构)件的加工边线、坡口尺寸、孔径和弯折、滚圆半径等以1∶1的比例从图纸上准确地放制到样板和样杆上,并注明图号、零件号、数量等。

(2)画线

画线也称号料,是根据放样提供的零件的材料、尺寸、数量,在钢材上画出切割、刨边、弯曲的加工位置,并标出零件的工艺编号。

(3)切割下料

钢材切割下料的方法有气割、机器剪切和锯切等。钢材经剪切后,在离剪切边缘 2～3 mm范围内会产生严重的冷作硬化,这部分钢材脆性增大,因此用于钢材厚度较大的重要结构,硬化部分应刨掉。

(4)边缘加工

边缘加工分刨边、铲边和铣边三种。刨边是用刨边机切削钢材的边缘,加工质量高,但工效低、成本高。铲边分手工铲边和风镐铲边两种,对加工质量不高、工作量不大的边缘加工可以采用。铣边是用铣边机切削钢材的边缘,工效高、能耗少、操作维修方便、加工质量高,应尽可能用铣边代替刨边。

(5)矫正平直

钢材由于运输等原因产生翘曲时,在画线、切割时需矫正平直。

(6)滚圆

滚圆是用滚圆机把钢板或型钢变成设计要求的曲线形状或卷成螺旋管。

3. 构件组装

根据图纸要求,该栏杆采用现场焊接连接。在焊接连接构件组装时注意以下几点。

① 根据图纸尺寸,在平台上画出构件的位置线,焊上组装架及胎膜夹具。组装架离平台不小于 50 mm,并用卡兰、左右螺旋丝杠或梯形螺纹,作为夹紧调整零件的工具。

② 每个构件的主要零件位置调整好并检查合格后,把全部零件组装上并进行点焊,使之定形。在零件定位前,要留出焊缝收缩量及变形量。

③ 为了减少焊接变形,应该选择合理的焊接顺序。在保证焊缝质量的前提下,采用适量的电流快速施焊,以减少热影响区和温度差,减小焊接变形和焊接应力。

4. 涂敷防腐涂料

在加工验收合格后,应进行防腐涂料涂装。但在构件焊缝连接处,应在现场安装后再补刷防腐涂料。

六、墙背工程

墙背采用黏土夯实,沿挡土墙全长布置。施工时注意反滤层的施工。反滤层需采用透水性好的卵石、砂砾石等,粒径约为 20 mm。滤水孔孔径为 100 mm。

七、竣工验收

挡土墙的验收包括资料验收和实物验收。本工程验收要在各分项工程验收合格的基础上进行。

1. 实物检查

① 对原材料、构配件和设备等的检验,应按进场的批次和标准规定的抽样检验方案执行。

② 对混凝土性能指标的检验,应按国家现行有关标准和本标准规定的抽样检验方案执行。

③ 对采用计数检验的项目,应按抽查点数符合本标准规定的百分率进行检查。

④ 对结构实体质量的检验,应按国家标准和相关专业标准规定的检验方案执行。

2. 资料检查

包括原材料、构配件和设备等的质量证明文件(质量合格证、规格、型号及性能检测报告等)及检验报告,施工过程中重要工序施工记录、自检和交接检验记录、平行检验报告、见证取样检测报告等。

任务考核

任务考核内容和标准见表 2-2-1 所示。

表 2-2-1　任务考核内容和标准

序号	考核内容	考核标准	配分	考核记录	得分
1	识读挡土墙施工图	熟读表达内容	30		
2	园林挡土墙构造	掌握挡土墙的构造形式	30		
3	挡土墙施工	掌握挡土墙施工的工艺流程	30		
4	工程验收	能够达到挡土墙工程验收标准	10		

知识链接

一、自嵌式挡土墙

近年来,自嵌式景观挡土墙技术逐渐成为关注的焦点。在我国的西北、华北等水土流失比较严重的地区,合理地利用自嵌式景观挡土墙可以固土,防止水土流失。而植生型自嵌式景观挡土墙采用了创新技术——植被垂直加筋、低碱混凝土、水生动物巢技术等,引起了业界的广泛关注。植生型自嵌式景观挡土墙系统,是全球首创的、具有极高性价比的普及型应用系统。由于具备了极高的性价比,该系统有力地推进了景观化水利工程的普及应用。

图 2-2-11 所示的舒布洛克挡土墙让河道也成为风景。

图 2-2-11 舒布洛克自嵌式挡土墙

自嵌式挡土墙具有较大的刚度和抗水冲刷力,且具有较强的透水性。结合各地的实际情况,合理地运用自嵌式挡土墙护坡筑坝,可以防止水土流失;可以动态地调节水力联系,做到丰水期不涝、枯水期不旱;从根本上缓解某些城市因为地下水超采而引起的地面沉降、房屋倾斜、地下管线弯曲断裂等地质工程问题。

二、自嵌式挡土墙的构造

自嵌式挡土墙主要由自嵌式挡土块、回填土、回填土中的土工格栅及基础四个部分组成。

三、基本工作原理

自嵌式挡土墙技术从广义上讲是一门加筋土技术,是以土工格栅为骨架,通过布置适量的土工格栅,使其与土结合成为一种复合结构,提高土体强度,抵抗墙后填土的侧压力。

四、自嵌式挡土墙工程设计中应注意的问题

在自嵌式挡土墙工程设计中,设计者对土工格栅的强度、抗拔性、抗滑动稳定性、抗倾覆稳定性验算及基底应力计算是相当仔细和慎重的,但往往忽视一些既细微又很重要的设计环节和要求,这对自嵌式挡土墙的正常施工和长期使用极为不利,须引起设计者的高度重视。自嵌式挡土墙是一种复合结构,设计时在考虑充分发挥不同材料优点的同时,也应考虑克服不同材料的缺点,以此来保证自嵌式挡土墙工程的质量。

复习提高

按照某环境地段要求设计一园林挡土墙,熟悉园林挡土墙的相关技术要求,能够利用必要的工具进行基槽开挖、砌筑、表面装饰等操作。

项目三　园林给排水施工

　　水是生命之源,是园林之宝。水不仅可以在园林中造景,还可以浇灌园林植物,满足生活需要,所以园林工程建设中必须保证水的供给。但对于过量的水及园林生产、生活中产生的污水,如果不能妥善处理、疏导,对园林植物的生长及人们赏景、游憩、生产、生活也会产生不利的影响。所以园林中给排水工程的施工质量是至关重要的。

　　该项目包括园林给排水的特点,园林给排水管网的设计,给排水施工的工艺流程、操作步骤、验收标准及相关的给排水新材料、新工艺等。

- ● 能熟读给排水施工图纸;
- ● 掌握给排水施工方法;
- ● 能指导给排水工程施工。

- ● 掌握给排水工程特点;
- ● 掌握给排水施工工艺和操作步骤;
- ● 了解给排水工程的验收标准。

任务1　园林给水工程施工

1. 能够熟读园林给水工程的施工图纸;
2. 掌握园林给水管网的施工方法;
3. 能够指导园林给水管网工程施工。

1. 掌握园林给水工程的特点和管网设计;
2. 掌握园林给水工程的施工工艺及操作步骤;
3. 了解园林给水工程施工的验收标准。

一、概述

　　园林是游人休息游览的场所,同时又是园林植物较集中的地方。由于游人活动的需要、植物养护管理及造景用水的需要等,园林中用水量很大,而且对水质和水压都有较高的要求。

根据园林中水的用途可分为以下几类。

(1)生活用水

生活用水指人们日常用水,如办公室、餐厅、内部食堂、茶室、小卖部、消毒饮水器及卫生设备等的用水,生活用水对水质要求很高,直接关系到人身健康,其水质标准应符合《生活饮用水标准》(GB 5749—1985)的要求。

(2)养护用水

养护用水包括植物灌溉、动物笼舍的冲洗及夏季广场园路的喷洒用水等,这类用水对水质的要求不高。

(3)造景用水

造景用水指各种水体(溪涧、湖泊、池沼、瀑布、跌水、喷泉等)的用水。

(4)消防用水

按国家建筑规范规定,所有建筑都应单独设消防给水系统。

二、园林给水的特点

① 园林中用水点较分散。

② 由于用水点分布于起伏的地形上,高程变化大。

③ 水质可根据用途不同分别处理。

④ 用水高峰时间可以错开。

三、水源与水质

1. 水源

对园林来说,可用的水源有地表水、地下水和自来水。

(1)地表水

地表水包括江、河、湖和浅井中的水,这些水由于长期暴露于地面上,容易受到污染。有的甚至受到各种污染源的污染,水质较差,必须经过净化和严格消毒,才可作为生活用水。

(2)地下水

地下水包括泉水以及从深井中取用的水。由于其水源不易受污染,水质较好。一般情况下除作必要的消毒外,不必再净化。

2 水质

园林用水的水质要求可因其用途不同分别处理。养护用水只要无害于动植物、不污染环境即可。但生活用水(特别是饮用水)则必须经过严格净化消毒,水质须符合国家颁布的卫生标准。

四、公园给水管网的布置与计算

公园给水管网的布置除了要了解园内用水的特点外,公园四周的给水情况也很重要,它往往影响管网的布置方式。一般市区小公园的给水可由一点引入。但对较大型的公园,特别是地形较复杂的公园,为了节约管材,减少水头损失,有条件时最好多点引入。

1. 设计管网的准备工作

① 收集资料：平面图、竖向设计图、水文地质等资料；

② 调查公园的水源、用水量及用水规律；

③ 公园中各种建筑对水的需求。

2. 给水管网的布置原则

① 管网必须分布在整个用水区域内，保证水质、水压、水量满足要求；

② 保证供水安全可靠，在个别管线发生故障时，停水范围最小；

③ 布置管网应最短，降低造价；

④ 布置管线时应考虑景观效果。

3. 给水管网的基本布置形式和要点

（1）给水管网基本布置形式

① 树枝式管网。

如图 3-1-1(a)所示，这种布置方式较简单，省管材。布线形式就像树干分杈分枝，它适合于用水点较分散的情况，对分期发展的公园有利。但树枝式管网供水的保证率较差，一旦管网出现问题或需维修时，影响用水面较大。

② 环状管网。

环状管网是把供水管网闭合成环，使管网供水能互相调剂。当管网中的某一管段出现故障时，也不致影响供水，从而提高了供水的可靠性。但是这种布置形式的管材投资较大，如图 3-1-1(b)所示。

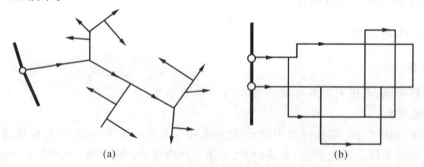

(a)　　　　　　　　　　　(b)

图 3-1-1　给水管网基本布置形式

(a)树枝式管网；(b)环状管网

（2）管网的布置要点

① 干管应靠近主要供水点；

② 干管应靠近调节设施（如高位水池或水塔）；

③ 在保证不受冻的情况下，干管宜随地形起伏敷设，避开复杂地形和难于施工的地段，以减少土石方工程量；

④ 干管应尽量埋设于绿地下，避免穿越或设于园路下；

⑤ 和其他管道按规定保持一定距离。

（3）管网布置的一般规定

① 管道埋深。

冰冻地区，应埋设于冰冻线以下 40 cm 处。不冻或轻冻地区，覆土深度也不小于 70 cm。

管道不宜过浅,否则管道易遭破坏。当然也不宜埋得过深,过深时工程造价较高。

② 阀门及消火栓。

给水管网的交点称为节点,在节点上设有阀门等附件,为了检修管理方便,节点处应设阀门井。

阀门除安装在支管和干管的连接处外,为便于检修养护,要求每 500 m 直线距离设一个阀门井。

配水管上安装消火栓,按规定其间距通常为 120 m,且其距建筑不得少于 5 m;为了便于消防车补给水,离车行道不大于 2 m。

图 3-1-2 为某小区绿地给水管网施工平面图,图 3-1-3 为阀门井施工详图。根据图纸所示,完成该给水管网的施工。

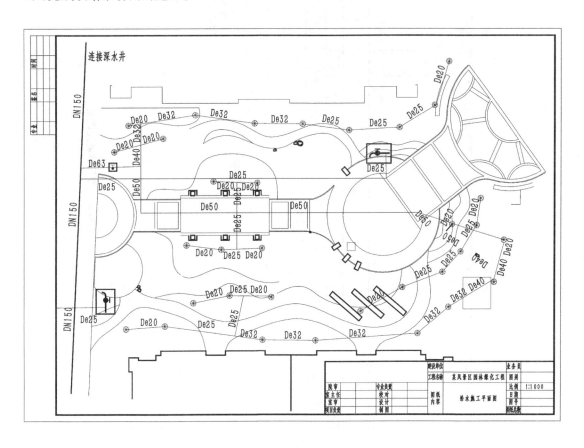

图 3-1-2 给水管网施工平面图

本任务为某小区绿地给水管网施工。管网布置形式为树枝式,现场地形有起伏变化,管网随地形变化铺设。完成本任务应根据设计图纸现场放线,先确定干管位置,再确定支管走向,随地形起伏敷设,保证管道的最小覆土深度;确定阀门井的位置和形式,根据设计管材确定管道接口形式、管基的形式。

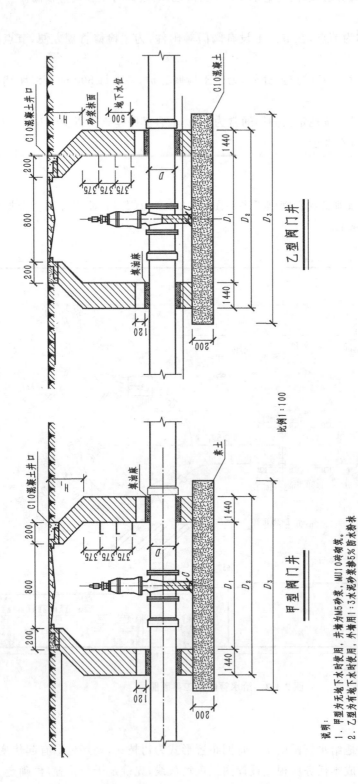

图3-1-3 阀门井施工详图

比例1:100

乙型阀门井

甲型阀门井

说明：
1. 甲型为无地下水时使用，井壁为M5砂浆，MU10砖砌筑。
2. 乙型为有地下水时使用，外墙用1:3水泥砂浆掺5%防水粉抹石，抹灰部分应高出地下水位500 mm，基础为砖砌，遇地下水时打C10混凝土。
3. 在铺装地面上时，井口与地面齐平，在绿地上时，应高出地面50 mm。

园林给水工程的施工工艺流程如下：

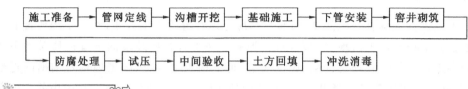

该工程需要的主要材料包括 PVC 给水管、橡胶圈、毛刷、润滑剂、绳、阀门、地下消火栓、地下闸阀、排气阀、螺栓、螺母等。

该工程主要的工具及设备包括套丝机、砂轮机、砂轮锯、试压泵、挖掘机、细齿锯或割管机、手动葫芦或插入机、塞尺、压力表等，还包括水平尺、钢卷尺、经纬仪、水准仪、放线尺、倒角器或中号板锉、记号笔等。

一、施工准备

施工准备工作需要注意对管线的平面布局、管段的节点位置、不同管段的管径、管底标高、阀门井以及其他设施的位置进行复核，以及是否符合给水接入点等情况。

二、给水管网定线

给水管网定线是指在用水区域的地面上确定各条配水管线的走向、路径和位置，设计时一般只限于管网的干管以及支干管，不包括接入用水点的进水管。干管管径较大，用以输水到各区。支干管的作用是从干管取水供给用水点和消火栓，其管径较小。

管网定线取决于道路网的平面布置、用水点的地形和水源，以及园林里主要的用水点等。给水管线一般平行于道路中线，敷设在道路下，两侧可分出支管向就近的用水点配水，所以配水管网的形状常与园林总体规划道路网的形态一致。但由于园林工程的特殊性，给水管网也常设在绿地草坪或地被植物下，尽量避开高大树木，避免在线路维修时出现不必要的浪费。

定线时，干管多平行于规划道路中线定线，但应尽量避免在园内主干道和人流较多的道路下穿过。干管延伸方向应和园内大用水点的水流方向一致，循水流方向以最短的距离布置一条或数条干管，干管位置应从用水量较大的区域通过。干管的间距，根据实际情况可采用 500～800 m。从经济角度来说，给水管网的布置采用一条干管接出许多支管形成树枝状网，费用最省，但从供水可靠性考虑，特殊地点以布置几条接近平行的干管并形成环状网为宜。

管网中还需安排其他一些管线和附属设备，例如在供水范围内的支路下需敷设支管，以便把干管的水送到各个用水点。

管线在平面的位置和埋深的高程，应符合特定部门对地下管线综合设计的要求。具体执行标准可参照《室外给水设计规范》(GB 50013—2006)的有关规定。

考虑了上述要求后,本任务在定线时还应考虑:尽量避开人员集散较大的道路,确定合理的管道线路走向,实现最小土方量,达到最佳的埋深等。

三、沟槽开挖

沟槽的开挖断面应具有一定强度和稳定性,应考虑管道的施工方便,确保工程质量和安全,同时也应考虑少挖方、少占地、经济合理的原则。在了解开挖地段的土壤性质及地下水位情况后,可结合管径大小、埋管深度、施工季节、地下构筑物情况、施工现场及沟槽附近地上、地下构筑物的位置因素来选择开挖方法,并合理地确定沟槽开挖断面。常采用的沟槽断面形式有直槽、梯形槽、混合槽等,如图 3-1-4 所示。当有两条或多条管道共同埋设时,还需采用联合槽。

 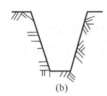

图 3-1-4 常见沟槽断面示意
(a) 直槽;(b) 梯形槽;(c) 混合槽;(d) 联合槽

在沟槽开挖时,为防止地面水流入坑内冲刷边坡,造成塌方和破坏基土,上部应有排水措施。对于较大的井室基槽的开挖,应先进行测量定位,抄平放线,定出开挖宽度,按放线分层挖土,根据土质和水文情况采取在四侧或两侧直立开挖和放坡,以保证施工操作安全。放坡后,基槽上口宽度由基础底面宽度及边坡坡度来决定,坑底宽度每边应比基础宽出 15～30 cm,以便于施工操作。

1. 沟槽堆土

在沟槽开挖之前,应根据施工环境、施工季节和作业方式,制定安全、易行、经济合理的堆土、弃土、回运土的施工方案及措施。

① 沟槽上堆土(一般土质)的坡脚距槽边 1 m 以外,留出运输道路、水管暂时放置位置,隔一定距离要留出运输交通路口,堆土高度不宜超过 2 m,堆土坡度不陡于该土壤的自然倾斜角。

② 堆土时,弃土和回运土分开堆放,便于好土回运的装车运行。

③ 雨季堆土,不得切断或堵塞原有排水路线;防止外侧水进入沟槽,堆土缺口应加垒闭合防汛埂;向槽一面的堆土面应铲平拍实,避免被水冲塌;在暴雨季节堆土,内侧应挖排水沟,汇集雨水引向槽外;雨季施工不宜靠近房屋和靠近墙壁堆土。

④ 冬季堆土,应大堆堆放在干燥地面处,这样有利于防风、防冻、保温,且应从向阳面取土。

2. 沟槽开挖施工方法

沟槽开挖有人工和机械两种施工方法。

在管线管径较小,土方量少或施工现场狭窄,地下障碍物多,底槽需支撑,不宜采用机械挖土或深槽作业时,通常采用人工挖土。相反则宜采用机械挖槽。在挖槽时应保证槽底土壤不被扰动和破坏。一般来说,机械挖槽不可能准确地将槽底按规定高程整平,所以在挖至设计槽底以上 20 cm 左右时停止机械作业,而用人工进行清挖。图 3-1-5 为机械和人工混合挖槽。

图 3-1-5　机械和人工混合挖槽

3. 开挖管沟沟底最小宽度（见表 3-1-1）

表 3-1-1　沟底最小宽度

管 材 类 别	公称直径 D_N/mm	沟底最小宽度/mm
小口径钢管	<50	100～200
钢管	$50 \leqslant D_N < 500$	$D_N + 300$,但≮500
铸铁管	≤500	$D_N + 300$,但≮500
塑料排水管	≤400	$d + (400～600)$

注:(1) 表中 d 为管外径;

(2) 当沟槽设有支撑时,沟深在 2 m 以内,沟底宽度增加 0.1 m,深度在 3 m 内,沟底宽度增加 0.2 m;

(3) 用机械开挖沟槽时,其沟槽宽度按挖土机械的切削尺寸而定,但不小于本表规定数值。

4. 沟槽的支撑

当沟槽开挖较深、土质不好或受场地限制开梯形槽有困难而开直槽时,加支撑是保证施工安全的必要措施,图 3-1-6 所示为带有支撑的沟槽。支撑形式根据土质、地下水、沟深等条件确定,常分为横板一般支撑、立板支撑和打桩支撑等形式,其适用条件可见表 3-1-2。

表 3-1-2　支撑适应条件

适用条件＼形式	打桩支撑	横板一般支撑	立板支撑
槽深/m	>4.0	<3.5	3～4
槽宽/m	不限	<4	<4
挖土方式	机挖	人工	人工
有较厚流沙层	宜	差	不明
排水方法	强制式	明排	强制、明排均可

园林工程施工

图 3-1-6 带支撑沟槽

施工注意事项如下:

① 撑板与沟壁必须贴紧,撑杠要平直,立木垂直,且要排列整齐,便于拆撑;

② 木撑杠要用扒钉钉牢,金属撑杠下部要钉托木,两端同时旋紧,上下杠松紧一致。在土质良好时一般可随填随拆,如有塌方危险地段可先回土,再起出支撑。

本任务中考虑到管径不大,采用人工和机械混合开挖沟槽,直槽,不设支撑。

四、管道基础施工

本任务中采用管径 200～300 mm 的 PVC 管,在不扰动原土的地基上可以不做基础,否则要做基础。如果采用其他材质,视地基及材质特点而定。铸铁管及钢管在一般情况下可不做基础,将天然地基整平,管道铺设在未经扰动的原土上;如在地基较差或在含岩石地区埋管时,可采用砂基础。砂基础厚度不少于 100 mm,并应夯实,如图 3-1-7 所示。

图 3-1-7 砂基础

承插式钢筋混凝土管敷设时,如地基良好,也可不设基础,如地基较差,则需做砂基础或混凝土基础。砂基础厚度不少于 150～200 mm,并应夯实。采用混凝土基础时,一般可用垫块法施工,管子下到沟槽后用混凝土块垫起,达到符合设计高程时进行接口,接口完毕经水压试验合格后再浇筑整段混凝土基础。若为柔性接口,每隔一段距离应留出600~800 mm范围不浇混凝土而填砂,使柔性接口可以自由伸缩。

五、管道下管与安装

下管前应对管沟进行检查,检查管沟底是否有杂物,地基土是否被扰动并进行处理,管沟底高程及宽度是否符合标准,检查管沟两边土方是否有裂缝及坍塌的危险。另外,下管前应对管材、管件及配件等的规格、质量进行检查,合格者方可使用。本任务中采用PVC(硬聚氯乙烯)管材,下面将这种管材的施工工艺详细叙述。在吊装及运输时,如果是预应力混凝土管或者金属管,应对法兰盘面、预应力钢筋混凝土管承插口密封工作面及金属管的绝缘防腐层等处采取必要的保护措施,避免损伤。采用吊机下管时,应事先与起重人员或吊机司机一起勘察现场,根据管沟深度、土质、附近的建筑物、架空电线及设施等情况,确定吊车距沟边距离、进出路线及有关事宜。绑扎套管应找好重心,使起吊平稳,起吊速度均匀,回转应平稳,下管应低速轻放。人工下管是采用压绳下管的方法,下管的大绳应紧固,不断股、不腐烂。

1. 管材及配件的性能

① 施工所使用的硬聚氯乙烯给水管管材、管件应分别符合《给水用硬聚氯乙烯管材》(GB/T 10002.1—2006)及《给水用硬聚氯乙烯管件》(GB/T 10002.1—2003)的要求。如发现有损坏、变形、变质迹象,或其存放超过规定期限时,使用前应进行抽样复验。

② 管材插口与承口的工作面必须表面平整、尺寸准确,既要保证安装时容易插入,又要保证接口的密封性能。

③ 硬聚氯乙烯给水管道上所采用的阀门及管件,其压力等级不应低于管道工作压力的1.5倍。

④ 当管道采用橡胶圈接口(R-R接口)时,所用的橡胶圈不应有气孔、裂缝、重皮和接缝。

⑤ 当使用橡胶圈作接口密封材料时,橡胶圈内径与管材插口外径之比宜为0.85~0.9,橡胶圈断面直径压缩率一般采用40%。

2. 管材及配件的运输及堆放

① 硬聚氯乙烯管材及配件在运输、装卸及堆放过程中严禁抛扔或激烈碰撞,避免阳光暴晒,若存放期较长,则应放置于棚库内,以防变形和老化。

② 硬聚氯乙烯管材、配件堆放时,应放平垫实,堆放高度不宜超过1.5 m;承插式管材、配件堆放时,相邻两层管材的承口应相互倒置并让出承口部位,以免承口承受集中荷载。

③ 管道接口所用的橡胶圈应按下列要求保存:橡胶圈宜保存在低于40 ℃的室内,不应长期受日光照射,距一般热源距离不应小于1 m。橡胶圈不能同溶解橡胶的溶剂(油类、苯等)以及对橡胶有害的酸、碱、盐等物质存放在一起,不得与以上物质接触。橡胶圈在保存及运输中,不应使其长期受挤压,以免变形。若管材出厂时配套使用的橡胶圈已放入承口内,可不必取出保存。

3. 硬聚氯乙烯给水管道安装

① 管道铺设应在沟底标高和管道基础质量检查合格后进行,在铺设管道前要对管材、

管件、橡胶圈等重新作一次外观检查,发现有问题的管材、管件均不得使用。

②管道的一般铺设过程是:管材放入沟槽→接口→部分回填→试压→全部回填。在条件不允许或管径不大时,可将2~3根管在地面上接好,平稳放入沟槽内。

③在沟槽内铺设硬聚氯乙烯给水管道时,如设计中未规定采用的基础形式,可将管道铺设在未经扰动的原土上。管道安装后,铺设管道时所用的临时垫块应及时拆除。

④管道不得铺设在冻土上,铺设管道和管道试压过程中,应防止沟底冻结。

⑤管材在吊运及放入沟槽时,应采用可靠的软带吊具,平稳下沟,不得与沟壁或沟底激烈碰撞。

⑥在昼夜温差变化较大的地区,应采取防止因温差产生的应力而破坏管道及接口的措施。橡胶圈接口不宜在-10 ℃以下环境施工。

⑦在安装法兰接口的阀门和管件时,应采取防止造成外加拉应力的措施。口径大于100 mm的阀门下方应设支墩。

⑧管道转弯的三通和弯头处是否设置推支墩及支墩的结构形式由设计部门决定。管道的支墩不应设置在松土上,其后背应紧靠原状土,如无条件,应采取措施保证支墩的稳定;支墩与管道之间应设橡胶垫片,以防止管道的破坏。在无设计规定的情况下,管径小于100 mm的弯头、三通可不设置推支墩。

⑨管道在铺设过程中可以有适当的弯曲,但曲率半径不得小于管径的300倍。

⑩在硬聚氯乙烯管道穿墙处,应设预留孔或安装套管,在套管范围内管道不得有接口。硬聚氯乙烯管道与套管间应用非燃烧材料填塞。

⑪管道安装和铺设工程中断时,应用木塞或其他盖堵将管口封闭,防止杂物进入。

⑫硬聚氯乙烯给水管道橡胶圈接口适用于管外径为63~315 mm的管道连接。

⑬橡胶圈连接应遵守下列规定:检查管材、管件及橡胶圈质量;清理干净承口内橡胶圈沟槽、插口端工作面及橡胶圈,不得有土或其他杂物;将橡胶圈正确安装在承口的橡胶圈沟槽区中,不得装反或扭曲,为了安装方便可先用水浸湿胶圈;橡胶圈连接须在插口端倒角,并应划出插入长度标线,然后再进行连接,最小插入长度应符合表3-1-3的规定;切断管材时,应保证断口平整且垂直管轴线;用毛刷将润滑剂均匀地涂在装嵌承口处的橡胶圈和管插口端外表面上,但不得将润滑剂涂到承口的橡胶圈沟槽内,润滑剂可采用V型脂肪酸盐,禁止用黄油或其他油类作润滑剂;将连接管道的插口对准承口,保证插入管段的平直,用手动葫芦或其他拉力机械将管一次插入至标线,若插入阻力过大,切勿强行插入,以防橡胶圈扭曲。

表3-1-3 管子接头最小插入长度

公称外径/mm	60	75	90	110	125	140	160	180	200	225	280	315
插入长度/mm	64	67	70	75	78	81	86	90	94	100	112	113

六、管道附属构筑物

阀门井、水表井要便于阀门管理人员从地面上进行操作,井内净尺寸要便于检修人员对阀杆密封填料的更换,并且能在不破坏井壁结构的情况下(有时需要揭开面板)更换阀杆、阀杆螺母、阀门螺栓。施工时必须注意以下几点:阀杆在井盖圈内的位置,应能满足地面上开关阀门的需要;装设开关箭头,以利阀门管理人员明确开关方向;阀门井内净尺寸应符合设计要求;阀门井底板(及其垫层)的厚度、混凝土的标号、钢筋布置以及井身砌筑材料与施工图要求一致。

水表井是保护水表的设施,起到方便抄表与水表维修的作用。其砌筑方法大致与阀门井要求相同。

1. 阀门井的砌筑

① 准确地测定井的位置。

② 砌筑时认真操作,管理人员严格检查。选用同厂同规格的合格砖,砌体上下错缝,内外搭砌,灰缝均匀一致,水平灰缝为凹面灰缝,灰缝宽度宜取 5~8 mm,井里口竖向灰缝宽度不小于5 mm,边铺浆边上砖,一揉一挤,使竖缝进浆。收口时,层层用尺测量,每层收进尺寸,四面收口时不大于 3 cm,三面收口时不大于 4 cm,保证收口质量。图 3-1-8 所示为工人正在进行砌筑施工。

图 3-1-8 砌筑阀门井

③ 安装井圈时,井墙必须清理干净,湿润后,在井圈与井墙之间摊铺水泥浆,然后稳井圈,露出地面部分的检查井,周围浇筑混凝土,压实抹光。

2. 阀门检验

① 阀门的型号、规格符合设计,外形无损伤,配件完整。

② 对所选用每批阀门,按总数的 10% 且不少于 1 个进行壳体压力试验和密封试验。当不合格时,加倍抽检,仍不合格时,此批阀门不得使用。

③ 壳体的强度试验压力:当试验 $p_n \leqslant 1.0$ MPa 的阀门时,试验压力为 $1.0 \times 1.5 = 1.5$ MPa,试验时间为 8 min,以壳体无渗漏为合格。

检验合格的阀门挂上标志编号,并按设计图位号进行安装。

3. 阀门的安装

① 阀门安装时应处于关闭位置。

② 阀门与法兰临时加螺栓连接。

③ 法兰与管道焊接位置,做到阀门内无杂物堵塞,手轮处于便于操作的位置,安装的阀

门应整洁美观。

④ 将法兰、阀门和管线调整同轴,法兰与管道连接处处于自由受力状态时进行法兰焊接、螺栓紧固。

⑤ 阀门安装后,做空载启闭试验,做到启闭灵活、关闭严密。

4. 管道支墩、挡墩

在给水管道中,特别在三通、弯管、虹吸管或倒虹吸管等部位,为避免在供水运行以及作水压试验时,所产生的外推力造成承插口松脱,需要设置支墩、挡墩。支墩、挡墩常用形式有以下几种。

① 水平支墩,是为管道承插口克服来自水平推力而设置的,包括各种曲率的弯管支墩、管道分支处的三叉支墩、管道末端的塞头支墩。

② 垂直弯管支墩,包括向上弯管支墩和向下弯管支墩两种,分别是为克服水流通过向上弯管和向下弯管时所产生的外推力而设置的。

七、试压

每 500 m 进行一次打压试验,压力为设计使用压力的 1.5 倍,但与环境温度有关系。国标要求标准温度为 20 ℃,环境温度越高,管道的承压能力越低。具体的操作方法是:将管道掩埋,但要留出接口部位,将管道终端用管堵封死,在管道的最高处安装排气阀,打开排气阀,向管道缓慢注水,等排气阀出水,无气泡出现时,关闭排气阀(或使用自动排气阀),继续缓慢注水,缓慢升压,每升一个压力要停顿一段时间,等升到要求的压力后要停止打压,看压力是否迅速下降,如迅速下降,可能就有爆管或未连接好的地方,反之就是合格。

园林里可以用简单的试压方式,就是等管道全部安装完毕后,各用水点全部打开水龙头,等所有水龙头都出水且无气泡出现后,关闭水龙头,缓慢升压,到指定压力后,停止打压,看压力表是否稳压。压力表稳定两小时即为合格。园林里很少出现所有用水点同时用水,所以这种方法比较保险。

八、管内防腐

给水管材中铸铁管要进行管内防腐,本任务中采用的管材不必进行。常用管材的防腐可以按下面的方法和标准进行。

管内防腐多采用水泥砂浆内喷涂的方法。给水管道内喷涂防腐主要采用两种方法:① 地面离心法,即管道埋设前在地面上进行离心喷射;② 地下喷涂法,即管道埋设地下后,无论新管或旧管,用机械进入管道进行喷射。

管内防腐必须在水压试验,土方回填验收合格,管道变形基本稳定后进行。防腐前,管道内壁需清扫干净,去除疏松的氧化铁皮、浮锈、泥土、油脂、焊渣等杂物。

管内防腐所用水泥的标号为 32.5 或 42.5,所用砂的颗粒要坚硬、洁净,级配良好,水泥砂浆抗压强度不得低于 30 MPa,管段里水泥砂浆防腐层达到终凝后,必须立即进行浇水养护或在管段内注水养护,保持管内湿润状态 7 天以上。

九、管道工程的中间验收和管沟土方回填

1. 管道工程的中间验收

管道工程的中间验收要在管道施工期间进行,分别对土石方工程、管道安装工程进行检查,施工单位要请监理公司亲临现场进行工程质量检查,并做好中间验收记录,双方会签。验收标准如下。

① 管道的坡度应符合设计要求。

② 金属管道的承插口和套箍接口的结构及所用填料应符合设计要求和施工规范规定,灰口密实、饱满、平整、光滑,环缝间隙均匀,灰口养护良好,填料凹入承口边缘不大于2 mm,胶圈接口平直、无扭曲,对口间隙准确,胶圈接口回弹间隙符合设计要求。

③ 镀锌碳素钢管道的螺纹连接质量要求:达到管螺纹加工精度,符合国际管螺纹规定,螺纹清洁、规整、无断丝、连接牢固;钢管及管件的镀锌层无破损,螺纹露出部分防腐蚀良好,接口处无外露油麻等缺陷。镀锌碳素钢管无焊接口。

④ 镀锌碳素钢管道的法兰连接要求:对接平行、紧密,与管中心线垂直,螺杆露出螺母的长度一致,且不大于1/2螺杆直径,螺母在同侧,衬垫材质符合设计要求和施工规范规定。

⑤ 管道支(吊、托)架及管座(墩)的安装要求:构造正确、埋设平正牢固、排列整齐,支架与管道接触紧密。

⑥ 阀门安装质量要求:型号、规格、耐压强度和严密性试验符合设计要求和施工规范规定,位置、进出口方向正确,连接牢固、紧密,启闭灵活,朝向合理,表面洁净。

⑦ 埋地管道的防腐层质量要求:材质和结构符合设计要求和施工规范规定,卷材与管道以及各层卷材间粘贴牢固;表面平整,无折皱、空鼓、滑移和封口不严等缺陷。

⑧ 管道和金属支架涂漆质量要求:油漆种类和涂刷遍数符合设计要求,附着良好,无脱皮、起泡和漏涂;漆膜厚度均匀,色泽一致,无流淌及污染缺陷。

⑨ 允许偏差项目:室外给水管道安装在允许偏差值以内。

上述工作合格后,管道才能进行埋土。

2. 管沟的土方回填

① 管沟的土方回填应按要求进行,管顶以上500 mm处均使用人工回填夯实。在管顶以上500 mm到设计标高可使用机械回填和夯实。检查井周围500 mm内作为特夯区,回填时,人工用木夯或铁夯仔细夯实,每层厚度控制在10 cm内。严禁回填建筑垃圾和腐殖土,防止路面成型后产生沉陷。

② 回填土的铺土厚度根据夯实机具体确定。人工使用的木夯、铁夯,每层夯实厚度小于200 mm;机械夯,每层夯实厚度为250 mm。夯填土一直回填到设计地平,管顶以上埋深不小于设计埋深。

十、冲洗和消毒

给水管道的冲洗消毒是给水工程的最后一道工序,是保证工程质量的重要环节,给水管道在安装、试压合格后,必须进行冲洗消毒,使管内的水符合用水卫生标准。

管道冲洗,就是把管内的污泥、脏水、杂物全部冲洗干净。管道的冲洗消毒要求冲洗水的流速最好不小于1~1.5 m/s,否则不易把管内杂物冲排掉,因此最好选择从高处向低处、

从大口径管道向小口径管道的方向冲洗。排水口宜选在下水管道通畅或有沟、渠、河流的地方。进水口按冲洗水量考虑一个或两个以上。当排水口设在管道中段时,应从两端分别冲洗;当管道分布较复杂或管线很长时,应设置多个入水口或多个排水口,以达到最佳冲洗效果。在管线较短时,在入口处设一个投药口便可满足需要,当管线较长、管网较复杂时,则应分段设置,以保障全线管道投药的均匀性。投药口的位置宜选在管线上的排气阀或消火栓处,避免在管道上。另外,开口投药方式应根据投药口所在位置的高低来决定:若在高处,一般采用自然加入法;若在低处,可以采用电动泵或手摇泵加入。

考核内容和标准如表 3-1-4 所示。

表 3-1-4　考核内容和标准

序号	考核内容	考核标准	配分	考核记录	得分
1	园林给水施工图识读	熟读表达内容	30		
2	园林给水管网	掌握给水管网的设计	30		
3	给水施工	掌握给水施工的工艺流程	30		
4	工程验收	能够达到给水工程验收标准	10		

常用给水管材及特点

一、钢管

钢管应用历史较长、范围较广,输水工程中一般选用螺旋焊接与直缝焊接钢管。螺旋焊接钢管采用卷板,利用螺旋管焊接生产线一次成型。国内已可生产外径 2 540 mm 螺旋焊接钢管。螺旋焊接钢管受加工工艺影响,管材存在较大残余应力,这部分残余应力与管道运行期间的工作应力组合后,降低了管道承受内压的能力。另外,螺旋焊接钢管的焊缝较直缝焊接钢管的焊缝长,这就意味着薄弱环节多、可靠性差。但由于输水工程管道内压一般不算太高,即使螺旋焊接钢管存在上述问题也不影响其应用。

给水钢管安装要点及注意事项如下所述。

管子对口后应垫牢固,避免焊接或预热过程中产生变形。管道连接时,不得强力对口或用加热管子、加扁垫、加多层垫等方法来消除接口间隙偏大、错口、不同心等缺陷。弯管起弯点至接口的距离不得小于 100 mm,且不小于管外径。卷焊钢管的纵向焊缝应置于易检修的位置,且不宜在底部。有加固环的卷焊钢管,加固环的对接纵缝应与管子纵向焊缝错开,其间距不小于 100 mm。加固环边缘距管子的环向焊缝不应小于 50 mm。不得在干管的纵、环向焊缝处接支管或开孔,如必须开孔时,应有可靠的措施。管道上任何位置不得开方孔。直线段上如需加短节管时,其长度宜大于 1 000 mm,严禁在短节上或管件上开孔。管道闭合焊接,夏季或昼夜温差较大时,应在气温较低时施焊,冬季应在气温较高时施焊;必要时,可设伸缩节代替闭合焊接。管道安装工作如有间断,应及时封闭敞开的管口;接口焊接处经试压之后,再补做防腐绝缘层;当工作环境的风力大于 5 级、雨天、雪天、相对湿度大于 90% 时,未采取保护措施不得施焊。

钢管一般采用焊接口,管道适用于高水压、穿过铁路、公路、河谷及地震区等环境,钢管一般与各种带法兰片的管件用法兰连接。

二、铸铁管

按材质可分为灰口铸铁管和延性铸铁管。由于灰口铸铁管口径不大、材质不稳定,因此事故较多,在输水工程中基本不采用。延性铸铁管也称为球墨铸铁管,其强度比钢管大,延伸率也高出 10%。另外,现在有些厂家生产的球墨铸铁管未进行退火处理,称为铸态球墨铸铁管,其材质的性能除延伸率低于球墨铸铁管外,其余性能指标均与球墨铸铁管相似,价格也低,应用也较多。

铸铁管的安装程序:下管→清管膛、管口→承口下挖小坑将管身放平(套胶圈)→插口对准承口接口→检查对口间隙→挖耳子→(工作坑)→撤出麻绳,清管口→填打油麻→检验→填打石棉水泥(或膨胀水泥等)→养护→检查→胸腔填土→试压验收。

铸铁管有刚性接口(包括油麻石棉水泥接口、油麻膨胀水泥砂浆接口、胶圈膨胀水泥砂浆接口)和柔性接口(包括密封胶圈接口和油麻青铅接口)之分。为防止因管段过长、受环境影响而使管道变形、接口漏水,常在一定距离内设置一定数量的柔性接口,或在某些特定位置一律使用柔性接口,其他管段采用刚性接口。铸铁管与各种带法兰盘的附件采用法兰接口,或采用钢制法兰转换管作法兰接口。

球墨铸铁管一般为柔性橡胶圈密封接口(又可分为人工推入式接口和机械连接式接口)。其接口密封性好,适应地基变形的性能强,抗震效果好,而且接口在一定转角内不漏水,适用于大半径弯道直接安管施工。球墨铸铁管与各种带有法兰盘的附件用法兰连接。

三、预应力混凝土管

按生产工艺成两种,一种因加工工艺分为三步,通常称为三阶段预应力混凝土管;另一种方法是一次成型,通常称为一阶段管。预应力混凝土管因加工工艺简单、造价低、较适合我国的经济状况而应用普遍。但管材制作过程中存在弊病,如三阶段管喷浆质量不稳定,易脱落和起鼓;一阶段管在施加预应力时不易控制(特别在插口端部),且因体积、重量大造成运输安装都不方便,使其应用受到了限制。

预应力混凝土管口径一般在 2 000 mm 以下,工作压力为 0.4~0.8 MPa。对于要求口径大、工作压力高的工程,在应用时要慎重。

预应力钢筋混凝土管的安装程序:排管→下管→清理管膛、管口→清理胶圈→上胶圈→初步对口找正→顶装接口→检查中线、高程→用探尺检查胶圈位置→锁管。

四、预应力钢筒混凝土管(PCCP)

这是一种钢筒与混凝土制作的复合管,管心为混凝土,在其外壁或中部埋入厚 1.5 mm 钢筒,在管芯上缠绕环向预应力,采用机械张拉缠绕高强钢丝,并在其外部喷水泥砂浆保护层。该管的特点是:由于钢套筒的作用,抗渗能力非常好。管子的接口采用钢制承插口,尺寸较准确,并设橡胶止水圈(单胶圈或双胶圈),因而止水效果好,安装方便。

预应力钢筒混凝土管的管径一般为 $D_N 600 \sim 3\,600$ mm,工作压力为 $0.4 \sim 2.0$ MPa,其中 $D_N 1\,200$ mm 以下一般为内衬式,$D_N 1\,400$ mm 以上通常为埋置式。PCCP 管材的行业标准已颁发,设计规范与工程建设标准已在编制,其应用前景广阔。

预应力混凝土管一般为橡胶密封圈柔性接口,当与管件连接时,需用钢制转换柔性接口或钢制法兰转换口连接。

五、玻璃纤维增强热固树脂夹砂管(玻璃钢管)

玻璃钢管的特点是强度较高,重量轻,耐腐蚀,不结垢,内壁光滑,阻力小,在相同管径、相同流量条件下比其他材质管道水头损失小、节省能耗。玻璃钢管的连接也采用承插式,并设置胶圈,安装很方便。相对而言玻璃钢管的壁薄,为柔性管道,对基础与回填要求较高。

六、塑料管

塑料管一般是以塑料树脂为原料,加入稳定剂、润滑剂等,在制管机内经挤压加工而成。由于它具有质轻、耐腐蚀、外形美观、无不良气味、加工容易、施工方便等特点,在建筑工程中获得了越来越广泛的应用。主要用作房屋建筑的自来水供水系统配管,排水、排气和排污卫生管,地下排水管系统,雨水管以及电线安装配套用的穿线管等。

塑料管有热塑性塑料管和热固性塑料管两大类。热塑性塑料管采用的主要树脂有聚氯乙烯树脂(PVC)、聚乙烯树脂(PE)、聚丙烯树脂(PP)、聚苯乙烯树脂(PS)、丙烯腈-丁二烯-苯乙烯树脂(ABS)、聚丁烯树脂(PB)等;热固性塑料采用的主要树脂有不饱和聚酯树脂、环氧树脂、呋喃树脂、酚醛树脂等。

管道接口,分别采用橡胶圈密封柔性接口(适用于管径不小于 63 mm)和黏结性接口(适用于管径为 $20 \sim 200$ mm);在与带有法兰盘附件连接时,采用法兰连接。

① 现场参观一个给水管道施工,掌握给水管道的施工工艺流程,现场进行施工操作。

② 掌握给水管道中间验收标准,能进行现场验收操作。

任务2 园林排水工程施工

1. 能够熟读排水工程施工图纸;

2. 掌握排水管网的施工方法;

3. 能够指导排水管网工程施工。

能力目标

1. 掌握园林排水工程的特点和排水方式的选择;

2. 掌握园林排水管网的施工工艺及操作步骤;

3. 了解园林排水管网的验收标准。

一、概述

1. 污水的分类

污水包括生活污水、工业废水、天然降水三种类型。

2. 排水系统的体制

（1）合流制排水系统

将生活污水、工业废水和雨水混合在一个管渠内排除的系统。又分为直排式合流制、截流式合流制和全处理合流制。

（2）分流制排水系统

将生活污水、工业废水和雨水分别在两个或两个以上各自独立的管渠内排除的系统。又可分为完全分流制、不完全分流制和半分流制。

二、园林排水的特点

① 园林排水主要是排除雨水和少量生活污水；

② 园林中为满足造景需要，形成山水相依的地形特点，有利于地面水的排除，雨水可排入水体，充实水体；

③ 园林可采用多种方式排水，不同地段可根据其具体情况采用适当的排水方式；

④ 排水设施应尽量结合造景；

⑤ 排水的同时还要考虑土壤能吸收到足够的水分，以利植物生长；干旱地区尤应注意保水。

三、园林排水方式

园林排水方式除地表径流（径流是指经土壤或地被植物吸收及在空气中蒸发后余下的，在地表面流动的那部分天然降水）外还有三种基本方式，即地面排水、沟渠排水和管道排水，三者之间以地面排水最为经济。

在我国，大部分公园绿地都采用以地面排水为主、沟渠和管道排水为辅的综合排水方式。

1. 地面排水

地面排水主要用来排除天然降水，尽量利用地形将降水排入水体，降低工程造价。但是，在地面排水时，由于地表径流的流速过大，对地表造成冲刷是必须解决的主要问题。解决这个问题可以从两方面着手。

（1）竖向设计

注意控制地面坡度，使之不致过陡，有些地段如不可避免设计较大坡度，应另采取措施以减少水土流失；同一坡度（即使坡度不太大）的坡面不宜延续过长，应该有起有伏，使地表径流不致一冲到底，形成大流速的径流；利用盘山道、谷线等拦截和组织排水，减少或防止对表土的冲蚀。

（2）工程措施

我国园林中有关防止冲刷、固坡及护岸的措施很多，常见的工程措施有谷方、挡水石、护土筋、水簸箕等。如图 3-2-1～图 3-2-4 所示。

图 3-2-1　谷方

图 3-2-2　挡水石

图 3-2-3　护土筋

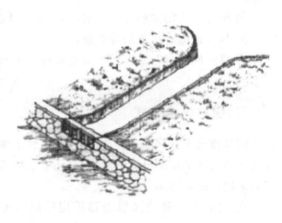

图 3-2-4　水簸箕

（3）利用地被植物

裸露地面很容易被雨水冲蚀，有植被则不易被冲刷。这是因为：一方面，植物根系深入地表将表层土壤颗粒稳固住，使之不易被地表径流带走；另一方面，植被本身阻挡了雨水对地表的直接冲击，吸收部分雨水并减缓了径流的流速。所以加强绿化，是防止地表水土流失的重要手段之一。

（4）埋管排水

利用路面或路两侧明沟将雨水引至濒水地段或排放点，设雨水埋管将水排出。

2. 管道排水

管道的最小覆土深度根据雨水井连接管的坡度、冰冻深度和外部荷载情况决定。雨水管的最小覆土深度不小于 0.7 m。

雨水管道的最小坡度规定如表 3-2-1。道路边沟的最小坡度不小于 0.002。梯形明渠的最小坡度不小于 0.000 2。

表 3-2-1　雨水管道各种管径最小坡度

管径/mm	200	300	350	400
最小坡度	0.004	0.003 3	0.003	0.002

各种管道在自流条件下的最小容许流速不得小于 0.75 m/s。排水管的最大设计流速金属管为 10 m/s，非金属管为 5 m/s。

雨水管最小管径不小于 300 mm，一般雨水口连接管最小管径为 200 mm，最小坡度为 0.01。公园绿地的径流中挟带泥沙及枯枝落叶较多，容易堵塞管道，故最小管径限值可适当放大。

3. 沟渠排水

（1）梯形明渠排水

为了便于维修和排水通畅，渠底宽度不得小于 30 cm。梯形明渠的边坡坡度，用砖石或混凝土块铺砌的一般采用 1∶0.75～1∶1。边坡在无铺装情况下，根据其土壤性质可采用表 3-2-2 中的数值。

表 3-2-2　梯形明渠的边坡

明 渠 土 质	边 坡 坡 度	明 渠 土 质	边 坡 坡 度
粉砂	1∶3～1∶3.5	砂质黏土和黏土	1∶1.25～1∶1.5
松散的细砂、中砂、粗砂	1∶2～1∶2.5	砾石土和卵石土	1∶1.25～1∶1.5
细实的细砂、中砂、粗砂	1∶1.5～1∶2.0	半岩性土	1∶0.5～1∶1
黏质砂土	1∶1.5～1∶2.0		

各种明渠水流速度不得小于 0.4 m/s（个别地方可酌减）。明渠的水流深度为 0.4～1.0 m 时，按表 3-2-3 中数据采用。

表 3-2-3　明渠最大设计流速

明 渠 类 别	最大设计流速/(m/s)	明 渠 类 别	最大设计流速/(m/s)
粗砂及低塑性粉质黏土	0.8	砂质黏土	1.0
黏土	1.2	草皮护面	1.6
干砌块石	2.0	浆砌块石及浆砌砖	3.0
石灰岩及中砂岩	4.0	混凝土	4.0

（2）暗渠排水

暗渠又称为盲沟，是一种地下排水渠道，用以排除地下水，降低地下水位。

①暗渠排水的优点。

取材方便，可利用砖石等料，造价低廉；不需要检查井或雨水井之类的排水构筑物，地面不留"痕迹"，从而保持了绿地或其他活动场地的完整性；对公园草坪的排水尤其适用。

② 暗渠的布置。

依地形及地下水的流动方向可做成干渠和支渠相结合的地下排水系统,暗渠渠底纵坡坡度不小于 5‰,只要地形等条件许可,纵坡坡度应尽可能取大些,以利于地下水的排出。

常用的布置形式为树枝式、鱼骨式、铁耙式,如图 3-2-5 所示。

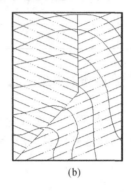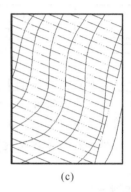

(a)　　　　　　　　　　(b)　　　　　　　　　　(c)

图 3-2-5　暗渠布置形式

(a) 树枝式;(b) 鱼骨式;(c) 铁耙式

③ 暗渠埋深和间距。

暗渠的排水量与其埋置深度和间距有关,而暗渠的埋深和间距又取决于土壤的质地。

表 3-2-4　暗渠埋深

土 壤 类 别	埋深/m	土 壤 类 别	埋深/m
沙质土	1.2	黏土	1.4~1.6
壤土	1.4~1.6	泥炭土	1.7

● 暗渠的埋置深度。影响埋深的因素有以下方面:植物对水位的要求,例如草坪区暗渠的深度不小于 1 m,不耐水的松柏类乔木,要求地下水距地面不小于 1.5 m;受根系破坏的影响,不同的植物其根系的大小深浅各异;受土壤质地的影响,土质疏松可浅些,黏重土应该深些,见表 3-2-4;地面上有无荷载;在北方冬季严寒地区,还有冰冻破坏的影响。暗渠埋置的深度不宜过浅,否则表土中的养分易被冲走。

● 支管的设置间距。暗渠支管的数量与排水量及地下水的排除速度有直接的关系。在公园或绿地中如需设暗沟排地下水以降低地下水位,暗渠的密度可根据表 3-2-5 中数据选择。

表 3-2-5　柯派克氏管深、管距

土 壤 种 类	管距/m	管深/m
重黏土	8~9	1.15~1.30
致密黏土和泥炭岩黏土	9~10	1.20~1.35
沙质或黏壤土	10~12	1.1~1.6
致密壤土	12~14	1.15~1.55
沙质壤土	1.4~1.6	1.15~1.55
多砂壤土或砂质中含腐殖质	16~18	1.15~1.50
砂	20~24	—

　　暗渠的造型因采用透水材料的不同而类型多种多样。图 3-2-6 所示排水暗渠的几种构造类型,可供参考。图 3-2-7 所示为我国南方某城市为降低地下水而设置的一段排水暗渠,这种以透水材料和管道相结合的排水暗渠能较快地将地下水排出。

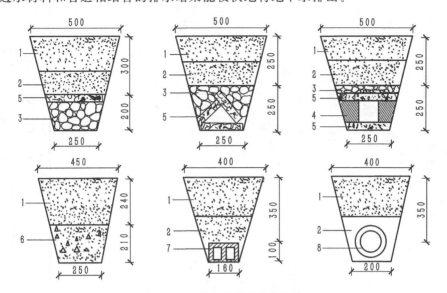

图 3-2-6　排水暗渠的几种构造
1—土;2—砂;3—石块;4—砖块;5—预制混凝土盖板;
6—碎石及碎砖块;7—砖块干叠排水沟;8—φ80 陶管

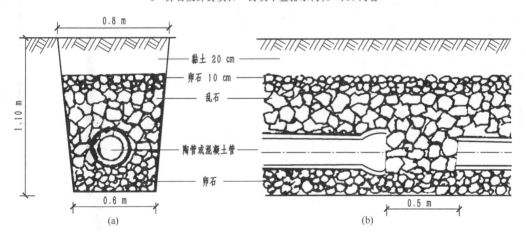

图 3-2-7　排水暗渠实例
(a) 横断面;(b) 纵断面

　　图 3-2-8 为某绿地排水管网的施工平面图,图 3-2-9 为排水管网施工详图,根据图纸所示完成排水管网的施工。

　　如图 3-2-8、图 3-2-9 所示,绿地内的水以地面排水方式汇集到路边进入雨水井,雨水井在不影响交通的情况下尽量沿路设置,雨水沿排水管道汇集到一点,就近接入城市排水管

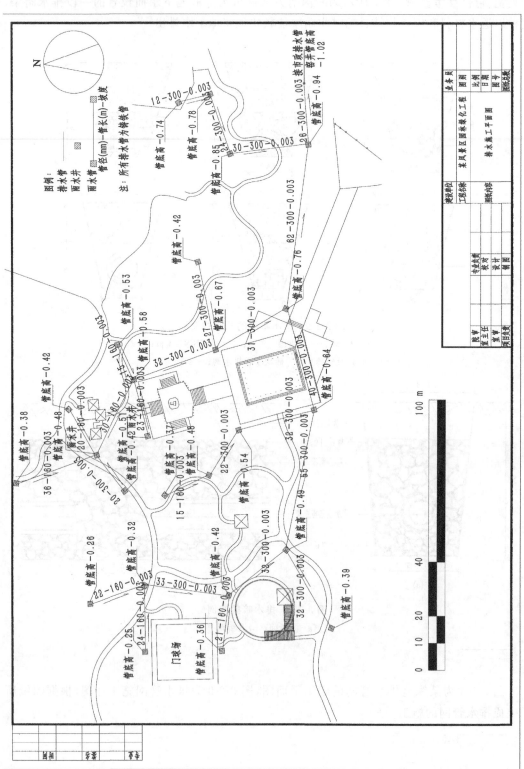

图3-2-8 排水管网施工平面图

国林工程施工

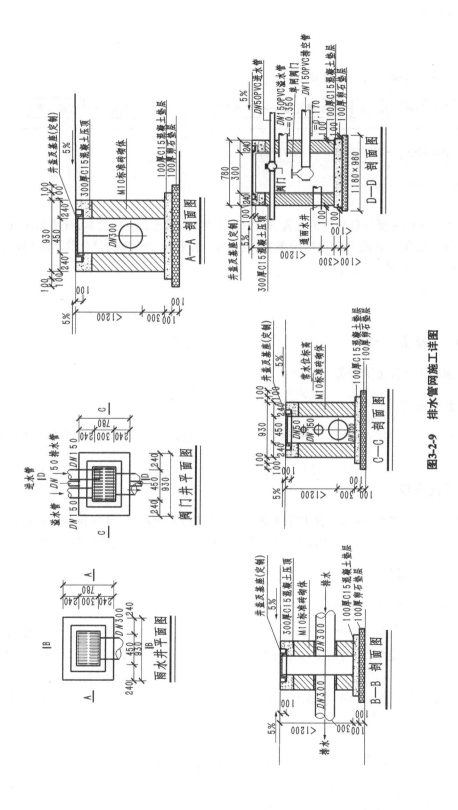

图3-2-9　排水管网施工详图

网。完成本任务要明确排水管网的施工工艺流程,掌握各节点的施工标准,了解各施工材料的性能及使用方法。

该排水管网的施工工艺流程如下:

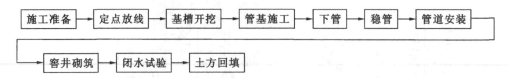

该工程需要的主要材料包括铸铁管、阀门、地下闸阀、螺栓、螺母、油麻、石油沥青、粗砂。

该工程主要的工具及设备包括挖掘机、起重机、水平尺、钢卷尺、经纬仪、水准仪、放线尺、倒角器或中号板锉、记号笔等。

一、施工准备

可参照给水工程施工准备。

二、定点放线

可参照给水工程定点放线,对测量结果进行记录、整理、分析、复核,经批准后才能进入施工阶段。

三、基槽开挖

参照给水管网基槽开挖,结合本任务的特点,选择梯形槽断面,机械和人工混合的方式开挖,反铲挖掘机分段(每段不超过 350 m)进行,一侧出土,人工配合修整基槽边、清底。

四、排水管道基础

1. 排水管道基础组成及形式

排水管道基础一般由地基、基础和管座等三个部分组成。管道的地基与基础要有足够的承载力和可靠的稳定性,否则排水管道可能产生不均匀沉陷,造成管道错口、断裂、渗漏等现象,导致附近地下水的污染,甚至影响附近建筑物的基础。根据管道的性质、埋深、土壤的性质、荷载情况选择管道基础,常用的形式有素土基础、灰土基础、砂垫层基础、混凝土枕基和带形基础。

2. 基础选择

根据地质条件、布置位置、施工条件、地下水位、埋深及承载情况确定排水管基础。

① 干燥密实的土层,管道不能在车行道下,地下水位低于管底标高,埋深为 0.8～3.0 m;几根管道合槽施工时,可用素土和灰土基础,但接口处必须做混凝土枕基。

②岩土和多石地层采用砂垫层基础,砂垫层厚度不宜少于 200 mm,接口处应做混凝土枕基。

③一般土层或各种混凝土层以及车行道下敷设的管道,应根据具体情况,采用混凝土带形基础(90°～180°)。

④地基松软或不均匀沉降地段,抗震烈度为 8 度以上的地震区,管道基础和地基应采取相应的加固措施,管道接口应采用柔性接口。

五、下管

下管的方法很多,应以施工安全、操作方便为原则,并根据工人操作的熟练程度、管径大小、每节管子的长度和重量、管材接口强度、施工环境、沟槽深度及吊装设备供应条件,合理地确定下管方法。

下管一般都沿着沟槽把管子下到槽位,管子下到槽内基本上就位于铺管的位置,宜减少管在沟槽内的搬动,这种方法称为分散下管。如果沟槽旁场地狭窄、两侧堆土,或沟槽内设支撑,分散下管不便,或槽底宽度大便于槽内运输时,则可选择适宜的几处集中下管,再在槽内把管子分散就位,这种方法称为集中下管。施工中为了减少槽内接口的工作量,也可以在地面上先将几节管接口接好再下管,这种方法称为长串下管。采用这种方法下管时,接口的强度要能承受震动与挠曲,因此,长串下管主要用于焊接钢管。本任务中使用的铸铁管和非金属管材一般都采用单节下管。选择哪种方法下管要根据施工的具体情况来确定。

1. 沟槽的检查

下管前应对沟槽进行检查,检查槽底是否有杂物,有杂物应清理干净,槽底如遇棺木、粪污等不洁之物,应清除干净,并做地基处理,必要时需消毒。

检查槽底宽度及高程,应保证管道结构每侧的工作宽度,槽底高程要符合现行的检验标准,不合格者应进行修整。

检查槽帮是否有裂缝及坍塌的危险,如有危险应用支撑加固等方法处理。

2. 下管

管子经过检验、修复后运至沟线按设计排管,经核对管节、管件位置无误后方可下管。人工下管多用于重量不大的中小型管子,以施工安全操作方便为原则,可根据工人操作的熟练程度、管材重量、管长、施工环境、沟槽深浅等因素进行选用。主要采用压绳下管法,单节下管如图 3-2-10 所示。当管径较小、管重较轻时,如陶土管、塑料管、直径 400 mm 以下的铸铁管、直径 600 mm 以下的钢筋混凝土管,可采用人工方法下管,如图 3-2-11 所示。大口径管子,只有在缺乏吊装设备和现场条件不允许机械下管时,才采用人工下管。本任务采用直径 300 mm 铸铁管,考虑到管径不大,可以采用人工下管的方式。

机械下管一般指使用汽车式或履带式起重机下管,如图 3-2-12 所示。下管时,起重机沿沟槽开行。当沟槽两侧堆土时,其中一侧堆土与槽边应有足够的距离,以便起重机运行。起重机距槽边至少 1.0 m,保证槽壁不坍塌。根据管子重量和沟槽断面尺寸选择起重机的起重量和起重杆长度。起重杆外伸长度应能把管子吊到沟槽中央。管子在地面的堆放地点最好也在起重机的工作半径范围内。

六、稳管

稳管是将管子按设计的高程与平面位置稳定在地基或基础上。

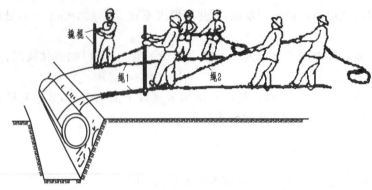

图 3-2-10　人工单节压绳下管

图 3-2-11　人工下管

图 3-2-12　机械下管

　　排水管道的铺设位置应严格符合设计要求,其中心线允许偏差 10 mm;管内底高程允许偏差 10 mm;相邻管内底错口不得大于 3 mm。要保证铺管不发生反坡。相邻两节管子的管底应齐平,以免水中杂物沉淀和流水淤塞。为避免因紧密相接而使管端头损坏,使用柔性接口能承受少量弯曲,两管之间需留 1 cm 左右的间隙。

　　本任务施工中用边线法控制管道中心位置,用高程桩控制管内高程。用边线法控制管道中心线时,在给定的中线桩一侧以管径半径加 10 cm 为数值钉铁钉,挂边线,高度为管半径,用以控制安管时的中心线位置;用高程桩控制管内高程时,连接槽内两边沟壁上的高程钉,在绷紧的高程连接线上挂高程线,根据下返数值控制安管高程。这种方法也适用于其他管材在稳管施工中控制高程和平面位置。

七、管道安装

1. 常用管材管口形式

(1) 预制混凝土管和钢筋混凝土管

预制的混凝土管和钢筋混凝土管,可以在专门的厂家预制,也可以现场浇制。管口形状有承插口、平口、圆弧口、企口等,如图 3-2-13 所示。

(2) 陶土管

陶土管一般制成圆形断面,有承插式和平口式两种形式,如图 3-2-14 所示。

2. 排水管道的接口形式

管道接口的质量在很大程度上决定排水管道的不透水性和耐久性。管道接口应具有足

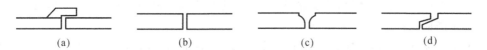

图 3-2-13　预制混凝土管和钢筋混凝土管管口形式
(a) 承插口;(b) 平口;(c) 圆弧口;(d) 企口式

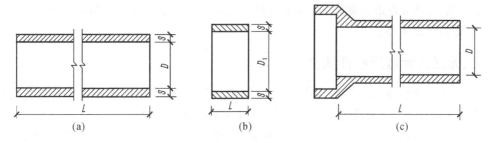

图 3-2-14　陶土管管口
(a) 直管;(b) 管箍;(c) 承插管

够的强度,不透水,能抵抗污水和地下水的侵蚀,并要有一定的弹性。根据接口的弹性,一般分为柔性接口、刚性接口和半柔半刚性接口三种形式。

柔性接口允许管道纵向轴线交错 3~5 mm 或交错一个较小的角度,而不致引起渗漏。常用的柔性接口有沥青卷材接口及橡胶圈接口。沥青卷材接口用在无地下水、地基软硬不一、沿管道轴向沉陷不均匀的无压管道上。橡胶圈接口使用范围更加广泛,特别是在地震区,对管道抗震有显著作用。柔性接口施工复杂,造价较高。

刚性接口不允许管道有轴向的交错,但比柔性接口施工简单、造价低,因此采用较广泛。常用的刚性接口有水泥砂浆抹带接口、钢丝网水泥砂浆抹带接口。刚性接口抗展性能差,适用在地基比较良好、有带形基础的无压管道上。

预制套环石棉水泥接口属于半柔半刚性接口,介于柔性和刚性两种形式之间,使用条件和柔性接口相似。

本任务中采用承插口铸铁管,安装时先将铸铁管分段排放,再带线分段连接,排水铸铁管采用水泥接口,接口前油麻填塞应密实,接口水泥应密实饱满,其接口面凹入边缘深不得大于 2 mm。排水铸铁管外壁在安装前除锈,涂两遍石油沥青漆,防止管道生锈。承插接口的排水管道安装时,管道和管件的承口与水流方向相反,以利排水。

八、检查井砌筑

① 做管道基础时,准确地测定井的位置,排水管管口伸入井室 30 mm。

② 砌筑砂浆应有适当的和易性与稠度,用砂浆搅拌机搅拌时间不少于 1.5 min,保证其成分、颜色、塑性均匀一致。干砖应充分浇水湿润,不得有干芯,黏土砖的含水率在 10%~15% 之间;铺浆长度不超过 50 cm,采用边摊浆边砌砖,"一铲灰、一块砖、一揉挤"的三一砌砖法砌筑,提高砂浆与砖之间的黏结力,增加抗剪强度;不得冲浆灌缝。

③ 砌筑时认真操作,管理人员严格检查,选用同厂同规格的合格砖;砌体上下错缝,内外搭接、灰缝均匀一致,水平做凹面灰缝,宜取 5~8 mm,井里口竖向灰缝宽度不小于 5 mm,边铺浆边上砖,一揉一挤,使竖缝进浆;砌筑景墙时留出茬口,以便与流槽砌筑搭接;收口时,层层用尺测量,每层收进尺寸,四面收口时不大于 3 cm,三面收口时不大于 4 cm,保证收口质量。

④ 砌筑井室内的流槽时,应交错插入井墙,使井墙与流槽成一体,同时流槽过水断面与上、下游水断面相符。

⑤ 井室抹面前将墙面残浆清除干净,洒水湿润,抹面后及时封井口,保持井内湿度。

⑥ 安装井圈时,井墙必须清理干净;湿润后,在井圈与井墙之间摊铺水泥浆后稳井圈;露出地面部分的检查井,周围浇筑混凝土,压实抹光;行车道上必须用重型井圈井盖。

⑦ 井室砌筑及管道安装完毕后,在两井室之间进行严密性试验;按规范要求试验合格后,方可进行下道工序。

九、无压力管道严密性试验

污水、雨污水合流及湿陷土、膨胀土地区的雨水管道,回填土前应采用闭水法进行严密性试验。试验管段应按井距分隔,长度不宜大于 1 km,带井试验。

严密性试验时,试验管段应符合下列规定:管道及检查井外观质量已验收合格;管道未回填土且沟槽内无积水;全部预留孔应封堵,不得渗水;管道两端堵板承载力经核算应大于水压力的合力;除预留进出水管外,应封堵坚固,不得渗水。

管道严密性试验时,应进行外观检查,不得有漏水现象,当符合表 3-2-6 规定时,管道严密性试验为合格。异形截面管道的允许渗水量可参考周长折算的圆形管道。在水源缺乏的地区,当管道内径大于 700 mm 时,可按 1/3 井段数量进行抽验。

表 3-2-6 无压力管道严密性试验允许渗水量

管　　材	管道内径/mm	允许渗水量/(m³/(24 h · km))
混凝土、钢筋混凝土管、陶管及管渠	200	17.60
	300	21.62
	400	25.00
	500	27.95
	600	30.60
	700	33.00
	800	35.35
	900	37.50
	1000	39.52
	1100	41.45
	1200	43.30
	1300	45.00
	1400	46.70
	1500	48.40
	1600	50.00
	1700	51.50
	1800	53.00
	1900	54.48
	2000	55.90

十、回填土

排水管道施工完毕并经检验合格后,沟槽应及时进行回填土。不得掺有混凝土碎块、石块和大于 100 mm 的坚实土块,管顶以下的回填土必须对称进行,并应分层仔细夯实。在管顶以上 1.0 m 范围内回填土时,应注意不能损坏管道。回填土应分层夯实,人工夯实时每层铺筑厚度不大于 0.2 m,机械夯实时每层铺筑厚度不大于 0.3 m,回填土应及时进行,防止发生浮管。不允许沟槽内长期积水。

（1）回填前

预制管铺设管道时,现场浇筑的混凝土基础的强度和接口抹带或预制构件现场装配的接缝水泥砂浆强度不应小于 5 N/mm²;无压管道的沟槽应在闭水试验合格后及时回填。

（2）回填时

槽顶至管顶以上 500 mm 范围内,不得含有有机物以及大于 50 mm 的砖、石等硬块;在抹带处、防腐绝缘层或电缆周围,应采用细粒土回填;采用土、砂、沙砾等材料回填时,其质量要求应按设计规定执行;回填土的含水量控制在最佳含水量附近。

（3）回填土或其他回填材料运入槽内时不得损伤管节及其接口

根据一层虚铺厚度的用量将回填材料运至槽内,且不得在影响压实范围内堆料;管道两侧和管顶以上 500 mm 范围内的回填材料,应由沟槽两侧对称运入槽内,不得集中堆入;需要拌和的材料,应在运入槽内前拌和均匀,不得在槽内拌和。

（4）沟槽回填土或其他材料的压实

回填土压实应逐层进行,且不得损伤管道;管道两层和管顶以上 500 mm 范围内应采用轻夯压实,管道两层压实面的高差不应超过 300 mm;分段回填压实时,相邻段的接茬应呈梯形,且不得漏夯;回填材料压实后应与井壁紧贴。沟槽回填压实度要符合表 3-2-7 的标准。

表 3-2-7　沟槽回填压实度要求

沟槽部位	回填方法	虚铺厚度/cm	压实工具	压实度要求
管沟胸腔	机械驳运,人工回填	20～25	蛙式夯、铁夯	≥90%
管顶以上 50 cm 内	机械驳运,人工回填	25～30	蛙式夯	≥90%
管顶以上 50 cm 至路基面	机械回填	25～40	压路机	0～80 cm,≥95%; 80～150 cm,≥90%; >150 cm,90%

任务考核

考核内容和标准见表 3-2-8 所示。

表 3-2-8　考核内容和标准

序号	考核内容	考核标准	配分	考核记录	得分
1	园林排水施工图识读	熟读表达内容	30		
2	园林排水	掌握园林排水设计	30		
3	排水管网施工	掌握排水管网施工的工艺流程	30		
4	工程验收	能够达到排水工程验收标准	10		

一、沟槽开挖季节性施工

1. 雨季施工

在雨季施工,应尽量缩短开槽长度,并速战速决。

挖槽时,应充分考虑由于挖槽和堆土破坏了原有排水系统,应做好排除雨水的排水设施和系统。

挖槽应采取措施防止雨水倒灌沟槽。往往由于特殊需要,或暴雨雨量集中时,还应考虑有计划地将雨水引入槽内,宜每 30 m 左右做一泄水簸箕口,以免冲刷槽帮,同时还应采取措施防止塌槽、漂管等。

为防止槽底土壤扰动,挖槽见底后应立即进行下一工序,否则槽底以上宜暂留 20 cm 不挖,作为保护层。

2. 冬季施工

冬季开挖冻土常用人工法和机械法。

防冻措施常采用松土防冻法和保温材料防冻法。松土防冻法,是在开挖沟槽每日收工前,不论沟槽是否见底均预留一层翻松土壤,起到防冻的目的。保温材料防冻法,是指在将挖土方或已挖完的沟槽上覆盖草垫、草帘子等保温材料,以使土基不受冻。

在排水管道施工中,沟槽挖好后应对地基进行检验,合格后就可以将管道下入沟槽内,稳好后再进行接口作业。

二、常用的管道基础

1. 砂土基础

砂土基础包括弧形素土基础、灰土基础及砂垫层基础。

弧形素土基础是在原土基础上挖一弧形管槽(通常采用 90°弧),管道落在弧形管槽里。如图 3-2-15(a)所示。

灰土基础,即灰土的重量配合比(石灰:土)为 3:7,基础采用弧形,厚 150 mm,弧中心角为 60°。

砂垫层基础是在挖好的弧形管槽上,用带棱角的粗砂填 10~15 cm 厚的砂垫层,如图 3-2-15(b)所示。

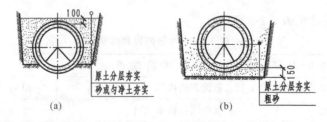

图 3-2-15 砂土基础

2. 混凝土枕基

混凝土枕基也称混凝土垫块,是管道接口设置的局部基础,如图 3-2-16 所示。通常在管道接口下用 C7.5 或 C10 混凝土做成枕块。

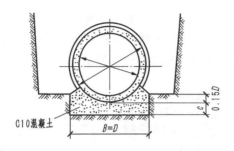

图 3-2-16　混凝土枕基

3. 混凝土带形基础

混凝土带形基础是沿管道全长铺设的基础。按管座的形式不同分为 90°、120°、135°、180°、360° 等多种管座基础,图 3-2-17 所示为 90°、135°、180° 管座基础。无地下水时,直接在槽底原土上浇混凝土基础;有地下水时,常在槽底铺 10～15 cm 厚的卵石或碎石垫层,然后再在上面浇筑混凝土基础。

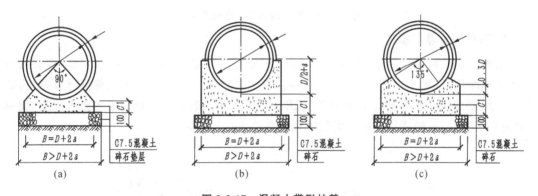

图 3-2-17　混凝土带形枕基

(a) 90°管基;(b) 135°管基;(c) 180°管基

三、排水管道常用接口方法

1. 水泥砂浆抹带接口

水泥砂浆抹带接口,如图 3-2-18 所示。

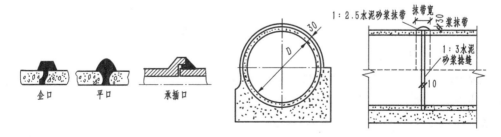

图 3-2-18　水泥砂浆抹带接口

在管子接口处用 1∶(2.5～3)水泥砂浆抹成半椭圆形或其他形状的砂浆带,带宽 120～150 mm,属于刚性接口。一般适用于地基土质较好的雨水管道,或用于地下水位以上的污水管线上。企口管、平口管、承插管均可采用此种接口。

2. 钢丝网水泥砂浆抹带接口

将抹带范围的管外壁凿毛,抹 1:2.5 水泥砂浆一层,厚 15 mm,中间采用 20 号 10×10 钢丝网 1 层,两端插入基础混凝土中,上面再抹砂浆 1 层,厚 10 mm,适用于地基土质较好的具有带形基础的雨水、污水管道上,如图 3-2-19 所示。

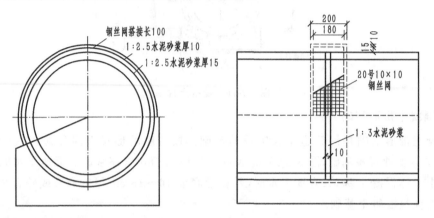

图 3-2-19 钢丝网水泥砂浆抹带接口

3. 石棉沥青卷材接口

石棉沥青卷材接口属于柔性接口,沥青、石棉、细砂重量配比为 7.5:1:1.5。先将接口处管壁刷净烤干,涂上冷底子油一层,再刷沥青玛瑞脂厚 3 mm,再包上石棉沥青卷材,再涂 3 mm 厚的沥青砂,这称为"三层做法",如图 3-2-20 所示。若再加卷材和沥青砂各一层,便称为"五层做法"。一般适用于地基沿管道轴向沉陷不均匀地区。

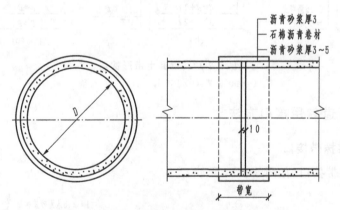

图 3-2-20 石棉沥青卷材接口

4. 橡胶圈接口

橡胶圈接口属于柔性接口。接口结构简单,施工方便,适用于施工地段土质较差、地基硬度不均匀或地震地区,如图 3-2-21 所示。

5. 预制套环石棉水泥(或沥青砂)接口

预制套环石棉水泥(或沥青砂)接口属于半刚半柔的接口,石棉水泥质量比为水:石棉:水泥=1:3:7(沥青砂配比为沥青:石棉:砂=1:0.67:0.67)。它适用于地基不均匀地段,或地基经过处理后管道可能产生不均匀沉陷且位于地下水位以下,内压低于 10 m 的管道上。如图 3-2-22 所示。

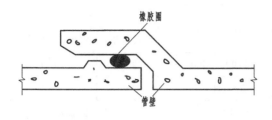

图 3-2-21 橡胶圈接口

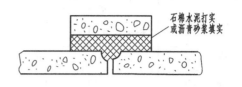

图 3-2-22 预制套环石棉水泥(或沥青砂)接口

6. 顶管施工常用的接口形式

混凝土(或铸铁)内套环石棉水泥接口,一般只用于污水管道,如图 3-2-23。

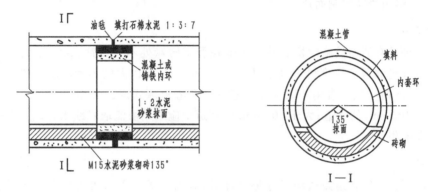

图 3-2-23 内套环石棉水泥接口

7. 沥青油毡、石棉水泥接口

麻辫(或塑料圈)石棉水泥接口,一般只用于雨水管道。采用铸铁管的排水管道,接口做法与给水管道相同。常用的有承插式铸铁管油麻石棉水泥接口,如图 3-2-24 所示。

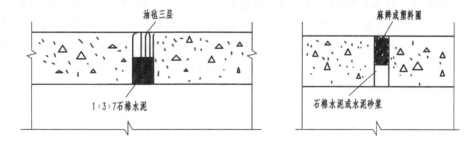

图 3-2-24 油麻石棉水泥接口

四、排水管网附属构筑物

在雨水排水管网中常见的附属构筑物有检查井、跌水井、雨水口和出水口等。

1. 检查井

检查井的功能是便于管道维护人员检查和清理管道。另外,它还是管段的连接点。检查井通常设置在管道交汇,方向、坡度和管径改变的地方。井与井之间的最大间距见表3-2-9。

表 3-2-9　检查井的最大间距

管径/mm	最大间距/m		管径/mm	最大间距/m	
	污水管道	雨水（合流）管道		污水管道	雨水（合流）管道
200～400	30	40	1100～1500	90	100
500～700	50	60	>1500,且≤2000	100	120
800～1000	70	80	>2000	可适当加大	

检查井的构造,主要由井底、井身、井盖座和井盖等组成,详图见标准图集。

井底材料一般采用 C10 或 C15 低标号混凝土,井深一般采用砖砌筑或混凝土、钢筋混凝土浇筑,井盖多为铸铁预制而成。

2. 跌水井

跌水井是设有消能设施的检查井。一般在管道转弯处不宜设跌水井,在地形较陡处为了保证管道有足够覆土深度可设跌水井;跌水水头在 1 m 以内的不做跌水设施,1～2 m 时宜做,大于 2 m 时必做。常用的跌水井有竖管式和溢流堰式两种类型。竖管式适用于直径等于或小于 400 mm 的管道;大于 400 mm 的管道中应采用溢流堰式跌水井。跌水井的构造详图见标准图集。

3. 雨水口

雨水口通常设置在道路边沟或地势低洼处,是雨水排水管道收集地面径流的孔道。雨水口设置的间距,在直线上一般控制在 30～80 m 内;它与干管常用 200 mm 的连接管;其长度不得超过 25 m。

雨水口的设置位置应能保证快速有效地收集地面雨水,一般应设在交叉路口、路侧边沟的一定距离处,以及没有道路边石的低洼地区,以防止雨水漫过道路或造成道路及低洼地区积水而妨碍交通。雨水口的形式和数量,通常应按汇水面积所产生的径流量和雨水口的泄水能力确定,一般一个平箅(单算)雨水口可排泄 15～20 L/s 的地面径流量。雨水口设置时宜低于路面 30～40 mm,在土质地面上宜低于路面 50～60 mm,道路上雨水口的间距一般为 20～40 m(视汇水面积大小而定)。在路侧边沟上及路边低洼地点,雨水口的设置间距还要考虑道路的纵坡和路边的高度,同时应根据需要适当增加雨水口的数量。

常用雨水口泄水能力和适用条件如表 3-2-10 所示。

表 3-2-10　常用雨水口的泄水能力和适用条件

常用雨水口形式		泄水能力/(L/s)	适 用 条 件
边沟式雨水口	(单算)	20	有道牙道路,纵坡平缓
	(双算)	35	
联合式雨水口	(单算)	30	有道牙道路,箅隙易被树叶堵塞时
	(双算)	50	
平箅式雨水口	(单算)	15～20	有道牙道路,比较低洼处且箅易被树叶堵塞时
	(双算)	35	
	(三算)	50	

常用雨水口形式		泄水能力/(L/s)	适 用 条 件
平箅式雨水口	（单箅）	15～20	无道牙道路、广场、地面
	（双箅）	35	
	（三箅）	50	
小雨水口		约10	降雨强度较小地区、有道牙道路

平箅雨水口的构造包括进水箅、井筒和连接管等三部分，如图3-2-25所示。

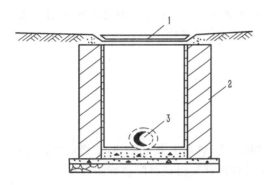 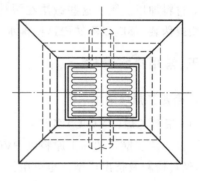

图 3-2-25　平箅雨水口

1—进水箅；2—井筒；3—连接管

进水箅多为铸铁预制，标高与地面持平或稍低于地面，进水箅条方向与进水能力有关，箅条与水流方向平行进水效果好，因此进水箅条常设成纵横交错的形式，如图3-2-26所示，以便排泄从不同方向来的雨水。

雨水口的井筒可用砖砌筑或用钢筋混凝土预制，井筒的深度一般不大于1 m，在高寒地区井筒四周应设级配砂石层缓冲冻胀。在泥沙量较大地区，连接管底部留有一定的高度，以沉淀泥沙。

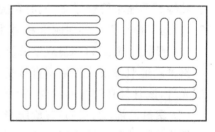

图 3-2-26　箅条交错排列的进水箅

雨水口的连接管最小管径为200 mm，坡度一般为1％，连接管长度不宜超过25 m，连接在同一连接管上的雨水口一般不宜超过3个。

4. 出水口

出水口是排水管道向水体排放污水、雨水的构筑物。排水管道出水口的设置位置应根据排水水质、下游用水情况、水文及气象条件等因素而定，并应征得当地卫生监督机关、环保部门、水体管理部门的同意。如在河渠的桥、涵、闸附近设置，应设在这些构筑物保护区内和游泳池附近，不能影响到下游居民点的卫生和饮用。

雨水排水口不低于平均洪水水位，污水排水口应淹没在水体水面以下。

常用出水口形式和适用条件见表3-2-10。

园林中的雨水口、检查井和出水口，其外观应该作为园景的一部分来考虑。有的在雨水井的箅子或检查井盖上铸（塑）出各种美丽的图案花纹；有的则采用园林艺术手法，以山石、

园林工程施工

表 3-2-10　常用出水口形式和适用条件

常用出水口形式	适 用 条 件
一字出水口	排出管道与河流渠顺接处,岸坡较陡时
八字出水口	排出管道排入河渠岸坡较平缓时
门字出水口	排出管道排入河渠岸坡度较陡时
淹没出水口	排出管道末端标高低于正常水位时
跌水出水口	排出管道末端标高高出洪水位较大时

植物等材料加以点缀。这些做法在园林中已很普遍,效果很好。但是不管采用什么方法进行点缀或伪装,都应以不妨碍这些排水构筑物的功能为前提。

五、常用排水管材

1. 聚氯乙烯埋地排水管

（1）聚氯乙烯（PVC-U）实壁管

聚氯乙烯实壁管的加工原料以 PVC 树脂为主,再加上其他助剂,如稳定剂、润滑剂等配合后,经过造粒及挤出成型。也可用异向旋转双螺杆挤出机将配合好的粉料一次成型。

（2）聚氯乙烯（PVC-U）径向加筋管

聚氯乙烯径向加筋管是由聚氯乙烯（PVC）树脂采用特殊模具和成型工艺挤出生产成型。其特点是缩小管壁厚度,同时还提高了管子承受外压荷载的能力,管外壁上带有径向加强筋,起到了提高管材环向刚度和耐外压强度的作用。

（3）聚氯乙烯（PVC-U）双壁波纹管

聚氯乙烯双壁波纹管采用直接挤出成型,管壁纵截面由两层结构组成,外层为波纹状,内层光滑,该管材有较好的承受外荷载能力。

（4）聚氯乙烯（PVC-U）螺旋缠绕管

螺旋缠绕管是由带有倒 T 形肋的 UPVC 塑料板材卷制而成,板材之间由快速嵌接的自锁机构锁定。在自锁机构中加入黏结剂黏合。

2. 高密度聚乙烯埋地排水管

（1）高密度聚乙烯（HDPE）实壁排水管

高密度聚乙烯实壁排水管采用单螺杆挤出机挤出成型。其综合性能优于聚氯乙烯实壁管,但价格较高。主要用作城市燃气管道,少量用作城市供水和排水管道。

（2）高密度聚乙烯（HDPE）双壁波纹管

HDPE 双壁波纹管采用两台单螺杆挤出机塑化挤出物料,经复合机头将物料挤出并形成两层壁厚均匀的同心坯管,进入成型机内与模块组合成型腔,在外层与模块之间抽真空,使外层紧贴模块,同时在内层与外层之间填充压缩空气,使波峰处的内外层分离,在定径芯棒和模块的作用下使波谷处的内外层压合,从而形成内壁平滑、外壁凹凸的双壁波纹管。

（3）高密度聚乙烯（HDPE）缠绕结构壁管

高密度聚乙烯缠绕结构壁管是以高密度聚乙烯（HDPE）为原料,挤出机把原料熔融后挤出,组成结构壁一部分的型材,把此型材缠绕在一个柱形胎具上通过型材间的熔接形成结

构壁管。可生产直径 $D_N 300 \sim 3000$ mm 的埋地排水管。

（4）高密度聚乙烯（HDPE）钢肋复合螺旋管

高密度聚乙烯钢肋复合螺旋管属于二次成型工艺。首先在车间生产热熔挤压形成带有 T 形肋翼的板材，然后将板材运抵工地，并通过专用的卷管设备进行锁定，卷制成管。

3. 玻璃钢夹砂(RPM)管

玻璃钢夹砂管是以高强的玻璃钢作内外增强层、中间以价廉的石英砂作芯层用以提高管材刚度，再辅以韧性的、耐酸碱腐蚀的内衬层，构成复合管壁结构。RPM 管是一种半刚半柔的管材，管壁略厚，环向刚度较大，埋设管道能较好地承受外部荷载作用，其接口能承受较大的内水压力。因此，该管材既能用于建筑和市政排水的重力流管道工程，也能用于承受一定内水压力的压力管道工程，可用作承受内、外压的埋地管道。

复习提高

① 了解园林排水的特点及园林不同排水方式的特点，根据园林的实际情况能进行园林排水设计。

② 排水管网施工现场参观，掌握排水管道的施工工艺流程，排水管网附属构筑物的结构和施工工艺流程，指导工人现场施工。掌握排水管网的验收标准，能进行现场验收操作。

项目四　园林山石工程

假山是中国传统园林的重要组成部分,它历史悠久,姿态丰富,独具魅力,在各类园林中得到了广泛的应用。景石工程在园林中也得到越来越多的应用。随着技术的进步,建造假山的材料越来越广泛,不仅仅是自然的土石,许多现代的材料也应用到了假山的建设工程中。本项目将重点介绍自然山石假山施工和人工塑造山石施工。

技能要求

- 能够熟读园林山石施工图纸;
- 掌握自然山石假山工程施工;
- 掌握人工塑造山石施工;
- 能够进行园林山石工程的验收。

知识要求

- 了解山石的概念及材料;
- 了解山石的类型及布置要点;
- 掌握园林山石工程施工的技术要点。

任务1　自然山石假山工程施工

能力目标

1. 能够熟读自然山石假山施工图纸;
2. 掌握掇山的总体布局和山体的局部理法;
3. 能够指导自然山石假山工程施工。

知识目标

1. 掌握园林工程中常见的自然山石分类、假山的材料和假山的设计要点;
2. 掌握自然山石假山工程的施工工艺流程及操作步骤;
3. 了解自然山石假山工程施工的验收养护。

基本知识

一、假山的概念和分类

1. 假山的概念

假山是指用人工的方法堆叠起来的山,是仿自然山水经艺术加工而制成的。一般意义的假山实际上包括假山和置石两部分。

（1）假山

假山是以造景、游览为主要目的,充分地结合其他多方面的功能作用,以土、石等为材料,以自然山水为蓝本并加以艺术的提炼和夸张,用人工再造山水景物的统称。假山一般体量比较大,可观可游,使人有置身于自然山林之感,如图 4-1-1 所示。

图 4-1-1　自然山石假山结合水体

（2）置石

置石是指以山石为材料做独立性造景和做附属性的配置造景布置,主要表现山石的个体美或局部组合,不具备完整的山形。置石体量一般较小而分散,主要以观赏为主。

2　假山的分类

根据使用的土、石料的不同,假山分类如下。

（1）土山

土山指完全用土堆成的山。

（2）土多石少的山

土多石少的山,山石用于山脚或山道两侧,主要是固土并加强山势,也兼造景作用。

（3）土少石多的山

土少石多的山,土形四周和山洞用石堆叠,山顶和山后则有较厚土层。

（4）石山

石山指完全用石堆成的山。

二、假山的品类

（1）太湖石（南太湖石）

太湖石是一种石灰岩石块,因主产于太湖而得名。其中以洞庭湖西山消夏湾太湖石一带出产的湖石最著名。好的湖石有大小不同、变化丰富的窝或洞,有时窝洞相套,疏密相通,石面上还形成沟缝坎坷,纹理纵横。湖石在水中和土中皆有所产,尤其是水中所产者,经浪雕水刻,形成玲珑剔透、瘦骨突兀、纤巧秀润的风姿,常被用作特置石峰,以体现秀奇险怪之势,如图 4-1-2 所示。

图 4-1-2 太湖石

图 4-1-3 房山石

（2）房山石（北太湖石）

房山石属砾岩,因产于北京房山县而得名,如图 4-1-3 所示。又因其某些方面像太湖石,因此亦称北太湖石。这种石块的表面多有蜂窝状的大小不等的环洞,质地坚硬、有韧性,多产于土中,色为淡黄或略带粉红色,它虽不像南太湖石那样玲珑剔透,但端庄深厚典雅,别是一番风采。年久的石块经风吹日晒后变为深灰色,更有俊逸、清幽之感。

（3）黄石与青石

黄石与青石皆为墩状,形体顽夯,见棱见角,节理面近乎垂直。色橙黄者称黄石,色青灰者称青石,系砂岩或变质岩等。与湖石相比,黄石堆成的假山浑厚挺括、雄奇壮观,棱角分明,粗犷而富有力感,如图 4-1-4、图 4-1-5 所示。

（4）青云片

青云片是一种灰色的变质岩,具有片状或极薄的层状构造。在园林假山工程中,横纹使用时称为青云片,多用于表现流云式叠山。变质岩还可以作竖纹使用,如作剑石,假山工程中有青剑、慧剑等。

（5）象皮石

象皮石属石灰岩,在我国南北广为分布。石块青灰色,常夹杂着白色细纹,表面有细细的粗糙皱纹,很像大象的皮肤,因之得名。一般没有什么透、漏、环窝,但整体有变化。

（6）灵璧石

灵璧石又名磬石,产于安徽省灵璧县磬山,石产于土中,被赤泥渍满,用铁刀刮洗方显本色。石中灰色,清润,叩之铿锵有声。石面有坳坎变化,可顿置几案,亦可掇成小景。灵璧石掇成的山石小品,峭岩透空,多有婉转之势,如图 4-1-6 所示。

图 4-1-4 黄石

图 4-1-5 青石

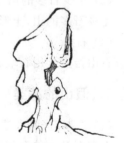

图 4-1-6 灵璧石

（7）英德石

英德石属石灰岩,产于广东省英德县含光、真阳两地,因此得名。粤北、桂西南亦有。英德石一般为青灰色,称灰英。亦有白英、黑英、浅绿英等数种,但均罕见。英德石形状瘦骨铮铮,嶙峋剔透,多皱折的棱角,清奇俏丽。石体多皴皱,少窝洞,质稍润,坚而脆,叩之有声,亦称音石。在园林中多用作山石小景。

（8）石笋和剑石

这类山石产地颇广,主要以沉积岩为主,采出后宜直立使用,形成山石小景。园林中常见的有以下类型。

① 子母剑或白果笋。

这是一种角砾岩。在青色的细砂岩中,沉积了一些白色的角砾石,因此称子母石。在园林中作剑石用时称"子母剑"。又因此石沉积的白色角砾岩很像白果(银杏的果),因此亦称白果笋。

② 慧剑。

色黑如炭或青灰色,片状形似宝剑,称"慧剑"。

③ 钟乳石笋。

将石灰岩经溶融形成的钟乳石用作石笋以点缀园景。北京故宫御花园中有用这种石笋作为特置小品。

（9）木化石

地质学上称硅化木,是古代树木的化石。亿万年前,树木被火山灰包埋,因隔绝空气未及燃烧而整株、整段地保留下来。再由含有硅质、钙质的地下水淋滤、渗透,矿物取代了植物体内的有机物,木头变成了石头。

以上是古典园林中常用的石品。另外,还有黄蜡石、石蛋、石珊瑚等,也用于园林山石小品。总之,我国山石的资源是极其丰富的。

三、假山的布置

1. 选石

选石工作需要掌握一定的识石和用石技巧。

（1）选石的步骤

首先,选择主峰或孤立小山峰的峰顶石、悬崖崖头石、山洞洞口石,选到后分别做上记号,以备使用。

其次,接着选留假山山体向前凸出部位的用石,山前山旁显著位置上的用石以及土山坡上的石景用石等。

第三,应选好一些重要的结构用石,如长而弯曲的洞顶梁用石,拱券式结构所用的券石、洞柱用石、峰底承重用石、斜立式小峰用石等。

第四,选择其他部位的用石,则在叠石造山中随用随选,用一块选一块。

总之,山石选择的步骤应是:先头部后底部,先表面后里面,先正面后背面,先大处后细部,先特征点后一般区域,先洞口后洞中,先竖立部分后平放部分。

（2）山石尺寸的选择

在同一批运到的山石材料中,石块有大有小,有长有短,有宽有窄,在叠山选石中要分别对待。对于主山前面比较显眼位置上的小山峰,要根据设计高度选用适宜的山石,一般应尽量选用大石,以削弱山石拼合峰体时的琐碎感。在山体上的凸出部位或是容易引起视觉注意的部位,也最好选用大石。而假山山体内部以及山洞洞墙处的山石,则可小一些。

大块的山石中,敦实、平稳、坚韧的可用作山脚的底石,石形变异大、石面皴纹丰富的山

石则可以用于山顶做压顶的石头。较小的、形状比较平淡而皱纹较好的山石,一般应该用在假山山体中段。山洞的盖顶石、平顶悬崖的压顶石应采用宽而稍薄的山石。层叠式洞顶的用石、石柱垫脚石可选矮墩状山石;竖立式洞柱、竖立式结构的山体表面用石最好选用长条石,特别是需要做山体表面竖向沟槽和棱柱线条时,更要选用长条状山石。

（3）石形的选择

除了作石景用的单峰石外,并不是每块山石都要具有独立而完整的形态。在选择山石的形状中,挑选的根据应是山石在结构方面的作用和石形对山形样貌的影响情况。从假山自下而上的构造来分,可以分为底层、中腰和收顶三部分,这三部分在选择石形方面有不同的要求。

假山的底层山石位于基础之上,若有桩基,则在桩基盖顶石之上。这一层山石对石形的要求主要应为顽夯、敦实的形状。选一些块大而形状高低不一的山石,具有粗犷的形态和简括的皱纹,适宜在山底承重和满足山脚造型的需要。

中腰层山石在视线以下者,即地面上1.5 m高度以内的,其单个山石的形状也不必特别好,只要能够用来与其他山石组合刻造出粗犷的沟槽线条即可。石块体量也不需很大,一般的中小山石互相搭配使用就可以。

在假山1.5 m以上高度的山腰部分,应选形状有些变异、石面有一定皱折和孔洞的山石,因为这种部位比较能引起人的注意,所以山石要选用形状较好的。

假山的上部、山顶部分、山洞口的上部以及其他比较凸出的部位,应选形状变异较大、石面皱纹较美、孔洞较多的山石,以加强山景的自然特征。形态特别好且体量较大的、具有独立观赏形态的奇石,可用以"特置"为单峰石,作为园林内的重要石景使用。

（4）山石皱纹的选择

石面皱纹、皱折、孔洞比较丰富的山石,应当选在假山表面使用。石形规则、石面形状平淡无奇的山石,选作假山下部、假山内部的用石。

作为假山的山石和作为普通建筑材料的石材,其最大的区别就在于是否有可供观赏的天然石面及其皱纹。"石贵有皮",就是说,假山石若具有天然"石皮",即天然石面及天然皱纹,就是可贵的,是制作假山的好材料。

在假山选石中,要求同一座假山的山石皱纹最好是同一种类,如采用了折带皱类山石的,则以后所选用的也要是相同折带皱类山石;选了斧劈皱的假山,一般就不要再选用非斧劈皱的山石。只有统一采用一种皱纹的山石,假山整体上才能显得协调完整,可以在很大程度上减少杂乱感,增加整体感。

（5）石态的选择

在山石的形态中,形是外观的形象,态却是内在的形象。形与态是一种事物无法分开的两个方面。山石的一定形状,总是要表现出一定的精神态势。瘦长形状的山石,能够给人有力的感觉;矮墩状的山石,给人安稳、坚实的印象;石形、皱纹倾斜的,让人感到运动;石形、皱纹平行垂立的,则能够让人感到宁静、安详、平和。为了提高假山造景的内在形象表现,在选择石形的同时,还应当注意到其态势、精神的表现。

（6）石质的选择

山石质地的主要因素是其密度和强度。如作为梁柱式山洞石梁、石柱和山峰下垫脚石的山石,必须有足够的强度和较大的密度。而强度稍差的片状石,则不能选用在这些地方,但可用来做石级或铺地。外观形状及皱纹好的山石,有的是风化过度了,受力很差,这种石质的山石不能选用在假山的受力部位。

（7）山石颜色的选择

叠石造山也要讲究山石颜色的搭配。不同类的山石色泽不一，而同一类的山石也有色泽的差异。"物以类聚"是一条自然法则，在假山选石中也要遵循。原则上的要求是，要将颜色相同或相近的山石尽量选用在一处，以保证假山在整体颜色效果上的协调统一。在假山的凸出部位，可以选用石色稍浅的山石，而在凹陷部位则应选用颜色稍深的山石。在假山下部的山石，可选颜色稍深的，而假山上部的用石则要选色泽稍浅的。

2 山体局部理法

叠山重视山体局部景观创造。虽然叠山有定法而无定式，然而在局部山景的创造上（如崖、洞、涧、谷、崖下山道等）都逐步形成了一些优秀的程式。

（1）峰

掇山为取得远观的山势以及加强山顶环境的山林气氛，而有峰峦的创作。人工堆叠的山除大山以建筑来突出、加强高峻之势（如北海白塔、颐和园佛香阁）外，一般多以叠石来表现山峰的挺拔险峻之势。山峰有主次之分，主峰居于显著的位置，次峰无论在高度、体积或姿态等方面均次于主峰。峰石可由单块石块形成，也可多块叠掇而成。

峰石的选用和堆叠必须和整个山形相协调，大小比例恰当。巍峨而陡峭的山形，峰态应尖削，具峻拔之势。以石横纹参差层叠而成的假山，石峰均横向堆叠，有如山水画的卷云皴，这样立峰有如祥云冉冉升起，能取得较好的审美效果。

（2）崖、岩

叠山而理岩崖，为的是体现陡险峭拔之美，而且石壁的立面上是题诗刻字的最佳处所。诗词石刻为绝壁增添了锦绣，为环境增添了诗情。如崖壁上再有枯松倒挂，更给人以奇情险趣的美感。

（3）洞府

洞，深邃幽暗，具有神秘感或奇异感。岩洞在园林中不仅可以吸引游人探奇、寻幽，还具有打破空间的闭锁、产生虚实变化、丰富园林景色、联系景点、延长游览路线、改变游览情趣、扩大游览空间等作用。

山洞的构筑最能体现传统假山合理的山体结构与高超的施工技术。山洞的结构一般有梁柱式和叠梁式两种，发展到清代，出现了戈裕良创造的拱券式山洞使用钩带法，使山洞顶壁浑然一体，如真山洞壑一般，而且结构合理。扬州个园夏山即是此例。洞的结构有多种形式，如单梁式、挑梁式、拱梁式等。如图 4-1-7、图 4-1-8、图 4-1-9 所示。

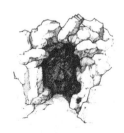  

图 4-1-7 单梁式   图 4-1-8 挑梁式   图 4-1-9 拱梁式

精湛的叠山技艺创造了多种山洞形式结构，有单洞和复洞之分，有水平洞、爬山洞之分，有单层洞、多层洞之分，有岸洞、水洞之分等。

园林工程施工

（4）谷

理山谷是掇山中创作深幽意境的重要手法之一。山谷的创作，使山势宛转曲折，峰回路转，更加引人入胜。大多数的谷，两崖夹峙，中间是山道或流水，平面呈曲折的窄长形。凡规模较大的叠石假山，不仅从外部看具有咫尺山林的野趣，而且内部也是谷洞相连，不仅平面上看极尽迂回曲折，而且高程上力求回环错落，从而造成迂回不尽和扑朔迷离的幻觉。

（5）山坡、石矶

山坡是指假山与陆地或水体相接壤的地带，具平坦、旷远之美。叠石山山坡一般以山石与植被相组合，山石大小错落，呈出入起伏的形状，并适当地间以泥土，种植花木，看似随意的淡、野之美，实则颇具匠心。

石矶一般指水边突出的平缓的岩石。多数与水池相结合的叠石山都有石矶，使崖壁自然过渡到水面，给人以亲和感。

（6）山道

登山之路称山道。山道是山体的一部分，随谷而曲折，随崖而高下，虽刻意而为，却与崖壁、山谷融为一体，创造了假山可游、可居之意境。如图4-1-10所示为自然山石掇山示意。

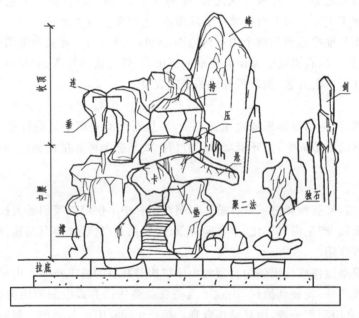

图4-1-10　自然山石掇山示意

图4-1-11所示是某自然山石假山工程施工平面图和正立面图；图4-1-12所示是该自然山石假山施工东、西立面图和假山基础施工图。根据该施工图设计，完成自然山石假山工程的施工。

该工程是利用黄石堆砌假山的工程项目，在工程施工准备及施工过程中，我们要掌握自然山石施工的知识。通过图纸分析可以看出，完成该项目的实施首先要明确自然山石施工工艺的技术要求，邀请专业假山师傅对假山进行结构设计，制作假山石膏模型，确定假山骨架构成，明确假山各个部分的衔接，选石、挑选合适的石材，才能制作出技艺精良的黄石假山景观。

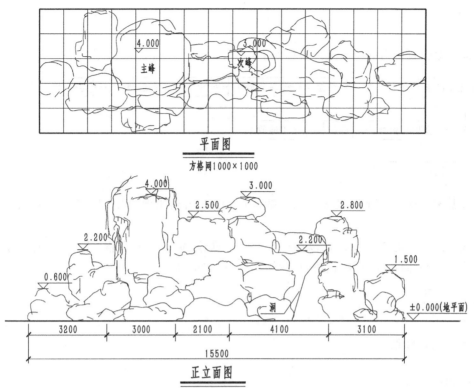

图 4-1-11 某居住小区自然山石假山工程平面图、正立面图

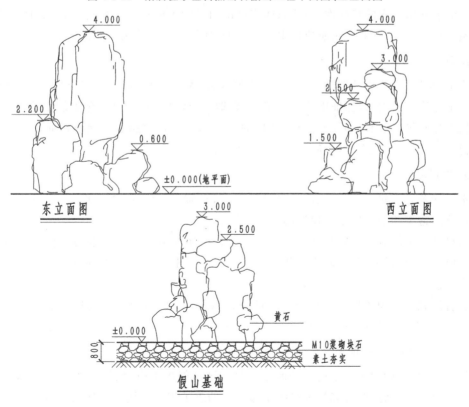

图 4-1-12 某居住小区自然山石假山东、西立面图及假山基础施工图

该自然山石假山的施工工艺流程如下:

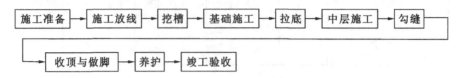

根据该工程施工特点,主要材料包括黄石、毛石、普通水泥、白水泥、石子、粗砂、中砂、细砂等。

该工程主要的工具及设备包括斧头、钎子、铁锹、镐、锤子、撬棍、小抹子、毛竹片、放线尺、脚手架、经纬仪、水准仪、挖掘机、运输车辆、打夯机等。

一、施工准备

1. 技术准备

施工前要求技术人员熟读假山施工图纸等有关文件和技术资料,了解设计意图和设计要求。由于假山工程的特殊性,一般只能表现出山形的大体轮廓或主要剖面,此时施工人员应按照 1:10～1:50 的比例制成假山石膏模型,使设计立意变为实物形象。

2. 现场准备

施工前必须反复详细地勘察现场,主要内容为"两看一相端"。一看土质、地下水位,了解基底土允许承载力,以保证山体的稳定;二看地形、地势、场地大小、交通条件、给排水的情况及植被分布等;一相端即相石。做好"四通一清",尤其是道路必须保证畅通,且具备承载较大荷载的能力,避免石材进场对路面造成破坏。

3. 材料准备

选用的黄石在块面、色泽上应符合设计要求,石质必须坚实、无损伤、无裂痕,表面无脱落。峰石的造型和姿态应达到设计的艺术构思要求。

石材装运应轻装、轻吊、轻卸。对于峰石等特殊用途或有特殊要求的石材,在运输时用草包、草绳或塑料材料绑扎,防止损伤。石材运到施工现场后,应进行检查,凡有损伤的不得作面掌石使用。

石材运到施工现场后,必须对石材的质地、形态、纹理、石色进行挑选和清理,除去表面尘土、尘埃和杂物,分别堆放备用。

4. 工具与施工机械准备

根据工程量,确定施工中所用的起重机械。准备好施工机械、设备和工具,做好起吊特大山石的使用吊车计划。同时,要准备足够数量的手工工具。按规定地点和方式存放,设专人对其维修保养,并使所有进场设备均处于最佳的运转状态。

5. 施工人员配备

假山工程是一门特殊造景技艺的工程,一般选择有丰富施工经验的假山师傅组成专门的假山工程队,另外还有石工、起重工、泥工、普工等,人数大约为 8～12 人。根据该工程的要求,由假山施工工长负责统一调度。

二、施工放样

① 在假山平面设计图上按 1 m×1 m 的尺寸绘出方格网,在假山周围环境中找到可以作为定位依据的建筑边线、围墙边线或园路中心线,并标出方格网的定位尺寸。

② 按照设计图方格网及定位关系,将方格网放大到施工现场的地面。利用经纬仪、放线尺等工具将横纵坐标点分别测设到场地上,并在点上钉下坐标桩。放线时,用几条细线拉直连接各坐标桩,表示方格网。然后用白灰将设计图中的山脚线在地面方格网中放大绘出,将山石的堆砌范围绘制在地面上,施工边线要大于山脚线 500 mm,作为基础边线。

三、挖槽

根据基础大小与深度开挖,挖掘范围按地面的基础施工边线,挖槽深度为 800 mm 厚,采用人工和机械开挖相结合的方式进行开槽,挖出的土方要堆放到合适的位置上,保证施工现场有足够的作业面,如图 4-1-13 所示。

图 4-1-13　人工清理基槽

四、基础施工

现代假山多采用浆砌块石或混凝土基础。浆砌块石基础也称为毛石基础。砌石时用 M10 水泥砂浆。砌筑前要对原土进行夯实作业,夯实度达到标准后,即可进行基础施工。施工方法及详细要求同一般的园林工程基础。

五、拉底

所谓拉底,就是在山脚范围内砌筑第一层山石,即做出垫底的山石层。一般这一层选用大块的山石拉底,具有使假山的底层稳固和控制其平面轮廓的作用,因此被视为叠山之本。

具体施工时先用山石在假山山脚沿线砌成一圈垫底石,埋入土下约 20 cm 深作为埋脚,再用满拉底的方式,即在山脚线的范围内用毛石铺满一层,垫成后即成为假山工程的底层,如图 4-1-14 所示。

图 4-1-14　大块石拉底

六、中层施工

中层叠石在结构上要求平稳连贯,交错压叠,凹凸有致,并适当留空,以做到虚实变化,符合假山的整体结构和收顶造型的要求。这部分结构占整个假山体量最大,是假山造型的主要部分。施工过程中应对每一块石料的特性有所了解,观察其形状、大小、重量、色泽等,并熟记于心,在堆叠时先在想象中进行组合拼叠,然后在施工时能信手拿来并发挥灵活机动性,寻找合适的石料进行组合。掇山造型技艺中的山石拼叠实际上就是相石拼叠的技艺。操作的流程:相石选石→想象拼叠→实际拼叠→造型相形。中层施工关键在于假山师傅的技艺,如图 4-1-15 所示。

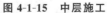

图 4-1-15　中层施工

七、勾缝

现代一般用1:1的水泥砂浆勾缝,勾缝用小抹子,有勾明缝和暗缝两种做法,一般水平方向勾明缝,竖直方向采用暗缝。勾缝时不宜过宽,最好不要超过2 cm,如缝隙过宽,可用石块填充后再勾缝。一般采用柳叶抹做勾缝的工具。砂浆可随山石色适当掺加矿物质颜料。勾缝时,随勾随用毛刷带水打点,尽量不显抹纹痕迹。暗缝应凹入石面1.5~2 cm,外观越细越好。

八、收顶与做脚

收顶是假山最上层轮廓和峰石的布局。由于山顶是显示山势和神韵的主要部分,也是决定整座假山重心和造型的主要部分,所以至关重要,它被认为是整座假山的魂。收顶一般分为峰、峦和平顶三种类型,尖曰峰,圆曰峦,山头平坦则曰顶。总之,收顶要掌握山体的总体效果,与假山的山势、走向、体量、纹理等相协调,处理要有变化,收头要完整。

做脚就是用山石堆叠山脚,它是在掇山施工大体完成以后,于紧贴拉底石外缘部分拼叠山脚,以弥补拉底造型的不足。

九、假山养护

掇山完毕后,要重视勾缝材料的养护期,没有足够的强度时不允许拆支撑的脚手架。在凝固期间禁止游人靠近或爬到假山上游玩,以防止发生意外和危险。凝固期过后要冲洗石面,彻底清理现场,包括山体周边山脉点缀、局部调整与补缺、勾缝收尾、与地面连接、植物配置等,再对外开放,供游人观赏游览。

十、竣工验收

工程竣工验收的主要内容包括:
① 假山的山体堆砌是否和设计图纸相吻合;
② 假山的造型是否模拟自然,与周边的环境相匹配;
③ 假山的勾缝隐蔽不影响整体效果;
④ 假山内部结构合理坚固,接头严密牢固;
⑤ 假山山脚与地面结合严密、自然。

任务考核

考核内容和标准如表4-1-1所示。

表4-1-1　考核内容和标准

序号	考核内容	考核标准	配分	考核记录	得分
1	自然山石假山施工图识读	熟读设计意图	30		
2	自然山石假山构造	掌握山石和其他使用的材料及内部构造形式	30		
3	自然山石假山施工	掌握自然山石假山施工的工艺流程	30		
4	工程验收	能够达到自然山石假山施工工程验收标准	10		

一、置石

园林中常常以较少的山石精心点置,形成突出的特置石或山石组景。置石用的山石材料较少,结构比较简单,对施工技术也没有很特别的要求,因此容易实现。依布置形式不同,置石可以分为特置、对置、群置、散置等。

1. 特置

特置是指将体量较大、形态奇特、具有较高观赏价值的峰石单独布置成景的一种置石方式,又称孤置山石、孤赏山石。

特置的山石不一定都呈立峰的形式,大多由单块山石布置成为独立性的石景,布置的要点在于相石立意,山石体量与环境相协调。此类山石常在园林中用作入门的障景和对景,或置视线集中的廊间、天井中间、水边、路口或园路转折的地方,也可以和岛屿、驳岸等结合使用。

特置本身应具有比较完整的构图关系。古典园林中的特置山石常刻题咏和命名。特置在我国园林史上也是运用得比较早的一种置石形式。例如,现存杭州的绉云峰,上海豫园的玉玲珑,苏州的瑞云峰、冠云峰,北京颐和园的青芝岫等都是特置石中的名品。这些特置石都有各自的观赏特征,绉云峰因有深的皱纹而得名;玉玲珑以千穴百孔,玲珑剔透而出众;瑞云峰以体量特大,姿态不凡,且遍布窝、洞而著称;冠云峰兼备透、漏、瘦于一身,亭亭玉立,高矗入云而名噪江南。可见,特置山石必须具备独特的观赏价值,并不是什么山石都可以作为特置使用。

特置应选体量大、轮廓线突出、姿态多变、色彩纹理奇特、颇有动势的山石。在山石材料困难的地方,也可用几块同种山石进行拼接成特置峰石,但应当注意自然、平衡。特置山石可采用整形的基座,也可以坐落在自然的山石上面。

特置山石还可以结合台景布置。台景也是一种传统的布置手法,利用山石或其他建筑材料做成整形的台,台内盛上土壤,底部有排水设施,然后在台上布置山石和植物,或仿作大盆景布置,给人欣赏这种有组合的整体美。

2. 对置

对置是指以两块山石为组合,相互呼应,沿建筑中轴线两侧或立于道路出入口两侧以陪衬环境,丰富景色。如北京可园中对置的房山石。

3. 散置

散置是仿照岩石自然分布和形状用少数几块大小不等的山石,按照艺术美的规律和法则搭配组合而进行点置的一种方法。散置山石的经营布置也借鉴画论,讲究置陈、布势,即所谓"攒三聚五,散漫理之,有聚有散,若断若续,一脉既毕,余脉又起"的做法。这类置石对石材的要求相比特置要低一些,但要组合得好。常用于园门两侧、廊间、粉墙前、山坡、林下、路旁、草坪、岛上、池中或与其他景物结合造景。它的布置要点在于有聚有散、有断有续、主次分明、高低曲折、顾盼呼应、疏密有致、层次丰富。

4. 群置

群置也称为"大散点",是指运用数块山石互相搭配点置,组成一个群体的置石方法,它在用法和置石要点方面基本上和散置是相同的,差异之处在于群置空间比较大,材料堆叠量较大,而且堆数也较多。

群置的关键手法在于一个"活"字。布置时应有主宾之分,搭配自然和谐,同时根据"三不等"原则(即石之大小不等,石之高低不等,石之间距不等)进行配置。北京北海琼华岛南山西路山坡上有用房山石做的群置,处理得比较成功,不仅起到护坡的作用,同时也增添了山势。

5. 山石器设

用山石做室内外的家具或器设是我国园林中的传统做法。山石几案不仅有实用价值,而且又可与造景密切结合,特别是用于有起伏地形的自然式布置地段,很容易和周围环境取得协调。山石器设一般布置在林间空地或有树蔽荫的地方,为游人提供休憩场所。

山石器设在选材方面与一般假山用材不相矛盾,应力求形态质量。一般接近平板或方墩状的石材在假山堆叠中可能不算良材,但作为山石几案却非常合适。只要有一面稍平即可,不必进行仔细加工,顺其自然以体现其自然的外形。选用材料体量应大一些,使之与外界空间相称,作为室内的山石器设则可适当小一些。

山石器设可以随意独立布置,在室外可结合挡土墙、花台、水池、驳岸等统一安排;在室内可以用山石叠成柱子作为装饰。

二、山石与园林建筑、植物相结合的布置

1. 山石踏跺和蹲配

山石踏跺和蹲配是中国传统园林的一种装饰美化手法,其作用是丰富建筑立面、强调建筑出入口。中国传统的建筑多建于台基之上,出入口的部位就需要有台阶作为室内外上下的衔接部分。这种台阶可以做成整形的石级,而园林建筑常用自然山石作成踏跺,不仅具有台阶的功能,而且有助于处理从人工建筑到自然环境之间的过渡。石材宜选择扁平状的,各种角度的梯形甚至是不等边的三角形更富于自然的外观。每级为 10～30 cm,有的还可以更高一些。每级的高度和宽度不一定完全一样,应随形就势,灵活多变。山石每一级都向下坡方向有 2% 的倾斜坡度以便排水。石级断面要上挑下收,以免人们上台阶时脚尖碰到石级上沿,同时石级表面不能有"兜脚"。用小块山石拼合的石级,拼缝要上下交错,以上石压下缝。踏跺有石级规则排列的,也有相互错开排列的,有径直而上的,也有偏斜而入的。

蹲配常和踏跺配合使用。高者为"蹲",低者为"配"。一般蹲配在建筑轴线两旁有均衡的构图关系,从实用功能上来分析,它兼备垂带和门口对置的石狮、石鼓之类装饰品的作用。蹲配在空间造型上则可利用山石的形态极尽自然变化。

2. 抱角、镶隅和粉壁置石

建筑的墙面多成直角转折,这些拐角的外角和内角的线条都比较单调、平滞,故常用山石来美化这些墙角。对于外墙角,山石成环抱之势紧抱基角墙面,称为抱角。对于墙内角则以山石填镶其中,称为镶隅。经过这样处理后,本来是在建筑外面包了一些山石,却又似建筑坐落在自然的山岩上。山石抱角和镶隅的体量均须与墙体所在的空间取得协调。

一般园林建筑体量不大,所以无须做过于臃肿的抱角。当然,也可以用以小衬大的手法用小巧的山石衬托宏伟、精致的园林建筑。山石抱角的选材应考虑如何使石与墙接触的部位,特别是可见的部位能吻合起来。

粉壁置石即以墙作为背景,在面对建筑的墙面、建筑山墙或相当于建筑墙面前基础种植的部位作石景或山景布置。因此也称为"壁山"、"粉壁理石"。

3. 廊间山石小品

园林中,为了争取空间的变化、使游人从不同角度去观赏景色,廊的平面设计往往做成曲折回环的半壁廊,在廊与墙之间形成一些大小不一、形体各异的小天井空隙地。这样,可以发挥山石小品"补白"的作用,使之在很小的空间里也有层次和深度的变化。同时,诱导游人按设计的游览顺序入游,丰富沿途的景色,使建筑空间小中见大,活泼无拘。

4. 门窗漏景

门窗漏景又称为"尺幅窗"和"无心画"。为了使室内外景色互相渗透,常用漏窗透石景。这种手法是清代李渔首创的。他把内墙上原来挂山水画的位置开成漏窗,然后在窗外布置山石小品之类,使真景入画,较之画幅生动百倍。

5. 山石花台

山石花台是用自然山石堆叠挡土墙,形成花台,其内种植花草树木。其主要作用有三:首先,降低地下水位,使土壤排水通畅,为植物生长创造良好的条件;其次,可以将花草树木的位置提高到合适的高度,以免太矮而不便观赏;再者,山石花台的形体可随机应变,小可占角,大可成山,花台之间的铺装地面即是自然形式的路面。这样,庭院中的游览路线就可以运用山石花台来组合。山石花台布置的要领和山石驳岸有共通的道理,不同的只是花台是从外向内包,驳岸则多是从内向外包,如水中岛屿的石驳岸则更接近花台的做法。

根据所学的施工工艺,设计一组用自然山石堆砌的假山工程,并按施工要求,在学校绿地内完成自然山石假山的堆砌。

任务2 人工塑造山石工程施工

1. 能够熟读人工塑造山石施工图纸;
2. 熟悉钢骨架塑山的施工方法;
3. 能够指导人工塑造山石工程施工。

1. 掌握人工塑造山石工程的概念及分类;
2. 掌握人工塑造山石工程的施工工艺及操作步骤;
3. 了解人工塑造山石工程施工的验收内容。

一、人工塑造山石的概念及特点

1. 人工塑造山石的概念

人工塑造山石是指以天然山岩为蓝本,采用混凝土、玻璃钢等现代材料和石灰、砖石、水泥等非石材料经雕塑艺术和工程手法人工塑造的假山或石块。这是除了运用各种自然山石材料堆掇外的另一种施工工艺,这种工艺是在继承发扬岭南庭园的山石景园艺术和灰塑传统工艺的基础上发展起来的,具有用真石搬山、置石同样的功能,北京动物园的狮虎山、天津天塔湖南岸的假山即由此种工艺塑造而成,如图4-2-1、图4-2-2所示。

图 4-2-1　北京动物园狮虎山　　　　　图 4-2-2　天津天塔湖人工塑山

2 人工塑造山石的特点

（1）优点

好的塑山,无论在色彩上还是在质感上都能取得逼真的石山效果,可以塑造较理想的艺术形象,雄伟、磅礴富有力感的山石景,特别是能塑造难以采运和填叠的原型奇石。人工塑造山石所用的砖、石、水泥等材料来源广泛,取用方便,可就地解决,无须采石、运石之烦,故在非产石地区非常适用此法建造假山石。人工塑造山石工艺在造型上不受石材大小和形态的限制,可以完全按照设计意图进行造型,并且施工灵活方便,不受地形、地物限制,在重量很大的巨型山石不宜进入的地方,如室内花园、屋顶花园等,仍可塑造出壳体结构的、自重较轻的巨型山石。人工塑造山石采用的施工工艺简单、操作方便,所以塑山工程的施工工期短,见效快;可以预留位置栽培植物,进行绿化等。

（2）缺点

由于山的造型、皴纹等细部处理主要依靠施工人员的手工制作,因此对于塑山施工人员的个人艺术修养及制作手法、技巧要求很高;人工塑造的山石表面易发生龟裂,影响整体刚度及表面仿石质感的观赏性;面层容易褪色,需要经常维护,不利于长期保存,使用年限较短。

二、人工塑造山石的分类

人工塑造山石根据其结构骨架材料的不同,可分为钢筋结构骨架塑山和砖石结构骨架塑山两种。

1. 钢筋结构骨架塑山

钢筋结构骨架塑山以钢材、铁丝网作为塑山的结构骨架,适用于大型假山的雕塑、屋顶花园塑山等。其结构如图4-2-3所示。

先按照设计的造型进行骨架的制作,常采用直径为10～12 mm的钢筋进行焊接和绑扎,然后用细目的铁丝网罩在钢骨架的外面,并用绑线捆扎牢固。做好骨架后,用1：2水泥

砂浆进行内外抹面,一般抹 2～3 遍,使塑造的山石壳体厚度达到 4～6 cm 即可,然后在其外表面进行面层的雕刻、着色等处理。

2 砖石结构骨架塑山

砖石结构骨架塑山以砖石作为塑山的结构骨架,适用于小型塑山石,其结构如图 4-2-4 所示。

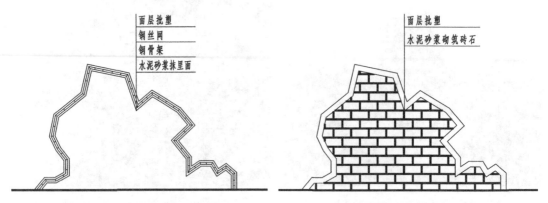

图 4-2-3 钢筋结构骨架塑山　　　　图 4-2-4 砖石结构骨架塑山

施工时首先在拟塑山石土体外缘清除杂草和松散的土体,按设计要求修饰土体,沿土体外开沟做基础,其宽度和深度视基地土质和塑山高度而定,接着沿土体向上砌砖,砌筑要求与挡土墙相仿,但砌筑时应根据山体造型的需要而变化,如表现山岩的断层、节理和岩石表面的凹凸变化等。再在表面抹水泥砂浆,修饰面层,最后着色。其塑形、塑面、设色等操作工艺与钢骨架塑山基本相同。

实践中,人工塑造山石骨架的应用比较灵活,可根据山形、荷载大小、骨架高度和环境情况的不同而灵活运用,如钢筋结构骨架、砖石结构骨架混合使用,钢骨架、砖石骨架与钢筋混凝土并用等形式。

图 4-2-5、图 4-2-6、图 4-2-7 所示分别为某庭院建设工程的施工图:图 4-2-5 所示为该工程塑石假山施工平面图,图 4-2-6 所示为该工程塑石假山施工立面图,图 4-2-7 所示为该工程塑石假山施工结构图。根据该施工图设计,完成人工塑造山石的施工。

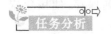

该工程施工图纸是水景与人工塑造山石假山结合运用的工程项目,所以在工程施工准备及施工过程中,既要考虑人工塑造山石施工的知识,还要考虑水池的建造、防水处理等多方面的因素。所以,要具备假山、水池、建筑等方面施工的能力才能很好地完成该项目的实施。通过图纸分析,建议按照以下思路进行该项目的施工:明确钢骨架塑山施工的技术要求,邀请专业人士对假山进行结构设计,确定假山骨架构成,掌握水池施工的技术标准,明确假山骨架的混凝土柱基和水池基础的衔接,并注意防水处理。

该钢骨架塑山的施工工艺流程如下:

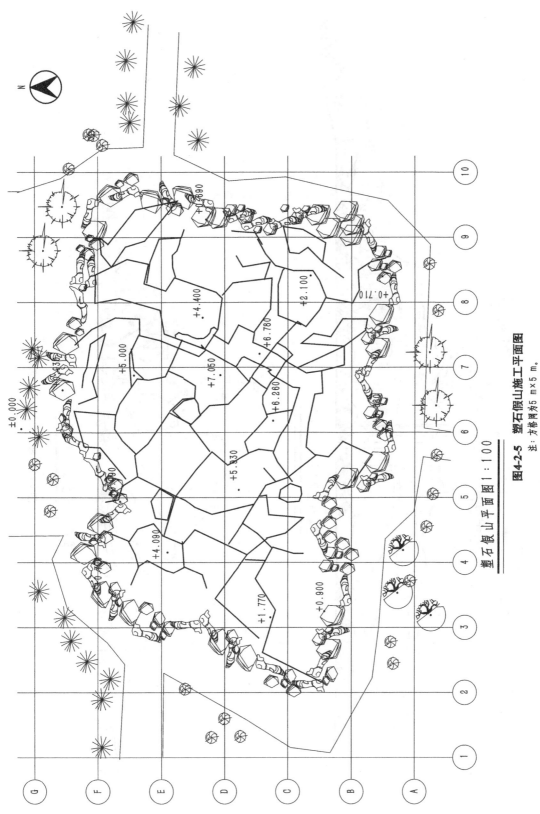

±0.000

+5.000

+7.050

+4.400

+6.780

+2.100

+0.710

+6.260

+5.930

+4.090

+1.770

+0.900

塑石假山平面图 1:100

图4-2-5　塑石假山施工平面图

注：方格网为5 m×5 m。

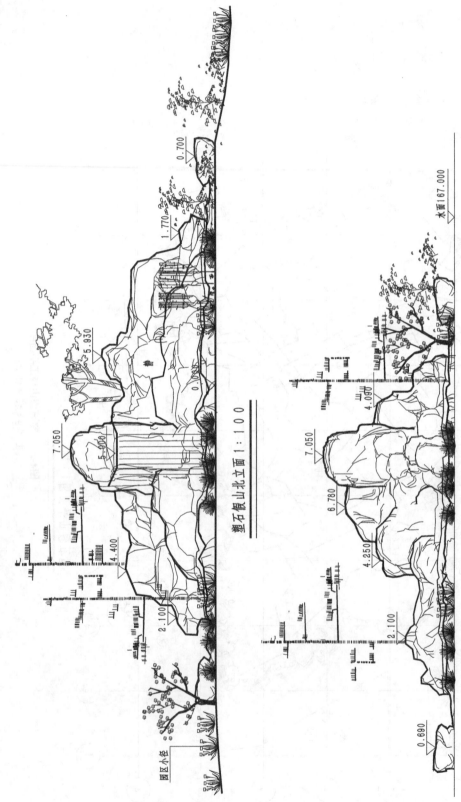

塑石假山北立面 1：100

塑石假山东立面 1：100

图4-2-6 塑石假山施工立面图

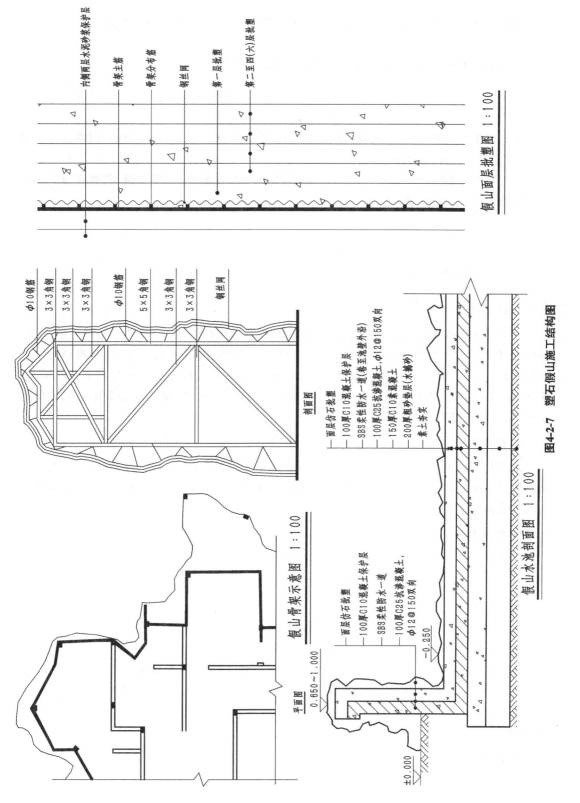

假山面层批塑图 1:100

内侧两层水泥砂浆保护层
骨架主筋
骨架分布筋
钢丝网
第一层批塑
第二至四(六)层批塑

Φ10钢筋
3×3角钢
3×3角钢
3×3角钢
Φ10钢筋
5×5角钢
3×3角钢
3×3角钢
钢丝网

剖面图

面层仿石批塑
100厚C10混凝土保护层
SBS柔性防水一道(卷至池壁外沿)
100厚C25抗渗混凝土,Φ12@150双向
150厚C10素混凝土
200厚粗砂垫层(水洗砂)
素土夯实

假山水池剖面图 1:100

图4-2-7 塑石假山施工结构图

假山骨架示意图 1:100

平面图

0.650~1.000

面层仿石批塑
100厚C10混凝土保护层
SBS柔性防水一道
100厚C25抗渗混凝土,
Φ12@150双向

-0.250

±0.000

施工准备 → 基础放样 → 基槽开挖 → 基础施工 → 骨架设置 → 钢丝网铺设

打底塑形 → 塑面 → 设色 → 养护 → 竣工验收

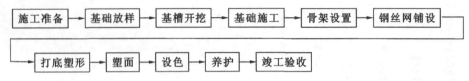

材料、工具及设备

根据该工程施工特点,主要材料包括普通水泥、白水泥、石子、粗砂、中砂、细砂、钢筋、钢丝网、SBS 防水卷材、防水剂、铁红、铁黄、放线材料等。

该工程主要的工具及设备包括斧头、钎子、铁锹、镐、挖掘机、运输车辆、打夯机、脚手架、经纬仪、水准仪、放线尺等。

操作步骤

一、施工准备

1. 现场准备

在工程进场施工前派有关人员进驻施工现场,进行现场的准备,其重点是对各控制点、控制线、标高等进行复核,做好"四通一清",本工程临时用电设施由业主解决,在现场设置二级配电箱,实现机具设备"一机、一箱、一闸、一漏"。施工用水接入点从现有供水管网接入,采用 48 mm 口径的钢管接至现场。场区内用水采用 $D_N 25$ 水管,局部地方采用软管,确保施工便捷,达到工程施工的要求。

2. 技术准备

组织全体技术人员认真阅读假山施工图纸等有关文件和技术资料,并会同设计、监理人员进行技术交底,了解设计意图和设计要求,明确施工任务,编制详细的施工组织设计,学习有关标准及施工验收规范。

3. 机具准备

根据施工机具需要量计划,按施工平面图要求,组织施工机械、设备和工具进场,按规定地点和方式存放,设专人对其维修保养,并使所有进场设备均处于最佳的运转状态。

4. 材料准备

根据各项材料需要量计划组织其进场,按规定地点和方式储存或者堆放。

确认砂浆、混凝土实际配合比、钢筋的原材料试验,取拟定工程中使用的砂骨料、石子骨料、水泥送配比实验室,制作设计要求的各种标号砂浆、混凝土试验试块,由试验机械确定实际施工配合比。同时,根据设计使用的各种规格钢筋按规范要求取样,制作钢筋原材料试件、钢筋焊接试件,送试验室进行测试,符合设计要求后再行采购供应,并确定焊接施工的焊条、焊机型号等。

5. 人员准备

按照工程要求,组织相关管理人员、技术人员等,由于人工塑造山石假山工程的特殊性,要求技术工人必须具备较高的个人艺术修养和施工水平。

二、基础放样

按照假山施工平面图中所绘的施工坐标方格网（图4-2-5），利用经纬仪、放线尺等工具将横、纵坐标点分别测设到场地上（图4-2-8），并在坐标点上打桩定点。假山水池放样要求较细致的地方，可在设计坐标方格网内加密桩点。然后以坐标桩点为准，根据假山平面图，用白灰在场地地面上放出边轮廓线。再根据设计图中的标高找出在假山北侧路面上的标高基准点±0.000，利用水准仪测设定出坐标桩点标高及轮廓线上各点标高，可以确定挖方区、填方区的土方工程量。

图4-2-8 基础放样

三、基槽开挖

基槽开挖前，对原土地面组织测量并与设计标高比较，根据现场实际情况，考虑降低成本，尽量不外运土方而就地回填消化。考虑基槽开挖的深度不大，在挖土时采用推土机、人工结合的方式进行，开挖基槽时，用推土机从两端或顶端开始（纵向）推土，把土推向中部或顶端，暂时堆积，然后再横向将土推离基槽的两侧，在机械不易施工处，人工随时配合进行挖掘，并用手推车把土运到机械施工处，以便及时用机械挖走。挖方工程基本完成后，对挖出的新地面进行整理，要铲平地面，根据各坐标桩标明的该点填挖高度和设计的坡度数据，对场地进行找坡，保证场地内各处地面都基本达到设计的坡度。

在基槽开挖施工中应注意：挖基槽要按垫层宽度每边各增加30 cm工作面；在基槽开挖时，测量工作应跟踪进行，以确保开挖质量；土方开挖及清理结束后要及时验收隐蔽，避免地基土裸露时间过长。

四、基础施工

本工程基础施工主要为水池部分施工。根据施工结构图（图4-2-7）中假山水池剖面图，可按照如下的流程进行：素土夯实→200厚粗砂垫层→150厚C10垫层混凝土→底板钢筋绑扎、池壁竖筋预留→抗渗混凝土浇筑→养护→池壁绑扎钢筋→池壁浇混凝土→养护、拆模→SBS卷材施工→100厚C10混凝土保护层施工→电气及给排水进行。

在基础施工时，须将给排水管道及电缆线路预埋管等穿插施工进行预埋，且要注意防腐。详细做法详见水池喷泉工程施工。

五、骨架设置

人工塑造山石假山骨架可根据山形、体量和其他条件选择分别采用的基架结构,如砖基架、钢架、混凝土基架,以及三者的结合。本工程假山骨架采用的是钢骨架,详见图 4-2-7 中假山骨架示意图的做法。

用 5×5 的角钢做假山骨架的竖向支撑,用 3×3 的角钢做横向及斜向支撑,根据图4-2-5所示假山施工平面图及图 4-2-6 所示假山施工立面图所需的各种形状进行焊接,制作出假山的主要骨架,作为整个山体的支撑体系,并在此基础上进行山体外形的塑造,根据假山造型的细节表现,预先制作分块骨架,加密支撑体系的框架密度,使框架的外形尽可能接近设计的山体的形状,附在形体简单的主骨架上,变几何形体为凸凹的自然外形,如图 4-2-9 所示。

图 4-2-9　塑山钢骨架设置

由于本工程的假山是与水景、水池结合应用的,故在骨架制作完成后,对所有的金属构件刷两遍防锈漆。

六、钢丝网铺设

铺设钢丝网是塑山效果好坏的关键因素,绑扎钢筋网时,选择易于挂泥的钢丝网,需将全部钢筋相交点扎牢,避免出现松扣、脱扣,相邻绑扎点的绑扎钢丝扣成八字开,以免网片歪斜变形,不能有浮动现象。钢丝网根据设计要求用木槌和其他工具成型,如图 4-2-10 所示。

图 4-2-10　钢丝网绑扎

七、打底塑形

塑山骨架及钢丝网完成后,在钢丝网上抹水泥砂浆,掺入纤维性附加料可增加表面抗拉的力量、减少裂缝,水泥砂浆以达到易抹、粘网的程度为好。然后把拌好的水泥砂浆用小型灰抹子在托板上反复翻动,抹灰时将水泥砂浆挂在钢丝网上,注意不要像抹墙那样用力,手要轻,轻轻地把灰挂住即可。抹灰必须布满网上,最为重要的是,各形体的边角一定填满、抹牢,因为它主要起到形体力的作用,如图4-2-11所示。最后于其上进行山石皴纹造型。在配制彩色水泥砂浆时,颜色应比设计的颜色稍深一些,待塑成山石后其色度会稍稍变得浅淡;尽可能采用相同的颜色。

图 4-2-11　打底塑形施工

以往常用 M7.5 水泥砂浆作初步塑形,用 M15 水泥砂浆罩面最后成型。现在多以特种混凝土作为塑形、成型的材料,其施工工艺简单,塑性良好。

八、塑面

塑面是指在塑体表面进一步细致地刻画山石的质感、色泽、纹理,必须表现出皴纹、石裂、石洞等。质感和色泽方面根据设计要求,用石粉、色粉按适当的比例配白水泥或普通水泥调成砂浆,按粗糙、平滑、拉毛等塑面手法处理。纹理刻画宜用"意笔"手法,概括简练;自然特征的处理宜用"工笔"手法,精雕细琢。这些表现主要是用砍、劈、刮、抢等手段来完成:砍出自然的断层,劈出自然的石裂,刮出自然的石面,抢出自然的石纹。一个山石山体所表现的真实性与技法、技巧的运用有着密切的关系,塑面操作者要认真观察自然山石、细致模仿自然山石,才能表现出自然山石的效果,如图 4-2-12 所示。

塑面修饰重点在山脚和山体中部。山脚应表现粗犷,有人为破坏、风化的痕迹,并多有植物生长。山腰部分一般在 1.8～2.5 m 处,是修饰的重点,此处追求皴纹的真实,应做出不同的面强化力感和楞角,以丰富造型。注意层次,色彩逼真。主要手法有印、拉、勒等。山顶一般在 2.5 m 以上,施工时做得不必太细致,以强化透视消失,色彩也应浅一些,以增加山体的高大和真实感。

图 4-2-12　塑面施工

九、设色

设色有两种工艺，第一种为泼色工艺，采用水性色浆（色浆的配比详见表 4-2-1），一般调制 3～4 种颜色，即主体色、中间色、黑色、白色，颜色要仿真，可以有适当的艺术夸张，色彩要明快。调制后从山石、山体上部泼浇，几种颜色交替数遍。着色要有空气感，如上部着色略浅，纹理凹陷部的色彩要深，直至感觉有自然顺条石纹即可。这个技巧需要通过反复练习才能掌握。第二种为甩点工艺，一种比较简单的工艺。采用这种工艺处理雕塑形体比较简单和粗糙，可遮盖不经意的缺陷。最后可选用真石漆进行罩面。将水性真石漆用水调释后，用喷枪、喷壶喷至着色后的山体上，主要作用是加强表现颜色的真实性，同时使颜色透进水泥层，达到不掉色、防水的作用。色浆的配比如表 4-2-1 所示。

表 4-2-1　色浆的配比

颜　　色	水　　泥		颜　　料		107 胶
	类型	用量/g	名称	用量/g	
红色	普通	500	铁红	20～40	适量
咖啡色	普通	500	铁红	15	适量
			铬黄	20	
黄色	白水泥	500	铁红	10	适量
			铬黄	25	
苹果绿	白水泥	1 000	铬黄	150	适量
			钴蓝	50	
青色	普通	500	铬绿	0.25	适量
	白水泥	1 000	铬蓝	0.1	适量
灰黑色	普通	500	炭黑	适量	适量
通用色	白水泥	350			适量
	普通	150			

还应注意形体光泽,可在石的表面涂还氧树脂或有机硅,重点部位还可打蜡。青苔和滴水痕的表现也应注意,时间久了,会自然地长出真的青苔。还应注意种植池,其大小和配筋应根据植物(含土球)总重量来决定,并注意留排水孔。

由于新材料、新工艺的不断推出,打底塑形、塑面和设色往往合并处理。如将颜料混合于灰浆中,直接抹上即可加工成型。也可先在加工厂制作出一块块仿石料,运到施工现场缚挂或焊挂在基架上,当整体成型达到要求后,对接缝及石脉纹理进一步加工处理,即可成山。

十、养护

在水泥初凝后开始养护,要用麻袋片、草帘等材料覆盖养护,避免阳光直射,并每隔2~3小时浇水一次。浇水时,要注意轻淋,不能直接冲射。如遇到雨天,也应用塑料布等进行遮盖。养护期不少于半个月。在气温低于5 ℃时应停止浇水养护,采取防冻措施,如遮盖稻草、草帘、草包等。假山内部钢骨架等一切外露的金属构件每年均应作一次防锈处理。

十一、竣工验收

竣工验收时除对内业验收外,还要对外业进行验收,具体的验收内容如下:

① 假山造型有特色,近于自然;

② 假山的石纹勾勒逼真;

③ 假山内部结构合理、坚固,接头严密牢固;

④ 假山的山壁厚度达到3~5 cm,山壁山顶受到踹踢、蹬击无裂纹损伤;

⑤ 假山内壁的钢筋铁网用水泥砂浆抹平;

⑥ 假山表面无裂纹、无砂眼、无外露的钢筋头、丝网线;

⑦ 假山山脚与地面、堤岸、护坡或水池底结合严密自然;

⑧ 假山上水槽出水口处呈水平状,水槽底、水槽壁不渗水;

⑨ 假山山体的设色有明暗区别,协调匀称,手摸时不沾色,水冲时不掉色。

任务考核内容和标准如表4-2-2所示。

表 4-2-2　任务考核内容和标准

序号	考核内容	考核标准	配分	考核记录	得分
1	园林塑山施工图识读	熟读表达内容	30		
2	园林塑山构造	掌握构件的布置,使用的材料及内部构造形式	30		
3	人工塑造山石施工	掌握塑山施工的工艺流程	30		
4	工程验收	能够达到塑山工程验收标准	10		

目前,人工塑造假山应用十分广泛,由于人们对塑山的要求不断升高,塑山工艺也不断地完善,出现许多新型的塑山工艺,如 GRC 工艺、FRP 工艺等。

一、GRC 工艺

GRC(glass fiber reinforced cement)是玻璃纤维强化水泥的简称。它是将抗碱玻璃纤维加入到低碱水泥砂浆中硬化后产生的高强度的复合物。随着科技的发展,20 世纪 80 年代在国际上出现了用 GRC 工艺建造假山,为假山艺术创作提供了更广阔的空间和可靠的物质保证,为假山技艺开创了一条新路,使其达到了"虽为人作,宛若天开"的艺术境界。

1. GRC 工艺的特点

① 造型、褶皱逼真,具岩石坚硬润泽的质感,模仿效果好。

② 材料自身质量轻,强度高,抗老化且耐水湿,易进行工厂化生产,施工方法简便、快捷,造价低,可在室内外及屋顶花园等处广泛使用。

③ 造型设计、施工工艺较好,可塑性大,在造型上需要特殊表现时可满足要求,加工成各种复杂形体,与植物、水景等配合,可使景观更富于变化和表现力。

④ 可利用计算机进行辅助设计,结束了过去假山工程无法做到石块定位设计的历史,使假山不仅在制作技术上,而且在设计手段上取得了新突破。

⑤ 具有环保特点,可取代真石材,减少对天然矿产及林木的开采。

2. GRC 工艺塑山施工程序

施工程序主要有两种方法:一为席状层积式手工生产法;二为喷吹式机械生产法。现就喷吹式工艺进行简单介绍,其操作工艺流程为:模具制作→假山石块制作→石块组装→表面处理→成品。

(1)模具制作

根据生产"石块"的种类、模具使用的次数和野外工作条件等选择制模的材料。常用模具的材料可分为软模(如橡胶膜、聚氨酯模、硅模等)和硬模(如钢模、铝模、GRC 模、FRP 模、石膏模等)。制模时应以选择天然岩石皱纹好的部位为本和便于复制操作为条件,脱制模具。

(2)"石块"的制作

将低碱水泥与一定规格的抗碱玻璃纤维同时均匀分散地喷射于模具中,凝固成型。在喷射时应随吹射随压实,并在适当的位置预埋铁件。

(3)"石块"组装

将"石块"元件按设计图进行假山的组装,焊接牢固,修饰、做缝,使其浑然一体。

(4)表面处理

其主要是使"石块"表面具憎水性,产生防水效果,并具有真石的润泽感。

二、FRP 工艺

FRP(glass fiber reinforced plastics)是玻璃纤维强化树脂的简称,它是由不饱和聚酯树脂与玻璃纤维结合而成的一种重量轻、质地韧的复合材料。不饱和聚酯树脂由不饱和二元羧酸与一定量的饱和二元羧酸、多元醇缩聚而成,在缩聚反应结束后,趁热加入一定量的乙烯基单体配成黏稠的液体树脂,俗称玻璃钢。

1. FRP 工艺的特点

(1)优点

成型速度快,质薄而轻,刚度好,耐用,价廉,方便运输,可直接在工地施工,适用于异地安装。

（2）存在的主要问题

树脂液与玻纤的配比不易控制，对操作者的要求高；劳动条件差，树脂溶剂为易燃品；工厂制作过程中有有毒物质或异味气体；玻璃钢在室外强日照下，受紫外线的影响，易导致表面酥化，寿命为 20～30 年。

2 FRP 工艺塑山施工工艺流程

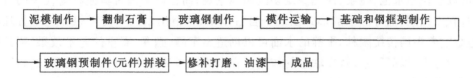

（1）泥模制作

按设计要求足样制作泥模。一般在一定比例（多用 1：15～1：20）的小样基础上制作。泥模制作应在临时搭设的大棚（规格可采用 50 m×20 m×10 m）内进行。制作时要避免泥模脱落或冻裂。因此，温度过低时要注意保温，并在泥模上加盖塑料薄膜。

（2）翻制石膏

一般采用分割翻制，这主要是考虑翻模和今后运输的方便。分块的大小和数量根据塑山的体量来确定，其大小以人工能搬动为准。每块要按一定的顺序标注记号。

（3）玻璃钢制作

玻璃钢原料采用 191 号不饱和聚酯及固化体系，一层纤维表面毯和五层玻璃布，以聚乙烯醇水溶液为脱模剂。要求玻璃钢表面硬度大于 34，厚度 4 cm，并在玻璃钢背面粘配钢筋。制作时注意预埋铁件，以供安装固定之用。

（4）基础和钢框架制作

基础用钢筋混凝土建造，大小根据山体的体量确定。框架柱、梁可用槽钢焊接，根据实际需要选用，必须确保整个框架的刚度与稳定。框架和基础用高强度螺栓固定。

（5）玻璃钢预制件（元件）拼装

根据预制大小及塑山高度，先绘出分层安装剖面图和立面分块图，要求每升高 1～2 m 就要绘一幅分层水平剖面图，并标注每一块预制件四个角的坐标位置与编号，对变化特殊之处要增加控制点。然后按顺序由下往上逐层拼装，做好临时固定。全部拼装完毕后，由钢框架伸出的角钢悬挑固定。

（6）打磨、油漆

拼装完毕后，接缝处用同类玻璃钢补缝、修饰、打磨，使之浑然一体。最后用水清洗，罩以相应颜色玻璃钢油漆即成。

设计一组用钢骨架与砖石骨架混合建造景石，并按工艺要求，在学校绿地内完成塑造施工。

项目五　园林水景工程

　　园林水景工程是园林工程建设中的一项重要内容。水是园林艺术空间创作中一个重要的要素,可以创作出水池、喷泉、溪流等众多的园林景观,而在以中国古典园林为代表的自然式园林中,它多以湖、池等静水的形式出现。自古以来,寄情山水的审美思想和艺术哲理一直深深地影响着中国传统园林,平静的水面可以创造出宁静、幽深、凝重的艺术效果,起到静中有动、寂中有声、以简胜繁、触发联想的作用。在以法国园林为代表的西方规则式园林中,水多以喷泉、跌水等动水的形式出现,一般布置在视线的交汇处和规则式园林的轴线上。动态的水可以创造出明快、活泼、多姿多彩的艺术效果,起到声形俱全、活跃气氛、软化环境的作用。园林中的水景除了具备造景功能外,还具备降温、除尘、增加空气湿度等作用。

　　由于水的流动性和可塑性,水景的施工可以理解为"盛水容器"的施工。在本项目中重点介绍水池喷泉工程、人工湖池工程和溪流工程,三者虽然表现形式各不相同,但在池底施工、池壁施工、管线布置等方面依然存在众多的相似之处。

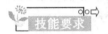

技能要求

- ● 能够熟悉各种水景施工图的识图技巧;
- ● 掌握各种水景施工的施工方法;
- ● 掌握施工过程中的各种施工工艺。

知识要求

- ● 了解各种水景的特点及分类;
- ● 掌握各种水景施工的施工流程;
- ● 掌握施工过程中的施工工艺及注意事项。

任务1　水池喷泉工程施工

能力目标

1. 能够熟读水池喷泉的施工图纸;
2. 熟练掌握水池喷泉的施工方法;
3. 能够熟练指导施工人员完成水池喷泉的施工。

知识目标

1. 掌握水池喷泉的分类及特点;
2. 掌握水池喷泉的施工工艺及流程;
3. 了解水池防水施工常用的施工工艺及特点。

一、水池喷泉的概念及发展史

水池喷泉指为了满足园林造景的需要,在普通水池中安装喷水装置。喷泉除了起装饰作用外,还可以起到陶冶情操、振奋精神、增加情趣、改善局部小气候的作用。水池喷泉基本包括水池及喷水构筑物、给排水管道、循环操作控制系统三大部分。水池喷泉在园林中的应用有着悠久的历史。中国的古典园林在造园思想方面崇尚自然,所以水景多以静水的形式出现,喷泉的出现多为利用自然涌泉,图5-1-1所示山东济南的趵突泉。真正意义上的人工喷泉出现在圆明园西洋楼中引进的西方式喷泉。

图5-1-1 山东济南趵突泉

在西方的古典园林中,造景以人造景观为主,多为规则形式布置,所以人工喷泉的应用较多。在17—18世纪,喷泉在西方园林中的应用盛极一时,几乎所有的城镇都有喷泉的建造,仅罗马就有喷泉3000多个,被誉为"喷泉之城"。在法国著名的凡尔赛宫苑中也有大量喷泉的使用,最为著名的如太阳神雕塑喷泉,如图5-1-2所示。

图5-1-2 法国凡尔赛宫苑中的太阳神雕塑喷泉

随着科技的进步,现代园林中逐渐出现了音乐喷泉、激光喷泉、程控喷泉等科技含量较高的现代喷泉(图 5-1-3),这些现代喷泉形式更灵活,样式更多,震撼力更强。在结构方面,较之传统喷泉增加了电气控制系统和灯光照明系统。现代化大型喷泉的建设费用较高,运行过程中水、电方面的消耗量较大,所以建设数量不多,一般布置于城市中心广场和大型建筑物前。

图 5-1-3 美国拉斯维加斯的音乐喷泉

二、水池喷泉的分类

1. 普通水池喷泉

普通水池喷泉由水池和喷泉两部分组成。喷泉处于工作状态时,喷头从水池中的水面喷出水柱,当水柱落入水池中以后,再通过过滤和给压设备循环利用,如图 5-1-4 所示。喷泉处于不工作状态时,水池中的水面为静水。施工时先按图纸进行水池的施工,施工过程中要做好水池的防水工程,主要做法有做防水混凝土层、铺 SBS 防水卷材、刷防水涂料层等。水池施工过程中,应提前埋设地下管线,并预留出管线安装施工的空间,以便水池主体施工结束后安装喷泉设备。喷泉设备安装后做好收尾工作,并进行试水。

图 5-1-4 水池喷泉

2. 雕塑喷泉

雕塑喷泉指把雕塑至于水池之中,把喷头至于雕塑的内部或周边,利用喷泉与雕塑的结合进行艺术创作,如图 5-1-5 所示。施工时先进行水池的施工,然后把提前预制好的雕塑安装在水池内的相应部位,最后进行喷泉的管线和控制系统施工。在安装喷头的过程中,要注意隐藏喷头,不要破坏雕塑的艺术效果。

图 5-1-5　雕塑喷泉

3. 假山喷泉

假山喷泉指在水池中人工建造假山,把喷头和控制设备至于假山内部,利用喷泉和假山的结合进行艺术创作,如图 5-1-6 所示。可在水池施工结束后进行假山的施工,如果把喷泉的控制房置于假山的内部,则需要先进行控制房施工,然后再进行假山施工,并且要做好控制房的隐藏和遮挡。假山的施工既可采用自然山石堆砌假山,也可采取人工塑山。在假山的施工过程中要注意"出于自然而高于自然"的山体艺术创作。最后进行控制系统、管线及喷头的安装,并做好管线和喷头的隐藏。

图 5-1-6　假山喷泉

图 5-1-7、图 5-1-8、图 5-1-9 分别为某公园雕塑喷泉施工平面图、立面图、剖面图。根据施工图纸,完成雕塑喷泉的施工。

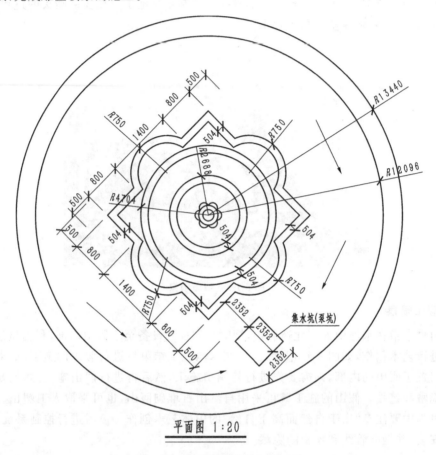

平面图 1:20

图 5-1-7　某雕塑喷泉施工平面图

该工程施工图为雕塑喷泉施工项目。施工者应具备水池施工的基本能力,并掌握施工的技术要求,掌握雕塑及喷泉系统的安装知识和技术要求。在此项目的施工过程中首先要做好水池的施工,注意水池的结构制作、防渗处理以及管线施工的预留空间,此项目中的雕塑应事先在专门企业按图纸要求进行定做。在喷泉系统的安装过程中,注意喷泉系统水电管线的衔接及管线与水池衔接部分的防渗处理和管线隐藏处理。

施工工艺流程如下:

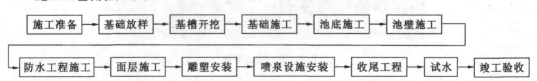

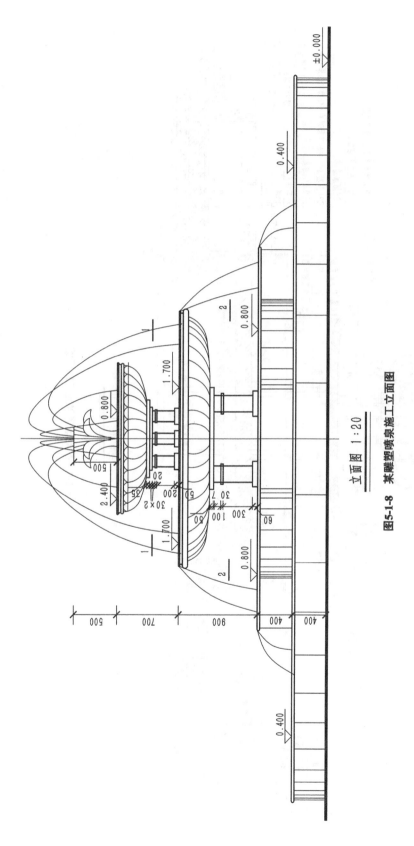

立面图 1:20

图5-1-8　某雕塑喷泉施工立面图

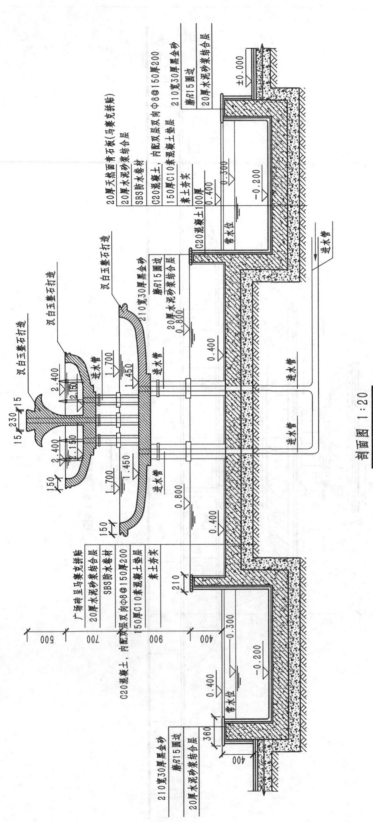

剖面图 1:20

图5-1-9 某雕塑喷泉施工剖面图

根据施工图纸分析,该水池喷泉的主要施工材料包括细砂、石子、水泥、钢筋、防水涂料、马赛克、给排水管、预制汉白玉雕塑、喷泉设备等。

该工程主要施工工具及设备包括放线设备、铁锹、镐、运输车辆、夯实机、模板等。

一、施工前的准备工作

1. 施工前的资料确认

在施工以前要认真阅读图纸,熟悉水池设计图的结构和喷泉系统的特点,认真阅读施工说明书的内容,对工程做全面、细致地了解,解决相关疑问。

2. 施工前的现场准备工作

在施工前要做好详细的现场勘察,对施工范围内地上及地下的障碍物进行确认和记录,并确认处理方法。了解雕塑喷泉基址的土质情况,并制定相应的施工方案。

施工前临时设施的准备包括临时房屋的建设、施工材料的存放场所。除此之外,施工用电应选择"动力电",按照相关规定架设电线,安装配电箱、电闸、漏电保护器等。施工用水管线可采用塑料软管,因为它在施工过程中拖动方便,并且耐践踏。用水管就近与自来水管连接,以便于施工。

3. 施工人员、工具、材料的准备

对施工人员进行水池喷泉施工基本技能的培训,组织学习与水池喷泉施工相关的技术要求和施工标准。

根据图纸要求(图 5-1-8、图 5-1-9),选择符合要求的施工材料,并提供样品给甲方或监理人员进行检验,检验合格后按要求的数量进行购买。本任务中的汉白玉预制件和喷泉系统,应向专门企业提供相应图纸进行预订。现场所有施工材料及预制件进场后都应存放在现场指定地点,指定专人进行看管和防雨、防晒等的保护。

二、基础放样及开槽

1. 基础放样

严格依据施工图纸的要求进行放线,由于该工程水池喷泉为规则几何形状,所以采用精度较高的放线方法(在放线过程中确定点位的基本要素是高差、水平角、水平距离。进行高差测量时,建议使用水准仪和水准标尺;进行水平角测量时,建议使用经纬仪或罗盘仪;进行水平距离测量时,建议使用钢卷尺)。平面放线时,在现场找到放线基准点,以便确定水池的准确位置,利用经纬仪和钢卷尺测设平面控制点,测设好的点的位置上要打上木桩做好标记,并用线绳或石灰做好桩之间的连接。平面放线结束,根据图 5-1-9 所提供的标高,利用水准仪进行竖向放线,放线前先设定水池喷泉周围硬化地面的标高为±0.000,对测设好的标高点进行打桩,并在桩上做好施工标高标记。

2. 开槽

本任务中喷泉的基础占地面积较小,可以采取人工开槽的方法进行施工。在开槽的过

程中注意操作范围应向外增加 30 cm 的工作面,以便于施工。挖掘过程中由中间向四周进行,挖掘过程中注意基槽四周边坡的修整和坡度控制,防止土方的塌落。所挖出的表土可先堆放在基槽外围,以便施工结束后的回填。挖槽的深度不易一次性挖掘至放线深度,当挖至距设计标高还有 2~3 cm 时即可停止,因为此时槽内土壤已经松动,在夯实的过程中槽底标高还会下降一定的距离。若一次性挖掘到要求的深度会导致夯实后的槽底标高低于设计标高,导致人力和财力的浪费。夯实过程应按从周边向中心的顺序反复进行,夯实至槽内地面无明显震动时方可停止,结束后注意基槽的清理和保护。本任务中有一些给水及循环管线埋置在水池下,所以要进行预埋。

施工结束后,应由专门人员对基槽的尺寸、深度和夯实质量进行检验,以保证工程质量。

三、基础施工

本任务的水池基础部分为 150 mm 厚 C10 素混凝土垫层。施工前先对基槽进行清理。严格按图纸要求的配比将石子、沙子、水泥和水进行混合,并搅拌均匀。填筑时,垫层的占地面积应略大于水池面积,当混凝土浇入后,及时用插入式振捣器进行快插慢拔地搅拌,插点应均匀排列,逐点进行,振捣密实,不得遗漏,防止空隙的出现和气泡的存在。本任务中有 4 根给水竖管穿过池底,所以浇筑前应将其安装好,并与垫层一并浇筑。浇筑完成后,注意检查混凝土表面的平整度及是否达到垫层的设计标高。在垫层施工结束后的 12 h 内,对其加以覆盖和浇水养护,养护期一般不少于 7 个昼夜。养护期内严禁任何人员踩踏;若发生降雨,应用塑料布覆盖垫层表面,并在基槽边缘挖排水槽以便排除槽内积水。

四、池底及池壁的施工

水池的池底和池壁为 C20 混凝土并内配钢筋。按图纸要求的尺寸,在池壁位置架设模板,模板可采用铁质材料或木质材料,架设过程中注意相邻模板之间空隙的控制及连接得稳固。在现场按要求对钢筋进行切割和绑扎,绑扎时按配筋要求和施工标准严格施工,做好的钢筋网放入模具内等待浇筑混凝土。在混凝土浇筑和振捣的过程中,注意模具内钢筋网位置的保护。振捣结束后,混凝土表面应进行找平,保证表面平整、光滑,以便后期池底进行防水施工。浇筑后的混凝土表面要注意用草片覆盖和浇水养护。若在低温条件下施工,需在混凝土搅拌过程中按要求加入抗冻剂。根据水池喷泉结构的不同,有时喷泉管线需要穿过池底或池壁,浇筑过程中可将这些管线一起浇筑;有时通过池底或池壁的管线需要施工结束后安装的,浇筑过程中要根据管线的尺寸和形状做好安装空间的预留工作。本任务中的给水竖管应一并浇筑在内,并做好管线与混凝土之间缝隙的处理。

五、防水工程施工

本任务中防水处理的方法是铺设 SBS 防水卷材,这是在水景施工过程中常用的一种防水做法。注意水池的池底和池壁都应进行防水处理。

SBS 防水卷材(图 5-1-10)是采用 SBS 改性沥青浸渍和涂盖胎基,两面涂以弹性体或塑料体沥青涂盖层,上面涂以细砂或覆盖聚乙烯膜所制成的防水卷材,具有良好的防水性能和抗老化性能,并具有高温不流淌,低温不脆裂,施工简便、无污染,使用寿命长的特点。SBS改性沥青防水卷材尤其适用于寒冷地区、结构变形频繁的地区的防水施工。

本任务中铺设 SBS 防水卷材的施工工艺流程如下。

图 5-1-10　某型号 SBS 防水卷材

1. 基层清理

施工前对验收合格的混凝土表面进行清理,最好用湿布擦拭干净。

2. 涂刷基层处理剂

在需要做防水的部位,表面满刷一道用汽油稀释的氯丁橡胶沥青胶粘剂,涂刷过程应仔细,不要有遗漏,涂刷过程应由一侧开始,以防止涂刷后的处理剂被施工人员践踏。

3. 铺贴附加层

在水池内的预埋竖管的管根、阴阳角部位加铺一层 SBS 改性沥青防水卷材,按规范及设计要求将卷材裁成相应的形状进行铺贴。

4. 铺贴卷材

铺贴前,将 SBS 改性沥青防水卷材按铺贴长度进行裁剪并卷好备用,操作时将 φ30 的管穿入卷材的卷心,卷材端头对齐起铺点,点燃汽油喷灯或专用火焰喷枪加热基层与卷材交接处,喷枪距加热面保持 30 cm 左右的距离,往返喷烤、观察,当卷材的沥青刚刚熔化时,手扶管心两端向前缓缓滚动铺设。要求用力均匀、不窝气,铺设压边宽度应掌握好,长边搭接宽度为 8 cm,短边搭接宽度为 10 cm。铺设过程中尽可能保证熔化的沥青上不粘有灰尘和杂质,以保证粘贴的牢固性,如图 5-1-11 所示。

图 5-1-11　铺贴 SBS 防水卷材

5. 热熔封边

卷材搭接缝处用喷枪加热,压合至边缘挤出沥青粘牢。卷材末端收头用沥青嵌缝膏嵌固填实。

6. 保护层施工

表面做水泥砂浆或细石混凝土保护层;池壁防水层施工完毕,应及时稀撒石碴,之后抹水泥砂浆保护层。

六、面层施工

水池面层施工工艺与建筑和道路面层的施工工艺、标准相同。在施工过程中注意结合层的均匀和面层的平整。

七、雕塑的安装

雕塑喷泉的雕塑部分一般由雕塑生产企业根据设计图纸的要求进行生产,并负责现场的安装。雕塑的体积较小时,可在面层施工结束后安装。雕塑的体积较大时,需先安装雕塑,以保护面层材料不被破坏;在面层的施工过程中应对雕塑进行笞盖,保持雕塑表面的洁净。雕塑安装过程中注意做好管线的隐藏和遮挡。

八、喷泉设备安装施工

喷泉设备的安装包括给排水管线的安装、控制设备的安装、电路及照明设备的安装。在本任务中,已有一部分给水管线预埋在水池底部和雕塑内,所以只需要进行喷头的安装及水池外部给排水管线的连接。安装过程中注意管线衔接部位的防漏处理。将潜水泵放入如图 5-1-12 所示的泵坑内即可。在安装控制系统的电路时,要做好电路的防水处理。最后根据设计要求,将水池喷泉的进水管与控制室内的供水系统相连,将连接潜水泵的电缆与控制室内的控制系统相连。

图 5-1-12 某雕塑喷泉给水管线安装

现在的大型景观喷泉(如音乐喷泉、程控喷泉等)的管线设计相当复杂,通常由专门企业进行设计并负责安装,园林施工单位只需为其预留相应的施工空间、预埋相应的管线即可,并做好收尾工作。

九、收尾工程及试水验收

在收尾施工过程中尤其要注意细节的处理。在雕塑及喷泉设备安装结束后,管线及雕塑底部与水池的衔接部位仍有空隙存在,对这些部位需要先进行混凝土填充,然后进行防水施工和面层的处理。

在收尾工程结束后进行试水验收。首先在水池内注入一定量的水,并做好水位线的标记,24 h 后检查标记线的位置,看水池内的水有无明显减少,以此检验防水施工的质量。在注水的过程中注意观察给、排水管线的接缝处是否有漏水现象,若发现水池有漏水现象,需准确查找漏水部位,并重新进行防水施工。在进行喷泉系统的试水时,注意观察喷头的喷射情况是否符合设计要求,潜水泵及控制系统的运转是否正常,若存在问题需重新检查水管、水泵是否通畅及控制系统的灵敏度。

任务考核

任务考核内容和标准如表 5-1-1 所示。

表 5-1-1　任务考核内容和标准

序号	考 核 内 容	考 核 标 准	配分	考核记录	得分
1	水池喷泉施工图识读	熟读表达内容	30		
2	水池喷泉的施工	掌握施工的工艺流程	50		
3	试水及工程验收	能够达到工程验收标准	20		

知识链接

目前,在园林行业中,广泛应用的水池防水施工工艺还有防水混凝土施工工艺和防水涂料施工工艺。

一、防水混凝土施工工艺

防水混凝土制作所选择的材料有硅酸盐水泥、砂、石、水、U.E.A 膨胀剂。防水混凝土中所添加的 U.E.A 膨胀剂是硅酸盐类混凝土膨胀剂,不含钠盐,不会引起混凝土的碱骨料反应。掺本剂的混凝土耐久性能良好,膨胀性能稳定,强度持续上升,因而减少干缩裂缝,提高抗裂和抗渗性能,以达到抗渗的效果。

防水混凝土施工工艺流程如下:

施工准备 → 混泥土搅拌 → 运输 → 混泥土浇筑 → 养护

1. 混凝土搅拌

搅拌投料顺序为:石子→砂→水泥→U.E.A 膨胀剂→水,投料先干拌 0.5～1 min,再加

水。水分三次加入,加水后搅拌 1～2 min(比普通混凝土搅拌时间延长 0.5 min)。混凝土搅拌前必须严格按试验室配合比通知单操作,不得擅自修改。在雨季,砂必须每天测定含水率,调整用水量。

2. 混凝土运输

混凝土运输供应保持连续均衡,间隔不应超过 1.5 h,夏季或运距较远时可适当掺入缓凝剂,一般掺入 2.5‰～3‰ 木钙。运输后如出现离析,浇筑前进行二次搅拌。

3. 混凝土浇筑

混凝土浇筑应连续浇筑,宜不留或少留施工缝。

① 为保证水池的防水效果,防水混凝土的浇筑一般按设计要求不留施工缝或留在后浇带上。

② 防水混凝土浇筑时,水平施工缝留在高出底板表面不少于 200 mm 的池壁位置。池壁如有孔洞,施工缝距孔洞边缘不宜少于 300 mm,施工缝形式宜用凸缝或阶梯缝、平直缝加金属止水片(墙厚小于 30 cm)。

③ 在施工缝上浇筑混凝土前,应将混凝土表面凿毛,清除杂物,冲净并湿润,再铺一层 2～3 cm 厚水泥砂浆(即原配合比去掉石子)或防水混凝土,严格按施工方案规定的顺序浇筑。混凝土自高处自由倾落不应大于 2 m,如高度超过 3 m,要用串桶、溜槽下落。

④ 混凝土浇筑后应用机械振捣,以保证混凝土密实,一般振捣时间为 10 s,不应漏振或过振,振捣延续时间应使混凝土表面浮浆、无气泡、不下沉为止。铺灰和振捣应选择对称位置开始,防止模板走动。结构断面较小、钢筋密集的部位严格按分层浇筑、分层振捣的要求操作,浇筑到最上层表面,必须用抹子找平,使表面密实平整。

4. 养护

常温(20～25 ℃)浇筑混凝土后 6～10 h 浇水养护并覆盖,要保持混凝土表面湿润,养护不少于 14 天;冬期施工,水和砂应根据冬施方案规定加热,应保证混凝土入模温度不低于 5 ℃,采用综合蓄热法保温养护,施工时掺入的防冻剂应选用经认证的产品。拆模时混凝土表面温度与环境温度差不大于 15 ℃。

二、聚氨酯防水涂料施工工艺

聚氨酯防水涂料以甲、乙两组分分桶出厂,使用时须将甲、乙两组按比例混合。防水涂料常用于不被水长时间浸泡的位置的防水施工。

聚氨酯防水涂料冷作业涂膜防水施工工艺如下:

| 表面处理 | → | 涂刷底胶 | → | 涂膜防水层施工 | → | 保护层施工 |

1. 表面处理

涂刷防水层施工以前,先将浇筑好的池底及池壁的表面清理干净,并用湿布擦拭,经检查表面无裂缝、起砂、不平等缺陷后方可进行施工。

2. 涂刷底胶

施工前将甲料、乙料和二甲苯按 1:1.5:2 的比例混合,搅拌均匀后及时涂刷在池底及池壁的相应部位,用量为 0.3 kg/m²,当涂料晾干不粘手后方可进行下一步施工。

3. 涂膜防水层施工

甲料、乙料和二甲苯按 1：1.5：0.3 的比例配合，需进行三次涂刮，每次涂刮的厚度为 1.5 mm 左右，每次涂刮间隔至少 24 h，第二次涂刮的方向与第一次垂直，第三次与第二次方向相同。在第三层涂料固化干燥前在其表面稀撒粒径约 2 mm 的石碴，以加强涂膜层与保护层的结合作用。在每层的涂刮过程中不要有遗漏，并注意涂料晾干前的保护。图 5-1-13 为涂刷好的涂料防水层。

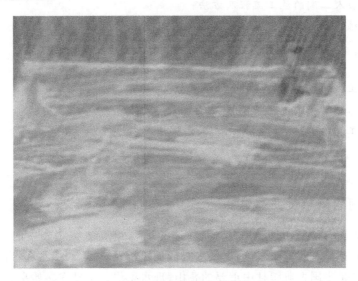

图 5-1-13 涂刷好的涂料防水层

4. 保护层

涂料固化干燥后，可根据设计要求抹一层水泥砂浆，平面可浇筑细石混凝土保护层。

5. 注意事项

① 涂膜防水的基层应牢固，表面洁净，密实平整，阴阳角呈圆弧形，底胶涂层均匀，无遗漏。

② 附加涂料层的涂刷方法、搭接、收头应按设计要求，黏结必须牢固，接缝封闭严密，无损伤、空鼓等缺陷。

③ 聚氨酯涂膜防水层涂膜厚度应均匀，黏结必须牢固，不允许有脱落、开裂、孔眼、涂刷压实不严密的缺陷。

④ 涂刷防水层表面不应有积水和漏水现象。保护层不得有空鼓、裂缝、脱落的现象。

⑤ 聚氨酯防水涂料冷作业涂膜防水工艺的施工应在不低于 5 ℃ 的干燥环境下进行，施工过程严禁烟火。

⑥ 死角及预埋件位置应反复涂刷，以防止有气泡存在，若发现涂料干燥后有鼓起、翘边、划痕等问题时，应处理干净后重新补刷，并注意干燥前的保护。

设计一座简单的水池喷泉，并绘制施工图纸，按施工图纸及施工工艺的要求，在实习场地内建造一座小型水池喷泉。

任务2 人工湖工程施工

1. 能够熟读各种人工湖的施工图纸；
2. 熟练掌握人工湖的施工流程及方法；
3. 能够熟练指导施工人员完成人工湖的施工。

1. 掌握人工湖的分类及特点；
2. 掌握人工湖的施工工艺及流程；
3. 掌握人工湖施工常用的各种施工工艺及特点。

一、人工湖的概念及发展史

人工湖指人们有计划、有目的的挖掘、建造的湖泊、池塘。人工湖中的水体可以创造宁静、深邃的氛围，还具有改善小气候，提供水上活动场所，提供生产用水和蓄洪等作用，"就低挖湖，就高堆山"是中国古典园林中重要的叠山、理水思想。从早在秦始皇时代出现的"一池三山"的挖湖堆山工程，便可看出人工湖在中国古典园林中的重要地位和悠久的历史。中国古典园林中的水池多以不规则形式出现，并在水池中放养水生动植物，如图5-2-1、图5-2-2所示。

图5-2-1 承德避暑山庄水景局部

在西方园林中水池的应用也较为普遍，但水池多以规则式形式出现，在水池中一般放置雕塑作为装饰，如图5-2-3所示。

图 5-2-2　水生动植物

图 5-2-3　欧洲规则式水池

二、人工湖的分类

人工湖按结构的不同大致分为三类。

1. 简易湖

简易湖指由人工挖掘的,池底、池壁只经过简单夯实加固的自然式水池,这种水池一般建设在地下水位较低之处,如图 5-2-4 所示。在施工过程中,根据图纸要求进行定点放线,按图纸的要求进行开挖,当水池的基本轮廓挖掘完成后进行池底和池壁的处理。池底施工通常采取素土夯实或 3∶7 灰土夯实的方法防渗,若当地土质条件为黏土,则防渗效果更为理想;池壁的施工也采取素土夯实的办法(一般采用植物作为护坡材料),根据图纸要求的池壁坡度进行分层夯实加固;最后根据图纸要求做好进水口、排水口和溢水口的施工。这种简易湖虽施工简便,冻胀对它的破坏较小,但池壁不够坚固,经过波浪的反复冲刷易发生局部坍

图 5-2-4 简易水池

塌,池底虽做夯实处理但仍会有少量水渗漏,所以要经常补水。

2. 硬质驳岸湖

驳岸指在园林水体边缘与陆地交界处,为稳定岸壁,保护湖岸不被冲刷或水淹所设置的构筑物。硬质驳岸湖指驳岸由石材砌筑而成的湖,中国古典园林中的水池多为石砌驳岸湖。如图 5-2-5 所示。石砌驳岸湖的施工过程中根据图纸挖出水池轮廓,根据图纸要求制作池底,一般为素土夯实或 3:7 灰土夯实(若需做池底防水处理,请参考本项目任务 1 中的防水施工工艺),驳岸采用石材砌筑,在常水位及以上部分采用自然山石材料加以装饰,来创造自然的野趣。在施工过程中要注意驳岸的墙身位置尽量不透水,施工时在墙体石缝间灌入水泥砂浆,并用水泥勾缝;但要注意,露在常水位以上的自然山石不要勾缝,以免破坏自然效果。

图 5-2-5 自然山石驳岸

3. 混凝土湖

混凝土湖指水池的池底和池壁均由水泥浇筑,这种水池一般较小,多以规则形式出现。混凝土湖的施工与任务 1 中雕塑喷泉施工的水池部分相同。

学习任务

图 5-2-6、图 5-2-7 所示为某人工湖施工平面放样图、剖面放样图及局部详图。根据施工图纸,完成人工水池的施工。

任务分析

该工程为人工湖施工项目。施工者应具备水池施工的基本能力,并掌握施工的技术要求,并具备一定的园林景石欣赏水平。在此项目的施工过程中首先要根据图纸要求进行水池的池底施工,施工过程中注意水池的防渗处理;其次是驳岸施工,施工过程中要严格按照图纸的要求选择材料,并注意驳岸的结构及防渗施工,在景石摆放的过程中应注意园林美学知识的应用。按照图纸要求布置进水口、排水口和溢水口,并注意水口的隐藏。

施工工艺

该石砌驳岸水池的施工工艺流程如下:

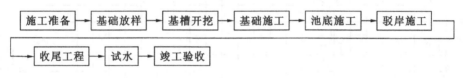

材料、工具及设备

根据施工图纸分析,该水池的主要施工材料包括细砂、石子、碎石、水泥、给排水管材、湖石等。

该工程主要施工工具及设备包括放线设备、铁锹、镐、挖掘机、运输车辆、夯实机、吊装车辆、模板等。

操作步骤

一、施工前的准备工作

施工准备工作与任务 1 基本相同。在施工前要做好详细地现场勘察,对施工范围内地上及地下的障碍物进行确认和记录,并确认处理方法。对现场的土质情况进行勘察,若池底做简易防水施工,需检验基址土质的渗水情况和地下水位的高低情况,以验证图纸中池底结构是否合理,结合实际情况制订施工计划。

二、基础放样及开槽

1. 基础放样

严格依据施工图纸要求进行放线,由于该人工水池为自然式形状,所以放线时可根据图 5-2-6 中所绘制的方格网进行放线。这种放线方法适用于不规则图形的放线。水平放线

园林工程施工

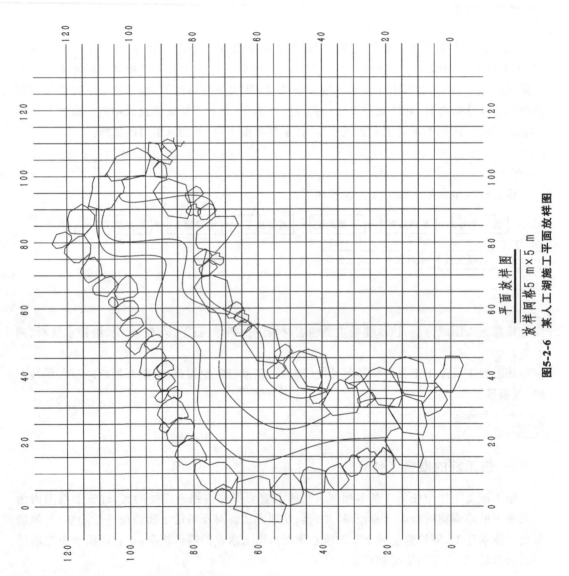

平面放样图

放样网格5 m×5 m

图5-2-6 某人工湖施工平面放样图

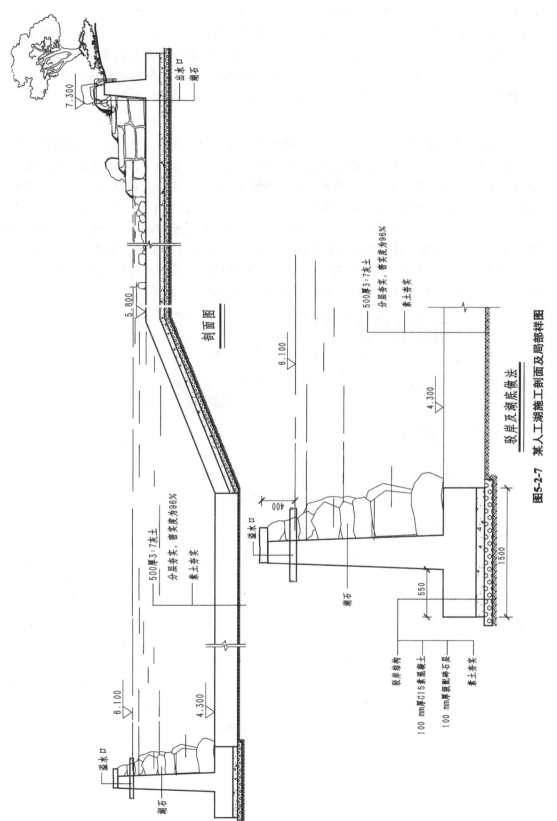

剖面图

某人工湖施工剖面及局部样法

图5-2-7 某人工湖施工剖面及局部样图

时,利用经纬仪和钢卷尺,在施工场地内把如图 5-2-6 所示的方格网测设到实地,打好木桩,将图上水池驳岸线与方格网的各个交点的位置准确地测设在现场的方格网上,并用平滑的石灰线连接各交点。在撒石灰线的过程中,可根据自然曲线的要求进行简单调整,以达到自然、美观的效果。所放出的平滑曲线即为水池基础的施工范围。竖向放线时,根据图纸要求,利用水准仪进行竖向放线,对测设好的标高点进行打桩,并在桩上做好标高的标记。

2 开槽

本任务中的水池开槽可以采取人工开槽与机械开槽相结合的方法。在开槽的过程中,注意操作范围应向外增加一定宽度的工作面,先由机械进行粗糙施工,以便快速完成绝大多数的土方挖掘任务,然后由人工对基槽内机械不便施工的位置进行挖掘,对自然式驳岸线进行细致地雕琢,并对较陡的边坡进行加固。最后对基槽底部进行平整。在机械施工过程中注意桩点的保护,以便于后期施工。所挖出的表土可先堆放在基槽外围,以便施工结束后的回填或用于种植植物。利用机械将基槽夯实坚固密实后,利用水准仪对基槽进行标高校对(校对的精确度取决于所选择的校对点的多少)。若基槽标高低于设计标高时,应用原土回填并夯实。开槽过程中如有地下水渗出,应及时排除,如图 5-2-8 所示。

图 5-2-8　基槽施工

三、池底施工

如图 5-2-7 所示,本任务的水池池底做法为素土夯实加 500 mm 厚 3：7 灰土(石灰和土按体积比为 3：7 的比例混合。若使用黏性土配制时,灰土强度比砂性土所配制的灰土强度高出 1～2 倍)分层夯实。石灰和土在使用前必须过筛,土的粒径不得大于 15 mm,灰的粒径不得大于 5 mm。把石灰和土搅拌均匀,并控制加水量,以保证灰土的最佳使用效果。将拌好的灰土均匀倒入槽内指定的地点,但不得将灰土顺槽帮流入槽内,若用人工夯筑灰土时,每层填入的灰土约 25 cm 厚,夯实后灰土约为 15 cm 厚。采用蛙式夯实机进行夯实时,每层填入的灰土厚 20～25 cm。夯实是保证灰土基础质量的关键,打夯的遍数以使灰土的密实度达到规范所规定的数值为准,并确保表面无松散、起皮现象。在夯实过程中可适当洒水,以提高夯实的质量。夯打完毕后及时加以覆盖,防止日晒雨淋。

四、驳岸施工

本任务中驳岸的做法如图 5-2-7 所示,为混凝土墙体加湖石装饰。

1. 垫层施工

做法为在素土夯实的基础上，加 100 mm 厚碎石垫层。碎石材料宜质地坚硬、强度均匀，最大粒径不得大于垫层厚度的 2/3。碎石应级配均匀，在填筑前应作级配实验，以保证符合技术要求。碎石垫层应分层铺筑，每层厚度一般为 15～20 cm，不宜超过 30 cm，并用木桩控制每层的厚度及垫层的标高。碎石铺设时应处于同一标高上，当池底深度不同时，应将基土面挖成踏步或斜坡形，搭接处应注意压实，施工顺序为先浅后深。若填筑时发现局部碎石级配不均，应将其挖出，并用符合级配要求的碎石回填。碎石垫层夯实前应适当洒水，使碎石的含水量保持在 8％～12％内，相邻的夯实位置应有一定的搭接，夯实次数应不少于 3 遍。在最后一遍夯实前应拉线找平，以便夯实后达到设计标高。

2. 混凝土墙体施工

本任务中驳岸的基础和墙体为 C15 混凝土整体浇筑。混凝土搅拌要按配合比严格计量，石子、水泥、沙子的比例应符合要求；混凝土保证搅拌均匀，若在加有添加剂的条件下施工时（粉末状添加剂同水泥一并加入，液体状添加剂与水同时加入），应延长搅拌时间。在浇筑前，应清除模板和钢筋上的杂物、污垢，将搅拌好的混凝土浇入事先做好的模具内，每浇筑一层混凝土都应及时均匀振捣。混凝土振捣采用赶浆法，以保证上下层混凝土接茬部位结合良好，并防止漏振，确保混凝土密实。振捣上一层时应插入下层约 50 mm，以消除两层之间的接茬。振捣棒移动的间距，应能保证振动器的有效覆盖范围，以振实振动部位的周边。浇筑结束后注意混凝土墙体的覆盖及浇水养护。低温施工时，混凝土内可掺入负温复合外加剂，根据温度情况的不同，使用不同的负温外加剂，且在使用前必须经专门试验及有关单位技术鉴定。低温运输混凝土时，装乘用的容器应有保温措施。

3. 湖石安装施工

在本任务中，湖石安置在混凝土驳岸表面起一定的装饰作用，是中国古典园林中常见的驳岸处理方法。石材应选择未经切割过，并显示出风化痕迹的石头，或被河流、海洋强烈冲击或侵蚀的石头，这样的石头能显示出平实、沉着的感觉。最佳的石料颜色是蓝绿色、棕褐色、红色或紫色等柔和的色调。石形应选择自然形态，无论石材的质量高低，石种必须统一，不然会使局部与整体不协调，导致总体效果不伦不类、杂乱。造石无贵贱之分，就地取材，随类赋型，最有地方特色的石材也最为可取。以自然观察之理组合山石成景，才富有自然活力。施工时必须从整体出发，这样才能使石材与环境相融洽，形成自然的和谐美。湖石的堆叠方法可参考本书中自然山石假山施工部分。图 5-2-9 所示工人正在进行驳岸湖石施工。

图 5-2-9　驳岸湖石施工

五、收尾施工

当驳岸施工结束后,需要对驳岸墙体靠近陆地一侧的施工预留工作面进行回填,回填时可选择 3∶7 灰土,并分层进行夯实,确保土体不会发生渗透和坍塌现象;也可用级配砂石进行回填并夯实。完成给排水、溢水管线和设备的安装,并完成与水池相结合造景的植物的种植和相关小品的施工。若池内有水生植物,需在水中放置种植器皿或在池底填入一定厚度的种植土。

六、试水

根据设计要求,对水池的给排水设备进行检验,查看其是否通畅,设备运转是否正常。检查水池的防水效果是否达到设计要求,有无渗水现象的发生。

七、竣工验收

竣工验收时严格遵守设计图纸的要求和相关竣工验收标准。内容主要包括:是否严格遵循图纸要求施工;施工质量是否达到相关质量要求;给排水设备的运转是否符合设计要求。除此之外,对于水池的竣工验收还要注意到驳岸防水的问题。对于不符合要求的工程,应在规定时间内予以完善或重做,并达到验收标准。

任务考核

任务考核内容和标准如表 5-2-1 所示。

表 5-2-1　任务考核内容和标准

序号	考 核 内 容	考 核 标 准	配分	考核记录	得分
1	水池施工图识读	熟读表达内容	30		
2	水池池底的施工	掌握施工的工艺流程	20		
3	水池驳岸的施工	掌握施工的工艺流程	30		
4	试水及工程验收	能够达到工程验收标准	20		

知识链接

一、石砌驳岸施工工艺

石砌驳岸是以毛石为墙体的主要材料的驳岸形式,在园林水景和水利工程中有广泛的应用。图 5-2-10 所示为某处石砌驳岸的施工做法。石砌墙体施工工艺流程如下:

基础制作 → 砂浆配置、材料取样 → 基槽找平、墙体放线 → 石块砌筑 → 勾缝 → 竣工验收

1. 基础制作

根据图纸要求开挖基槽,基槽施工后进行素土夯实,加入 100 mm 厚碎石垫层,在垫层上浇筑 100 mm 厚 C10 混凝土基础。

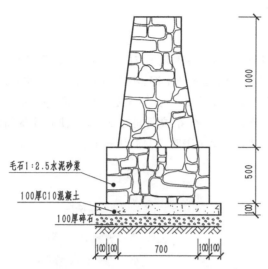

图 5-2-10 石砌驳岸做法

2. 砂浆配置、材料取样

砂浆配比应由试验室确定,砌筑的砂浆必须搅拌均匀,随拌随用。水泥砂浆和混合砂浆应分别在 3~4 h 内使用完毕。细石混凝土应在 2 h 内用完。水泥砂浆和水泥混合砂浆的搅拌时间不得少于 2 min,掺外加剂时不得少于 3 min,掺有机塑化剂时应为 3~5 min。同时还应具有较好的和易性和保水性,一般稠度以 5~7 cm 为宜。外加剂和有机塑化剂的配料精度应控制在±2%以内,其他配料精度应控制在±5%以内。对每种强度等级的砂浆或混凝土,应至少制作一组试块(每组 6 块)。如砂浆和混凝土的强度等级或配合比变更时,也应制作试块以便检查。

3. 基础施工

在基槽挖掘及素土夯实结束后,在基槽内填入符合级配及质量要求的碎石垫层,并进行分层夯实。在碎石上加 100 mm 厚 C10 混凝土垫层,施工过程中注意放线找平,并使垫层的高度符合设计标高。

4. 墙体砌筑

毛石墙体砌筑应双面拉准线,第一皮按所放的基础边线砌筑,以上各皮按准线砌筑。砌第一皮毛石时,应选用有较大平面的石块,先在基础上铺设砂浆,再将毛石砌上,并使毛石的大面向下。砌每一皮毛石时,应分皮卧砌,并应上下错缝,内外搭砌,不得采用先砌外面石块、后中间填心的砌筑方法。石块间较大的空隙应先填塞砂浆后用碎石嵌实,不得采用先摆碎石块后填塞砂浆或干填碎石块的方法。每天砌完后,应在当天砌的砌体上铺一层灰浆,表面应粗糙。在毛石驳岸的砌筑过程中,若发现基底标高不同时,应从低处砌起,并应由高处向低处搭砌,当设计无要求时,搭接长度不应小于基础扩大部分的高度。设计要求的洞口等应于砌体砌筑前正确留出。夏天施工时,对刚砌完的砌体,应用草袋覆盖养护 5~7 d,避免风吹、日晒、雨淋。毛石全部砌完,要及时在基础两边均匀分层回填土,分层夯实。

阶梯形毛石墙体,上阶的石块应至少压砌下阶石块的 1/2,相邻阶梯毛石应相互错缝搭接。转角处、交接处和洞口处也应选用平毛石砌筑。毛石基础转角处和交接处应同时砌起,如不能同时砌起又必须留槎时,应留成斜槎,斜槎长度应不小于斜槎高度。斜槎面上毛石不

应找平,继续砌筑时应将斜槎面清理干净。

5. 勾缝

毛石砌筑 24 h 后进行清缝,灰缝厚度宜为 20～30 mm,缝宽不小于砌缝宽度,缝深不小于缝宽的两倍,勾缝前必须将槽缝冲洗干净,不得残留灰渣和积水,并保持缝面湿润。勾缝砂浆应单独拌制,砂浆饱满度不应小于 80%。勾缝完成和砂浆初凝后,将砌体表面残杂的砂浆刷洗干净,用浸湿物覆盖保持 21 天。在养护期间经常洒水,使砌体保持湿润,避免碰撞和振动,勾缝保持块石砌石的自然结缝,要求美观、匀称,块石形态突出,表面平整,如图5-2-11所示。

图 5-2-11 毛石砌驳岸勾缝施工

6. 竣工验收

(1)主控项目

① 毛石及砂浆强度等级必须符合设计要求。

② 毛石砌体砂浆饱满度不应小于 80%。

③ 毛石砌体的轴线位置及垂直度允许偏差应符合表 5-2-1 的规定。

(2)一般项目

① 毛石砌体的组砌形式应内外搭砌、上下错缝,拉结石、丁砌石交错设置;毛石墙拉结石每 0.7 m² 墙面不应少于 1 块。

② 毛石砌体的一般尺寸允许偏差应符合表 5-2-2 的规定。

表 5-2-2 毛石砌体允许偏差项目

项 次	项 目	允许偏差/mm	检 验 方 法
1	轴线偏差	15	用水准仪和尺检查
2	基础及顶面标高	−15～15	用水准仪和尺检查
3	砌体厚度	−10～20	尺量检查
4	每层垂直度	20	经纬仪或吊线坠
5	全高垂直度	30	经纬仪或吊线坠
6	平整度	20	靠尺

7. 常见问题及解决办法

（1）砂浆强度不稳定

材料计量要准确，搅拌时间要达到给定的要求，试块、养护、试压要符合规定。

（2）水平灰缝不平

皮数杆要立牢固，标高一致，砌筑时小线要拉紧，穿平墙面，砌筑跟线。

（3）料石质量不符合要求

对进场的料石品种、规格、颜色进行验收时要严格把关，对不符合要求的料石拒收不用。

（4）勾缝粗糙

灰缝深度一致，横竖缝交接平整，表面洁净。

二、木桩驳岸施工工艺

木桩驳岸是用竹、木、圆条和竹片、木板经防腐处理后作驳岸材料，驳岸每隔一定长度要设置伸缩缝。其构造和填缝材料的选用应力求经济耐用，施工方便。寒冷地区驳岸背水面需作防冻胀处理。施工方法有：填充级配砂石、焦渣等多孔隙、易滤水的材料；砌筑结构尺寸大的砌体，可夯填灰土等坚实、耐压、不透水的材料。图5-2-12所示为某公园木桩驳岸。常见的结构做法如图5-2-13所示。

图5-2-12　某公园木桩驳岸

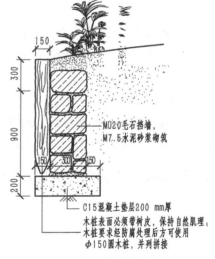

图5-2-13　木桩驳岸做法

木桩驳岸的施工工艺流程如下：

1. 基础制作

严格按图纸要求开槽及基础施工，若开挖后的基槽墙面土体达不到稳固的要求或基槽过深，应用木板进行加固，以确保施工安全。在基础施工过程中，注意混凝土的配比、混凝土垫层厚度和宽度的要求，填筑完成后注意混凝土基层的找平及养护。

2. 墙体砌筑

具体做法可参考挡土墙施工。

3. 木桩的防腐处理

木材防腐处理的方法很多,下面介绍几种常用的简单易行、投资少、见效快的方法。

（1）涂刷处理

在涂刷防腐剂前必须充分干燥木材,涂刷次数愈多,防腐效果愈好,但必须待前一次涂刷干燥后再进行下一次涂刷,效果才好。所用防腐剂为有机溶剂防腐剂和水溶性防腐剂。对于裂隙、榫接合部位要重点处理。

（2）喷淋处理

这种方法比涂刷法效率高,但易造成防腐剂的损失（达 25%～30%）及环境污染,因而只用于数量较大或难以涂刷的地方。

（3）浸渍处理

把木材放在盛有防腐剂的敞口浸渍槽中浸泡,使防腐剂渗入到木材中。一般设有加热装置,以提高防腐剂的渗透能力。浸渍法的注入量和注入深度与树种、规格、处理时间和含水率有很大关系。如单板,瞬时浸渍处理即可,而方材需长时间处理方能有效。另外,树种不同,渗透性存在着差异,也会影响注入量及注入深度。含水率的影响上述中已谈及。浸渍操作应注意:处理前,材面要求干净,无阻碍物;大批量浸渍处理,要使木材间留出间隔,有利于渗透和气泡的逸出;处理时要抖动木材,搅拌药液。

4. 木桩的安装

木桩的安装方法,既可以在做好的挡土墙上用水泥砂浆粘贴木桩,也可用水泥砂浆附在木桩底部固定木桩,并做好桩之间的连接。木桩安装时要注意整齐一致,较好的自然纹理要朝外。

5. 收尾工程

主体施工结束后要注意挡土墙后的回填土,应逐层回填并夯实,最后,在挡土墙顶端附一定厚度的土,以便遮挡人工挡土墙,保证木桩驳岸的自然效果。

三、破坏人工湖驳岸的因素

① 人工湖底地基直接坐落在不透水的坚实地基上是最理想的。若地基强度不够坚实,由于墙体自身重力及荷载变化的影响,会造成驳岸均匀或不均匀沉陷,使驳岸出现纵向裂缝甚至局部塌陷。在地下水位高的地带,地下水的浮托力会影响基础的稳定。

② 常水位至湖底部分常年处于被淹没状态。在我国北方,寒冷地区则因为湖水渗入驳岸,冻胀后使驳岸断裂。冻胀力作用于常水位以下驳岸时,使常水位以上的驳岸向水面方向位移,而岸边地面冰冻产生的冻胀力也将常水位以下驳岸向水面方向推动,这样造成驳岸位移。

③ 常水位至最高水位部分的驳岸经受周期性淹没,随水位上下的变化形成冲刷,如果不设驳岸,岸土便被冲落。

④ 最高水位以上不被淹没的部分,主要经受浪击、日晒和风化剥蚀。驳岸顶部则可能因超重荷载和地面水的冲刷遭到破坏。另外,由于驳岸下部被破坏也会引起上部结构受到破坏。

复习提高

设计一座小型湖,并绘制施工图纸,按施工图纸及相应的施工工艺要求在实习场地内完成建造。

任务 3　溪流工程施工

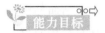
能力目标

1. 能够熟读各种溪流的施工图纸;
2. 熟练掌握溪流的施工流程及方法;
3. 能够熟练指导施工人员完成溪流的施工。

知识目标

1. 掌握人工溪流的分类及特点;
2. 掌握溪流的施工工艺及流程;
3. 掌握溪流施工常用的各种施工工艺特点。

基本知识

一、溪流的概念及特点

溪流是自然山涧中的一种流水形式,属于动态水景,其首尾必有落差,可形成不同的流速和多股小瀑布。溪流内水体的滞和流、缓和急,既展现了溪流水景的迂回曲折和开合收放,又有利于溪流两岸的造景,如图 5-3-1 所示。溪流在园林中既可连接空间也可分割空间,进行布置时应设计较夸张的流水曲线,把溪流的源头和终点加以遮挡和隐藏有利于增加园林游览的趣味性,在河床上布置一些障碍物有利于增加流水的动感,创造欢快的气氛。除此之外,潺潺的水声能给人以无限的联想。

图 5-3-1　溪流的应用

模仿自然形态,在驳岸布置卵石,以增加与流水的明暗对比,岸边的植物丰富可与溪流的颜色对比。

二、溪流的分类

1. 人工溪流

模仿自然界中的溪涧河流,利用流水的曲线、质感、声音增加园林水景的趣味性,如图 5-3-2所示。建造时根据图纸,确定溪流位置并开槽,溪流的河床通常以素混凝土作垫层,操作时在垫层上作防水处理,方法一般为防水混凝土或防水卷材。溪流的河床贴面粘贴鹅卵石,根据要求作出高低变化,以增加自然的趣味。河床两侧的驳岸材料选择自然山石或大块卵石加以装饰。溪流的源头通常用假山、建筑等加以遮挡,出水口设置于石缝内或建筑物下。溪流的终点通常设有水面。根据图纸要求设置供水和循环设备,但要注意这些设备的隐藏。

图 5-3-2　人工溪流

2. 瀑布

瀑布是由水的落差造成的。流水在地势较平坦时形成溪流,在落差较大时便形成了瀑布。如图 5-3-3 所示。瀑布的形式很多,按其形象和姿态分为直落式、跌落式、散落式、水帘式等,按大小分为宽瀑、细瀑、高瀑、短瀑等形式。瀑布主要以落水的形式和水声吸引游人,所以在施工的过程中要注意流水跌落位置落差的处理。瀑布主要由溪流、落水、水潭(水池)三部分组成。施工时按设计要求,先进行与瀑布起点连接的溪流的施工,然后进行瀑道的处理,瀑布的落水效果的好坏很大程度上取决于堰口的做法。常用的做法有:将堰口的山石做卷边处理;堰唇采用青铜或不锈钢制作;在堰顶增加蓄水池并增加深度,以保证平稳、连续的水流等。连接在瀑布下边的水潭的做法可参考水池施工,但要注意水潭的深度,以免落水的冲击力破坏水池的池底结构。供水及循环设备的安装可参考溪流施工。

3. 叠水

水呈台阶状流出时称为叠水,台阶的形式赋予变化,有高有低,层次有多有少,所以可以创作出形式不同、水量不同、水声各异的多种叠水。叠水可分为规则式和自然式两种。自然

图 5-3-3　人工瀑布

式叠水中,台阶可用自然山石制作,如图 5-3-4 所示。规则式叠水的台阶可以选择预制构件
(如水盆、条石等),如图 5-3-5 所示。叠水施工方法可参考溪流施工,但叠水位置要注意每级
台阶间的高差变化。为保证水流的连续和稳定,通常在叠水的顶端设小型蓄水池。

图 5-3-4　自然式叠水

图 5-3-5　规则式叠水

图 5-3-6、图 5-3-7 所示为某小区人工溪流平面放样及施工图。根据图纸完成溪流施工。

该工程施工图纸为人工溪流施工项目。施工者应具备溪流施工的基本能力,掌握施工的技术要求,并具备一定的园林景石欣赏、布置能力。施工过程中,首先要根据图纸要求进行人工溪流的平面布置放线;开槽时注意溪流上、下游设计标高的要求,严格按照图纸的要求选择材料,并注意驳岸的结构及防渗施工,在卵石铺制和河道内景石摆放的过程中注意美观实用。按要求布置出水口、排水口和溢水口,并注意水口的隐藏。

该溪流的施工工艺流程如下:

根据施工图纸分析,该溪流的主要施工材料包括细砂、石子、卵石、毛石、水泥、给排水管材、湖石等。

该工程主要施工工具及设备包括放线设备、铁锹、镐、挖掘机、运输车辆、夯实机、吊装车辆等。

一、施工前的准备工作

1. 施工前的资料确认

溪流是蜿蜒曲折、高差逐渐变化的连续带状水体。根据此特点,在施工以前要认真阅读图纸,详细了解本任务中溪流的走向、水面宽度、高差变化等特点,为后期施工打下良好的基础。

2. 施工前的现场勘察

在施工前要做详细地现场勘察。认真勘察溪流沿途的地貌特征、地质特点、原地形标高等项目,为制作施工计划和施工方案做好第一手资料准备。

3. 施工前现场的准备工作

在溪流施工前,在现场做好"四通一清"的准备工作,即通水、通电、通路、通信和场地清理。根据溪流的带状特点,可在施工现场设多个闸箱和取水点,布置位置以方便施工为准。临时设施的准备包括临时房屋的建设、施工材料的存放场所等。

4. 施工人员、工具、材料的准备

在溪流施工前,对施工人员进行溪流施工特点、相关施工工艺、验收标准的培训,并由专

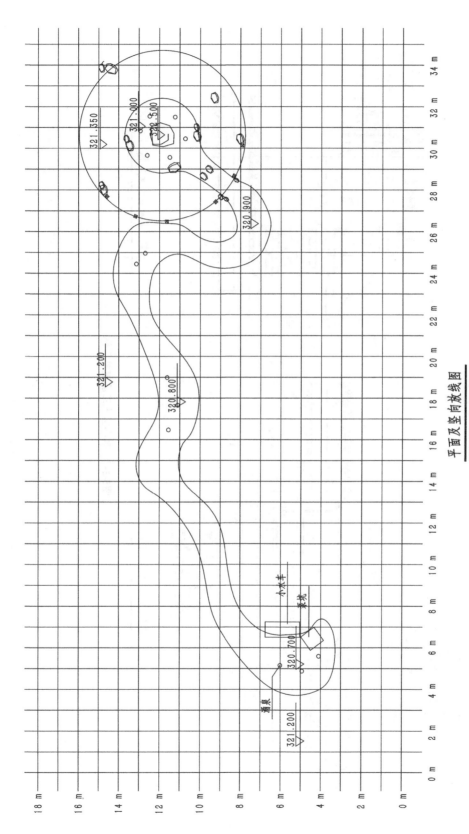

平面及竖向放线图

图5-3-6 某小区人工溪流平面及竖向放线图

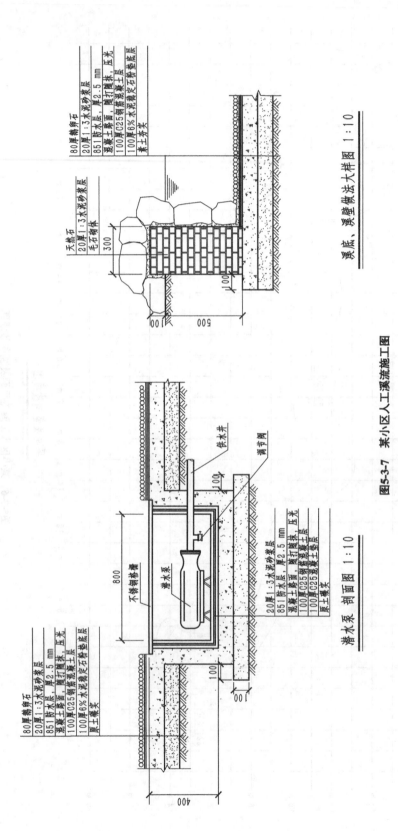

溪底、溪壁做法大样图 1:10

图5-3-7 某小区人工溪流施工图

潜水泵 剖面图 1:10

人对其进行技术交底和任务分配,以保证施工的质量和效率。根据施工组织方案的要求,准备相关施工工具,保证施工工具在施工前进场。按图纸要求采购溪流施工的相关材料,先将所选材料样品报送甲方或监理,待验收合格后方可采购。若溪流较长,施工工具和材料不必集中保存,可分散到多个地点,以方便施工使用。

二、溪道放线和溪槽挖掘

1. 溪槽放线

由溪流图纸图 5-3-6 可见,溪流蜿蜒曲折、时宽时窄,所以放线时为保证精确度可采用方格网法。操作步骤为:将图纸上的方格网按要求测放在施工场地内,用石灰粉、黄沙等在地面上勾画出溪流的轮廓,同时注意给水管线的走向,在溪流的转弯点和宽窄变化较多处应加密桩点,以确保曲线位置的准确。溪流的河床标高有连续的变化,所以在进行竖向放线时,各桩点所在位置的设计高程要清晰地标注在木桩上;若遇变坡点要做特殊标记,以提醒施工人员注意。

2. 溪槽挖掘

溪槽按设计要求挖掘,最好选择人工挖掘的方法。溪槽的开挖要保证有足够的宽度和深度,以便安装装饰用石。在挖掘过程中注意木桩上标记的设计标高,开槽时挖出的表土可作为溪流两侧的种植土使用。若溪流较长可采取分段同时施工的方法,并在施工过程中注意相邻的施工段在槽底标高和槽宽方面的衔接。溪槽夯实结束后,应对槽底进行细致地检查,对于不符合标高要求的部位进行人工修整。

三、溪底施工

如图 5-3-7 所示,在素土夯实的基槽上,用 6％水泥石粉做 100 mm 厚垫层,垫层制作过程中应保证垫层的均匀度,夯实后应对垫层标高进行检查,以符合设计标高要求。水泥石粉垫层之上做 100 mm 厚 C25 钢筋混凝土垫层,溪底配筋严格按施工要求制作,混凝土按要求比例混合并搅拌均匀,浇筑前应提交样品送检,检验合格后方可浇筑。混凝土制作过程中随做随压平、打光,为后期防水施工做准备,并检查标高是否符合要求。本任务中防水涂料的涂刷工艺可参考任务 1。溪底面层鹅卵石的施工工艺流程为:在基层上先刷洗 1∶0.4～1∶0.5 的素水泥浆结合层,一边刷一边抹找平层,其上抹 20 mm 厚的 1∶3 干硬性水泥浆,并用铁抹子搓平,再把鹅卵石铺嵌在上面,用木抹子压实、压平后撒上干水泥,用喷雾器进行喷水洗刷,保持接缝平直、宽窄均匀、颜色一致。施工后第二天应采用保护膜盖上并充分浇水保养。嵌卵石时要注意卵石之间应紧密,不要留过大的间隙,以保证最佳的效果。如图 5-3-8 所示。

当用防水卷材做防水层时,应注意所铺防水卷材的宽度应略宽于溪流的垫层,并用石块压紧,以防止漏水。若溪流进行分段施工时,应在相邻两端衔接的位置处做搭接处理,注意每层都要搭接,尤其是防水层。

四、溪壁施工

本任务中溪壁的做法如图 5-3-7 所示。溪壁为毛石砌体,做法可参考毛石驳岸的施工,但在施工过程中要注意溪壁的防水处理,材料与溪底相同即可,施工时保证溪底与溪壁的防

图 5-3-8　某人工溪流池底及池壁施工

水层有一定的搭接。在毛石砌体的表面用 20 mm 厚的 1 : 3 水泥砂浆粘贴湖石作为装饰，粘贴前应先对湖石进行预摆，以选择最佳的石材摆放角度及最佳的摆放位置，湖石安装时注意水泥砂浆尽可能的不暴露在外。如图 5-3-9 所示。如果溪流的环境开朗，水面宽且水浅，可用平整的草坪做护坡，并沿驳岸线点缀卵石封边，以起到驳岸的作用。

图 5-3-9　某人工溪流池壁湖石安装

五、管线安装

溪流的出水口及管线应进行隐藏，对于提前预埋的管线应注意质量的严格检验，并埋藏于相应的位置和恰当的深度。后期安装的管线和设备要遵循有关施工规程，管线安装后要进行密封，并注意防水施工时不要有遗漏。

六、扫尾

溪流主体施工结束后，根据图纸要求对施工现场进行整理，尤其是溪壁位置放置的湖石或卵石尽可能的自然，并做好配景植物的种植。根据现场情况可在河床上放置卵石，以使水面产生轻柔的涟漪，更富于自然情趣，如图 5-3-10 所示。

图 5-3-10 某人工溪流施工结束

七、试水及验收

根据设计要求,对水池的给排水设备检验,查看其是否通畅,电气设备是否正常。检查水池的防水效果是否达到设计要求,有无渗水现象的发生。试水过程中注意观察溪底和溪壁的防水效果,在循环设备工作的过程中检验设备运转是否正常,是否符合要求。

验收时严格遵循设计图纸和相关验收规定,对不合格的工程要限期返工,直到达到设计要求为止。

任务考核

任务考核内容和标准如表 5-3-1 所示。

表 5-3-1 任务考核内容和标准

序号	考核内容	考核标准	配分	考核记录	得分
1	溪流施工图识读	熟读表达内容	30		
2	溪流的施工	掌握施工的工艺流程	20		
3	溪壁的施工	掌握施工的工艺流程	30		
4	试水及工程验收	能够达到工程验收标准	20		

知识链接

一、片石护坡施工工艺

护坡是为防止边坡受冲刷,在坡面上所做的各种铺砌和栽植的统称。在园林水景的建设中,边坡经常要做护坡处理,护坡主要分为以石块或混凝土为材料的硬质材料护坡和以植物为材料的软质材料护坡。

浆砌片石护坡通常布置于较陡的坡面。图 5-3-11 所示为某处浆砌片石护坡的施工做法,施工工艺流程如下:

放线及坡面处理 → 基坑处理 → 垫层施工 → 片石砌体施工 → 竣工验收

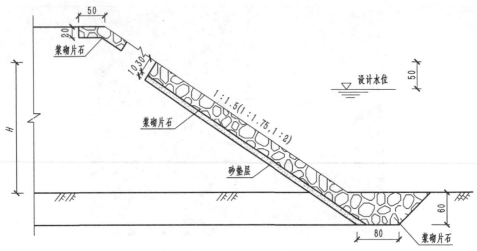

图 5-3-11　某片石护坡做法

1. 放线及坡面的处理

工程开工前,根据设计图纸提供的位置进行现场放样,对防护工程位置的原地形复测,以核实图纸上尺寸、形状及基础标高是否符合实际情况。清除防护工程范围内所有树根及其他杂物,按设计标高及坡度要求修整坡面,依据图纸尺寸及形状放样并挂线施工。

2. 基坑处理

基坑是放置坡脚的位置,坡脚是整个护坡主要的承重部件,所以基坑必须足够坚实。基坑应按设计图纸要求,设置在岩石上符合压实度的地基上,基础的开挖及基底检验、回填均应符合施工规范要求,如地基承载力不够,根据图纸要求材料和方法进行地基处理,处理完毕,检验合格,方可进行砌筑;在基坑开挖之前或开挖后,如有受水浸泡现象,应用排水设备进行及时排除,保证坑内在施工期间无积水现象。

3. 垫层施工

垫层材料选择粒径不大于 50 mm,含泥量不超过 5%,含砂量不超过 40% 的沙砾,施工时沿坡面按要求铺制时应保证垫层的均匀。

4. 片石砌体的施工

砌筑之前将基面和坡面夯实平整后,方可开始砌筑;砌筑前应用净水清洗干净每一石块并使其彻底饱和,垫层应保持湿润;所有石块均应座于新拌砂浆之上,在砂浆凝固前,所有缝应满浆,石块固定就位;砌体外露面的坡顶、边口处选用较平整的石块并加以修整后方可进行砌筑;所有砌体均自下而上逐层砌筑,直至墙顶,当砌体较长时应分为几段,砌筑时相邻段高差不大于 1.2 m,各段水平砌缝应一致;先铺砌角隅石及镶面石,然后铺砌帮衬石,最后铺砌腹石,角隅石或镶面石与帮衬石互相锁合;砌体在完工后,视水泥种类及气候条件,加强养护;护坡坡脚挖槽,使基础嵌入槽内,基础埋置深度均按图纸要求;当挖方边坡渗水量过大时,泄水孔除按图纸要求设置以外,应适当增加泄水孔数量;沙砾垫层的铺设应符合图纸要求,铺设之前应将地表面拍打平整密实,厚度均匀,密实度大于 90%;砌体的沉降缝、伸缩缝及泄水孔位置均符合图纸要求。

5. 施工注意事项

① 护面墙基础设在可靠的基础上,护面墙底面按图纸做成向内倾斜的反坡;

② 在挖方边坡岩石中的凹陷处,应先挖成台阶,后用与墙身相同的材料找平,再砌筑墙体;

③ 护面墙应挂线砌筑,墙面及两端面砌筑平顺,墙背与坡面密切结合,墙顶与边坡间缝隙应封严;

④ 砌筑过程中,泄水孔按图纸设计位置埋设铁管,反滤层在砌高一层后即填筑一层,当达到耳墙位置时,清理边坡后先进行耳墙砌筑。

二、砖砌结构施工工艺

在园林水景建设中,池壁、驳岸、溪壁等的主体经常使用砖砌结构建造,并用水泥抹面,用自然山石或贴面材料装饰。

施工工艺流程如下:

施工准备 → 砂浆搅拌 → 砖浇水 → 砖砌体施工 → 竣工验收

具体的施工做法参见"砌筑工程施工"相关内容。图 5-3-12 为正在进行池壁的砌筑。

图 5-3-12 某水池砖砌池壁施工

三、人工回填土工艺

在水景施工过程中,驳岸、池壁、溪壁外在进行回填施工时,由于回填位置分散、面积小、延续距离长,所以经常采用人工回填土施工。管沟等的回填也可采用此工艺。

1. 施工材料及主要机具

回填土宜优先利用基槽中挖出的土,但不得含有有机杂质,使用前应过筛;其粒径不大于 50 mm,含水率应符合规定。如为栽植表面的回填土,应优先使用原表土。主要机具有蛙式或柴油打夯机、手推车、筛子(孔径 40~60 mm)、木耙、铁锹(尖头与平头)、2 m 靠尺、胶皮管、小线和木折尺等。

2. 施工作业条件

① 施工前应根据工程特点、填方土料种类、密实度要求、施工条件等,合理地确定填方土料含水率控制范围、虚铺厚度和压实遍数等参数;重要回填土方工程,其参数应通过压实试验来确定。

② 回填前应对基础、地下防水层、保护层等进行检查验收,并且要办好隐检手续。基础混凝土强度达到规定的要求后方可进行回填。

③ 管沟的回填应在完成加固后再进行,之前应将沟槽内的积水和有机物等清理干净。

④ 施工前应做好水平标志,以控制回填的高度或厚度。

3. 施工工艺流程

基底的清理 → 检验土质 → 分层铺土、夯实 → 修整、找平 → 验收

① 填土前应将基坑(槽)底或地坪上的垃圾等杂物清理干净。

② 检验回填土的质量:有无杂物,粒径是否符合规定,以及回填土的含水量是否在控制的范围内。如含水量偏高,可采用翻松、晾晒或均匀掺入干土等措施;如含水量偏低,可采用预先洒水润湿等措施。

③ 回填土应分层铺摊,每层铺土厚度应根据土质、密实度要求和机具性能确定。每层铺摊后,随之耙平。

④ 回填土每层至少夯打三遍。打夯应一夯压半夯,夯夯相连,行行相连,纵横交叉,并且严禁采用水浇使土下沉的所谓"水夯"法。

⑤ 深浅两坑(槽)相连时,应先填夯深坑,填至与浅坑相同的标高时,再与浅坑一起填夯。如必须分段填夯时,交接处应填成阶梯形。

⑥ 基坑(槽)回填应在相对两侧或四周同时进行。基础墙两侧标高不可相差太多,以免把墙挤歪。较长的管沟墙应采用内部加支撑的措施,然后再在外侧回填土方。

⑦ 回填管沟时,为防止管道中心线位移或损坏管道,应用人工先在管子两侧填土夯实,并应由管道两侧同时进行,直至管顶 0.5 m 以上。在不损坏管道的情况下,方可采用蛙式打夯机夯实。在抹带接口处、防腐绝缘层或电缆周围,应回填细粒料。

⑧ 每层填土夯实后,应按规范规定进行环刀取样,测出干土的质量密度,达到要求后,再进行上一层的铺土。

⑨ 填土全部完成后应进行表面拉线找平,凡超过标准高程的地方,及时依线铲平;凡低于标准高程的地方,应补土夯实。

⑩ 雨季、低温施工。

● 基坑(槽)或管沟的回填土应连续进行,尽快完成。施工中注意雨情。雨前应及时夯完已填土层或将表面压光,并做成一定坡势,以利排除雨水。

● 施工时应有防雨措施,要防止地面水流入基坑(槽)内,以免边坡塌方或基土遭到破坏。

● 低温回填土时,每层铺土厚度应比常温施工时减少 20%～50%,其中冻土块体积不得超过填土总体积的 15%,其粒径不得大于 150 mm。铺填时,冻土块应均匀分布,逐层夯实。

● 填土前,应清除基底上的冰雪和保温材料;填土的上层应用未冻土填铺,其厚度应符合设计要求。

● 管沟底到管顶 0.5 m 范围内不得用含有冻土块的土回填;基坑(槽)或管沟不得用含冻土块的土回填。

**复习提高**

设计一条溪流,并绘制施工图纸,按施工图纸及相应的施工工艺的要求,在实习场地内建造一条溪流。

项目六　园路工程施工

园林道路是构成园林的基本组成要素之一,包括道路、广场、游憩场地等一切硬质铺装。园路具有交通、导游、组织空间、划分景区和造景等功能,是园林工程设计与施工的主要内容之一。本项目介绍园路的常用类型及施工方法,特别是常见园路的施工要点和质量检验方法,这些内容是从事园林技术施工行业人员必备的技能。

- 能够熟读园路施工图纸;
- 能制定园路工程施工流程和工艺要求;
- 能完成园路工程施工准备和施工操作;
- 能够进行园路工程施工质量检验。

- 掌握园路的施工工艺及操作步骤;
- 掌握园路工程施工的验收内容。

任务 1　整体路面工程施工

1. 能够熟读整体路面施工图纸;
2. 掌握整体路面的施工方法;
3. 能够指导园路工程施工。

1. 掌握整体路面的分类及特点;
2. 掌握整体路面的施工工艺及操作步骤;
3. 掌握整体路面工程施工的验收内容。

一、园路基础知识

1. 园路的功能

园路是贯穿全园的交通网络,联系若干个景区和景点,同时也是组成园林景观的要素之一,并为游人提供活动和休息的场所。

（1）组织交通和引导游览线路

经过铺装的园路耐践踏、碾压和磨损，可为游人提供舒适、安全、方便的交通条件，还可满足各种园务运输的需求，如图 6-1-1 所示。此外，园林景点依托园路进行联系，园路动态序列地展开指明了游览方向，引导游人从一个景点进入另一个景点。园路还为欣赏园景提供连续不同的视点，取得步移景异的效果。

图 6-1-1　组织交通的园路

（2）划分、组织空间

园林中通常利用地形、建筑、植物、水体或道路来划分园林功能分区。对于地形起伏不大、建筑比重小的现代园林绿地，用道路围合、分隔不同景区是主要的划分方式。借助道路面貌（线形、轮廓、图案等）的变化，还可以暗示空间性质、景观特点转换及活动形式的改变等，从而起到组织空间的作用。如在专类园中，园路划分空间的作用更是十分明显，如图 6-1-2 所示。

图 6-1-2　划分空间的园路

（3）参与造景

园路作为空间界面的一个方面而存在着，自始至终伴随着游览者，并影响风景的效果，

它与山、水、植物和建筑等共同构成优美丰富的园林景观。主要表现在以下方面。

① 创造意境。

如中国古典园林中,园路的花纹和材料与意境相结合,如图 6-1-3 所示。有其独特的风格与完整的构图,很值得学习。

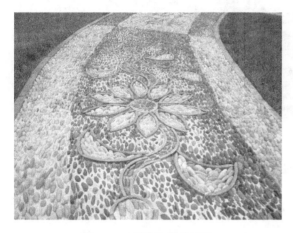

图 6-1-3　创造意境的园路

图 6-1-4　构成园景的园路

② 构成园景。

通过园路引导,将不同角度和方向的地形地貌、植物群落等园林景观一一展现在眼前,形成一系列动态画面,即此时的园路也参与了风景的构图,可称之为"因景得路"。而且园路本身的曲线、质感、色彩、纹样、尺度等与周围环境相协调统一,也是构成园景的一部分,如图 6-1-4所示。

③ 统一空间环境。

总体布局中,协调统一的地面铺装使尺度和特性上有差异的要素相互间连接,在视觉上统一起来,如图 6-1-5 所示。

图 6-1-5　统一空间的园路

④ 构成个性空间。

园路的铺装材料和图案造型能形成和增强不同的空间感,如细腻感、粗犷感、安静感、亲切感等;丰富而独特的园路可以提升视觉趣味,增强空间的独特性和可识性,如图 6-1-6 所示。

图 6-1-6 构成特色空间的园路

（4）提供活动场地和休息场地

在建筑小品周围、花坛边、水旁和树池等处,园路可扩展为广场,为游人提供活动和休息的场所。

（5）组织排水

道路可以借助其路缘或边沟组织排水。当园林绿地高于路面,就能汇集两侧绿地径流,利用其纵向坡度将雨水排除。

2 园路的典型结构

园路路面的结构形式同城市道路一样具有多样性,但由于园林中通行车辆较少,园路的荷载较小,因此路面结构都比城市道路简单,其典型的路面结构如图 6-1-7 所示。

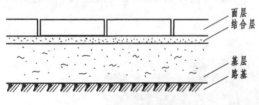

图 6-1-7 园路的典型结构

（1）面层

面层是路面的表层,它直接承受人流、车辆和大气因素的作用,因此面层要求坚固、平稳、耐磨损、不滑、反光小,具有一定的粗糙度和少尘性,便于清扫且美观。

（2）结合层

采用块料铺筑面层时,在面层与基层之间设有结合层,具有黏结和找平的作用。

（3）基层

基层位于结合层之下,垫层或路基之上,是路面结构中主要承重部分,可增加面层的抵抗能力,能承上启下,将荷载扩散、传递给路基。

（4）垫层

在路基排水不良或有冻胀、翻浆的路段上,为了排水、隔温、防冻的需要,用道渣、煤渣、石灰土等水稳定性好的材料作为垫层,设于基层之下。园林中也可用加强基层的办法,而不另设此层。

（5）路基

路基即土基,是路面的基础,它不仅为路面提供一个平整的基面,还承受路面传来的荷载,是保证路面强度和稳定性的重要条件。

园路常见的结构如表 6-1-1 所示。

表 6-1-1　园路常见结构

序号	园路名称	园路结构	
1	石板嵌草路		(1) 100 mm 厚石板； (2) 50 mm 厚黄沙； (3) 素土夯实； (4) 石缝 30～50 mm 嵌草
2	卵石嵌草路		(1) 70 mm 厚预制混凝土嵌卵石； (2) 50 mm 厚 M2.5 混合砂浆； (3) 一步灰土； (4) 素土夯实
3	预制混凝土方砖路		(1) 500 mm×500 mm×500 mm 的 C15 混凝土方砖； (2) 50～500 mm 厚粗砂； (3) 150～250 mm 厚灰土； (4) 素土夯实
4	现浇水泥混凝土路		(1) 80～150 mm 厚 C15 混凝土； (2) 80～120 mm 厚碎石； (3) 素土夯实
5	卵石路		(1) 70 mm 厚混凝土上嵌小卵石； (2) 30～50 mm 厚 M2.5 混合砂浆； (3) 150～250 mm 厚碎砖三合土； (4) 素土夯实
6	沥青碎石路		(1) 10 mm 厚两层柏油表面处理； (2) 50 mm 厚泥结碎石； (3) 150 mm 厚碎砖或白灰、煤渣； (4) 素土夯实
7	羽毛球场铺地		(1) 20 mm 厚的 1∶3 的水泥砂浆； (2) 80 mm 厚的 1∶3∶6 的水泥∶白灰∶碎砖； (3) 素土夯实
8	步石		(1) 大块毛砖； (2) 基石用毛石或 100 mm 厚水泥混凝土板； (3) 素土夯实
9	块石汀步		(1) 大块毛石； (2) 基石用毛石或 100 mm 厚水泥混凝土板； (3) 素土夯实

序号	园路名称	园路结构	
10	荷叶汀步		用钢筋混凝土现浇
11	透气透水性路面		(1) 彩色异型砖； (2) 石灰砂浆； (3) 少砂水泥混凝土； (4) 天然级配沙砾； (5) 粗砂或中砂； (6) 素土夯实

3. 园路的类型

园路根据构造形式一般可分为路堑型、路堤型和特殊型 3 种类型，如图 6-1-8 所示。

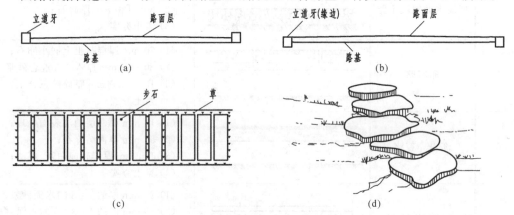

图 6-1-8　园路的基本构造类型

(a) 路堑型(立面)；(b) 路堤型(立面)；(c) 路堤型(平面)；(d) 特殊型

路堑型是道牙位于道路边缘，路面低于两侧地面，利用道路排水。

路堤型是道牙位于道路靠近边缘处，路面高于两侧地面，利用明沟排水。

特殊型包括步石、汀步、蹬道、攀梯等。

4. 园路铺装施工方法

园路铺装的重点在于控制好施工面高程，并使基层、面层达到设计要求，精细施工，强调质量。下面介绍园路铺装的一般方法，在实际施工中可根据铺装类型的不同，选择合适的施工流程。

(1) 施工准备

核对地面施工范围，清理施工现场，核实地下管线走向，标示地下埋设物等。

(2) 材料准备

提前预订材料和铺装的采购数量、花色以及材料的临时存放地点，做好防雨、防盗工作；材料选购要符合国标标准。

（3）放线

施工放线是把图纸上的设计方案在现场通过准确地画线来体现设计意图，达到设计所要求的效果。按园路的中线，在地面上每隔 10～20 m 放一中线桩，在弯道曲线的曲头、曲中、曲尾各放一中线桩，并在中线桩上写明桩号，再以中心桩为准，根据园路的宽度和场地的范围定边桩，最后放出路面和场地的平面线。放线时应注意路面应有纵坡与横坡，以保证路面积水及时排出。

（4）土路基

按设计铺地的宽度和范围，沿边线每侧放出 25 cm 挖槽，槽的深度应等于铺地面的厚度，槽底应有 2%～3% 的横坡度，基槽做好后，在槽底上洒水，使它潮湿，然后用蛙式打夯机夯土 2～3 遍，基槽平整度允许误差不大于 2 cm。其中微地形处园路的处理要结合场地现状适当造型，力争表现出一定的艺术效果。

（5）铺筑基层

根据设计要求准备铺筑材料；在铺筑时应注意铺筑厚度，厚度大于 20 cm 时采用分层摊铺，并用振动器捣密实。

（6）铺筑结合层

结合层的铺筑材料一般为水泥、白灰、砂的混合砂浆或水泥砂浆，已拌好的砂浆应于当日用完。砂浆的铺装宽度应大于铺装面层 5～10 cm。

（7）面层铺筑

这是铺地施工最关键的地方，直接关系到园路质量的好坏。主园路一般采用整体现浇铺装技术。由于园路除具有普通道路所具备的功能外，还有在园林景观中的装饰作用，这就决定了园路的多样性。因此，结合园林景观及园路所在环境的不同，要设计出不同的路面图案，用不同的铺砌材料，达到其多样形态的功能。

① 大理石铺路。

铺砖应轻抬轻放，用橡胶锤敲打稳当，注意不得伤到砖的边角。如发现结合层不平，应拿起砖重新用砂浆找平，严禁在砖下填塞砂浆或用碎石支垫。砖铺好后应沿线检查平整度，发现移位或不平时应立即修整完好。所有施工完毕后，扫缝洒水，使其黏结牢固。

② 卵石路。

现场选好需要铺筑的范围，可先用 M75 水泥砂浆平铺 3 cm 厚，再用水泥素浆铺 2 cm 厚，待水泥素浆稍凝固，即用准备好的卵石按照设计图案插入素浆中，并用抹子压实。卵石要长、短、扁、圆、尖互相搭配。做好图案后，用喷雾器喷清水将卵石表面水泥冲掉，次日再用草酸液喷洗表面，使路面石子鲜艳明亮。

③ 花街铺地。

用侧放的小板砖及瓦片组成花纹轮廓，然后按照设计图样填入各色卵石、碎瓦、碎瓷片等，用水泥砂浆注入固定。因其完成后图案精美，色彩艳丽，犹如五彩花朵洒落地面，故称花街铺地。

无论哪一种路面铺筑，都有其规定的养护期。在养护期内应严格禁止行人、车辆的走动及碰撞，以确保路面的施工质量。

（8）道牙

道牙基础宜与地床同时填挖碾压，以保证有整体的均匀密实度。结合层常用做法为 2 cm 厚的 1∶3 砂浆。道牙要安稳，牢固后用 M10 水泥砂浆勾缝，道牙背后应用灰土夯实。

5. 园路施工的管理

由于园林工程有多项施工内容,在施工过程中往往由多个施工单位共同完成施工任务,因此,若在工程衔接及施工配合上出现问题,则会影响施工进度、工程质量等。施工管理中应注意以下方面问题。

（1）精心准备

施工准备的基本内容,一般包括技术准备、物资准备、施工组织准备、施工现场准备和协调工作准备等,有的必须在开工前完成,有的则可贯穿在施工过程中进行。

（2）合理计划

根据对施工工期的要求,组织材料、施工设备、施工人员进入施工现场,计划好工程进度,保证能连续施工。必须综合现场施工情况,考虑流水作业,做到有条不紊,否则,会造成人力、物力的浪费,甚至造成施工停歇。

（3）统筹安排

园路工程虽然是一个单项工程,但是在施工中往往涉及与园林给排水、园林电照、绿化种植等其他园林工程项目的协调和配合,因此,在施工过程中要做到统一领导,各部门、各项目协调一致,使工程建设能够顺利进行。

二、整体路面概述

整体路面包括现浇沥青混凝土路面和水泥混凝土路面,其特点是平整、耐压、耐磨,适宜在风景区通车干道和公园主园路、次园路或一些附属道路上采用。

1. 沥青混凝土路面

沥青混凝土路面是用热沥青、碎石和砂的拌合物现场铺筑的路面。将沥青拌合站或移动搅拌车拌和好的沥青混合料运输到现场后,采用专门摊铺机将混合料在热态下进行摊铺成型,经过机械摊铺,松散的沥青混合料铺筑成为具一定结构和厚度的面层。沥青路面层具有平整、均匀、颜色深和反光小的特点,易于与深色的植被协调,但是耐压强度和使用寿命均低于水泥混凝土路面,且沥青在夏季有软化现象。在园林中多用于主干道。

沥青混凝土路面常用 60～100 mm 厚的泥结碎石作基层,以 30～50 mm 厚的沥青混凝土作面层。根据沥青混凝土骨料粒径的大小,有细粒式（10～15 mm 以下）、中粒式（20～25 mm 以下）、粗粒式（35～40 mm 以下）和沙粒式（5～7 mm 以下）沥青混凝土可供选用。此外,为使沥青面层与非沥青材料基层结合良好,要在基层上喷洒透层（也称为黏层）。透层主要是增强基层与沥青面层的结合,防止层间的滑动。透层可以是液体石油沥青、乳化沥青或煤沥青,它们都能够透入基层表面一定深度。

2. 水泥混凝土路面

水泥混凝土路面是用水泥、粗细骨料（碎石、卵石、砂等）、水按一定的配合比例混匀后现场浇筑的路面。其整体性好,耐压强度高,养护简单,便于清扫。初凝之前,还可以在表面进行纹样加工。在园林中,多用作主干道。为增加色彩变化,也可添加不溶于水的无机矿物颜料。

常见水泥混凝土路面的基层可用 80～120 mm 厚的碎石层,或用 150～200 mm 厚的大块石层。面层一般采用 C20 混凝土,厚 120～160 mm,路面设伸缩缝。对路面的装饰,主要是采取各种表面抹灰处理。抹灰装饰的方法有以下几种。

（1）普通抹灰

用水泥砂浆在路面表层做保护装饰层或磨耗层。水泥砂浆可采用1：2或1：2.5比例，常以粗砂配制。

（2）彩色水泥抹灰

在水泥中加各种颜料，配制成彩色水泥，对路面进行抹灰，可做出彩色水泥路面。

（3）水磨石饰面

水磨石是一种比较高级的装饰材料，有普通水磨石和彩色水磨石两种。水磨石面层的厚度一般为10～20 mm。它是用水泥和彩色细石子调制成水泥石子浆，铺好面层后打磨光滑而成的。

（4）露骨料饰面

一些园路的边带或作障碍性铺装的路面，常采用混凝土露骨料做成装饰性边带。这种路面立体感较强，能够和平整路面形成鲜明的质感对比。因为这种路面铺装类型造价高，一般用在小游园、庭院、屋顶花园等面积不太大的地方。

三、整体路面施工技术

本任务将以现浇沥青混凝土路面的施工为例具体说明整体路面施工技术，所以此处重点介绍现浇沥青混凝土路面的施工工艺。

沥青路面施工基本流程：清理基层和测量放样→洒透层沥青→拌制沥青混合料→运输沥青混合料→摊铺→碾压→接缝和修边→初期养护。

1. 清理基层和测量放样

在表面施工前，应将路面基层清扫干净，使基层的矿料大部分外露，并保持干燥。若基层整体强度不足时，则应先予以补强。

为了控制混合料的摊铺厚度，在准备好基层之后，应进行测量放样，即沿路面中心线和四分之一路面宽度处设置样桩，标出混合料摊铺厚度。当采用自动调平摊铺机时，应放出引导摊铺机运行走向和标高的控制基准线。

2. 洒透层（或黏层）沥青

采用沥青洒布车喷洒透层沥青时，要洒布均匀。当发现有空白、缺边时，应立即用人工补洒，有沥青积聚时应立即刮除，如图6-1-9所示。

图6-1-9 沥青路面透层施工

3. 拌制沥青混合料

沥青混合料宜在集中地点用机械拌制，一般选用固定式热拌厂，在线路较长时宜选用移动式热拌机。在拌制沥青混合料之前，应根据确定的配合比进行试样，试拌时对所用的各种矿料及沥青应严格计量，对试样的沥青混合料进行试验以后，才可以选定施工配合比。

4. 沥青混合料的运输

运料车在施工过程中应在摊铺机前方 30 cm 处停车，不能撞击摊铺机。卸料过程中应挂空挡，靠摊铺机的推进前进。沥青混合料的运输必须快捷、安全，使沥青混合料到达摊铺现场的温度在 145~165 ℃之间，并对沥青混合料的拌和质量进行检查；当来料温度不符合要求或料结团、遭雨淋湿时，不得铺筑在道路上。

5. 摊铺

摊铺采用机械方式。沥青混合料摊铺机将运料车的沥青混合料卸在料斗内，经传送器传到螺旋摊铺器，随着摊铺机前进，螺旋摊铺器即在摊铺带宽度上均匀地摊铺混合料，随后捣实，并由摊平板整平，如图 6-1-10 所示。

图 6-1-10　沥青路面的摊铺和碾压

6. 碾压

用压路机进行碾压，压实后的沥青混合料应符合平整度和压实度的要求，因此，沥青混合料每层的碾压成型厚度不应大于 10 cm，否则，应分层摊铺和压实，其碾压过程分为初压、复压和终压三个阶段。

初压是在混合料摊铺后较高温度下进行，宜采用 60~80 kN 双轮压路机慢速度均匀碾压 2 遍，碾压温度应符合施工温度的要求。初压后应检查平整度、路拱，必要时应予以适当调整。

复压是在初压后，采用重型轮式压路机或振动压路机碾压 4~6 遍，要达到要求的压实度，并无显著轮迹。因此，复压是达到规定密实度的主要阶段。

终压紧接着复压进行，终压选择 60~80 kN 的双轮压路机碾压不少于 2 遍，并应消除在碾压过程中产生的轮迹和确保路表面的良好平整度。

7. 接缝和修边

沥青路面的接缝施工，包括纵缝、横缝和新旧路的接缝等。

① 摊铺时，采用梯队作业的纵缝用热接缝。施工时，将已铺混合料部分留下 10~20 cm

宽暂不碾压,作为后摊铺部分的高程基准面,在最后做跨缝碾压以消除缝迹。

② 半幅施工不能采用热接缝时,设挡板或采用切刀切齐。铺另半幅前必须将缝边缘清扫干净,并涂洒少量黏层沥青。摊铺时应在已铺层上重叠 5～10 cm,摊铺后用人工将摊铺在前半幅上面的混合料铲走。碾压时先在已压实路面上行走,碾压新铺层 10～15 cm,然后压实新铺部分,再碾过已压实路面 10～15 cm,充分将接缝紧密压实。上下层的纵缝错开 0.5 m,表层的纵缝应顺直,且留在车道的画线位置上。

③ 相邻两幅及上下层的横向接缝均错位 5 m 以上。上下层的横向接缝可采用斜接缝,上面层应采用垂直的平接缝。铺筑接缝时,可在已压实部分上面铺设些热混合料,使之预热软化,增强新旧混合料的黏结,但在开始碾压前应将预热用的混合料铲除。

④ 平接缝应做到紧密黏结,充分压实,连接平顺。施工可采用下列方法:在施工结束时,摊铺机在接近端部约 1 m 处将摊平板稍稍抬起驶离现场,人工将端部混合料铲齐后再碾压。然后用 3 m 直尺检查平整度,趁混合料尚未冷透时垂直刨除端部平整度或层厚不符合要求的部分,使下次施工时成直角连接。

⑤ 在从接缝处继续摊铺混合料前,应用 3 m 立尺检查端部平整度,当不符合要求时,予以清除。摊铺时应控制好预留高度,接缝处摊铺层施工结束后,再用 3 m 直尺检查平整度,当有不符合要求处,应趁混合料尚未冷却时立即处理。

⑥ 横向接缝的碾压应先用双轮钢筒式压路机进行横向碾压。碾压带的外侧放置供压路机行驶的垫木,碾压时压路机位于已压实的混合料层上,伸入新铺层的宽度为 15 cm,然后每压一遍向混合料移动 15～20 cm,直至全部在新铺层上为止,再改为纵向碾压。当相邻摊铺层已经成型,同时又有纵缝时,可先用钢筒式压路机沿纵缝碾压一遍,其碾压宽度为 15～20 cm,然后再沿横缝作横向碾压,最后进行正常的纵向碾压。

⑦ 做完的摊铺层外露边缘应剪切修边到要求的线位,应将修边切下的材料及其他的废弃沥青混合料从路上清除。

8 初期养护

当发现有泛油时,应在泛油部位补撒与最后一层矿料规格相同的嵌缝料;当有过多的浮动矿料时,应扫出路外;当有其他损坏现象时,应及时修补。

图 6-1-11 所示为某庭院园路工程的施工图,根据该施工设计图,完成现浇混凝土园路的施工操作。

该工程施工是整体路面施工项目,所以在工程施工准备及施工过程中,要考虑整体路面施工的相关要求,要明确现浇混凝土施工的技术要求,确定园路的构成,掌握整体路面施工的技术标准和验收方法。

该现浇混凝土路的施工工艺流程如下:

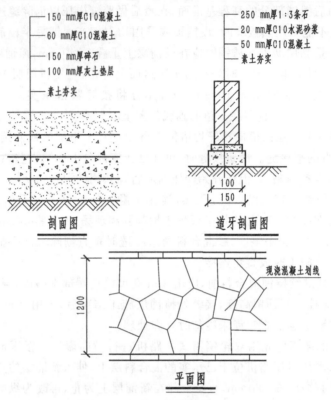

图 6-1-11　某庭院现浇混凝土路施工图

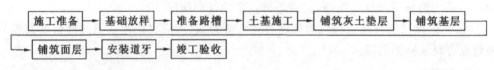

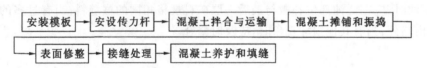

面层的施工工艺流程如下:

材料、工具及设备

该工程材料包括水泥、沙子、碎石、熟化石灰和黏土。

该工程园路施工机械设备主要有土方机械、压实机械、混凝土机械和起重机械,经调试合格备用。

该工程施工工具包括木桩、皮尺、棉线、模板、石夯、铁锹、铁丝、钎子、运输工具、脚手架、经纬仪、水准仪等。

操作步骤

一、施工准备

施工准备需要特别说明以下内容。

① 本任务采用集中混凝土搅拌机现场搅拌。水泥混凝土配合比由工程质量检测中心开出。坍落度指混凝土在磨具内外堆积高度的差值,实验方法为将新拌混凝土满灌入一个圆锥形坍落度桶,上小下大,用铁棍捣实,然后迅速提起铁桶放在一旁,用钢尺测得坍落度桶顶与混凝土堆积高度的差值,即为混凝土的坍落度。简单地说,坍落度是表示混凝土是否易于施工操作和均匀密实的性能,是一个很综合的性能,包括流动性、黏聚性和保水性,一般为3～5 cm。水泥采用普通硅酸盐水泥。原料必须经过验收,计量要准确,混凝土搅拌时间不少于90 s,搅拌机装料数不得超过搅拌筒容量的10%。

② 灰土垫层施工首先根据设计要求进行熟化石灰与黏土的备料,生石灰中的灰块不应小于总量的70%,在使用前3～4 d洒水粉化;黏土中不得含有机杂质。原料放在不受地下水侵蚀的基土上即可。

二、基础放样

按设计图标示的园路中心线,在地面上每隔20～50 m放一中心桩,在弯道曲线的曲头、曲中和曲尾处各放一中心桩,并在各中心桩上写明桩号,再以中心桩为准,根据路面宽度定边桩,最后放出路面的平曲线。用白灰在场地地面上放出边轮廓线。

三、准备路槽

按设计路面的宽度,每侧放出20 cm挖槽,路槽的深度应等于路面的厚度,槽底应有2%～3%的横坡度。路槽做好后,在槽底上洒水使它潮湿,然后用蛙式跳夯2～3遍,路槽平整度允许误差不大于2 cm。

四、土基施工

土基施工需经过现场勘测、平整(开挖)和分层压(夯)实三个过程。

首先根据设计要求,对现场基土进行勘测,对土质和土壤状况进行分析,并确定基土标高,以此来判断是否填土或开挖。在淤泥、淤泥土质及杂填土、冲填土等软弱土层上施工时,应按设计要求对基土进行更换或加固。淤泥、腐殖土、冻土、耕植土和有机物含量大于8%时不得用作填土,膨胀土需经过技术处理才能作为填土使用。此外,填前宜取土样进行实验,确定基土最优含水量与相应的最大干密度,过干的土在压实前应加以湿润,过湿的土应予晾干。

分层压(夯)实的每层虚铺厚度:机械压实要求大于300 mm,蛙式打夯机夯实要求不大于250 mm,人工夯实要求不大于200 mm。

五、铺筑灰土垫层

灰土垫层施工需经过拌料和铺设压实两个过程。

拌合料的体积比应通过试验确定,一般情况下灰土拌合料为3∶7(体积比)的熟化石灰与黏土。拌和时需加水量宜为拌合料总重量的16%,拌和后的灰土料应均匀,颜色一致,拌和黏土粒径不得大于15 mm,并保持一定温度。

对拌合料应进行分层铺设,每层虚铺厚度宜为150～250 mm,随铺随夯,不得隔日再夯实,也不可受雨淋。夯实后表面要平整,经晾干后方可进行下道工序施工。一般灰土垫层夯实厚度不应小于100 mm。

六、铺筑基层

根据要求选用强度均匀、未风化和无杂质的碎石,进行分层均匀摊铺。碎石基层表面空隙应用粒径为 5～25 mm 的细石子填补,采用大平板振动器夯实,夯实后的厚度不应大于虚铺厚度的 3/4。

七、铺筑面层

整体路面混凝土浇筑施工操作示例,如图 6-1-12 所示。

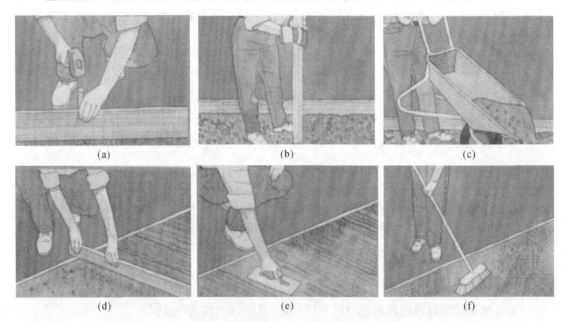

图 6-1-12 整体路面混凝土浇筑施工操作示例

(a) 安装模板;(b) 安装传力杆;(c) 摊铺和振捣;(d) 接缝施工;(e) 表面修整和防滑措施;(f) 养护

1. 安装模板

模板宜采用钢模板,弯道等非标准部位以及小型工程也可采用木模板。模板应无损伤,有足够的强度,内侧和顶、底面均应光洁、平整、顺直,局部变形不得大于 3 mm;振捣时模板横向最大挠曲应小于 4 mm,高度应与混凝土路面厚度一致,误差不超过 ±2 mm;纵缝模板平缝的拉杆穿孔眼位应准确。

2. 安装传力杆

当侧模安装完毕后,在需要安装传力杆的位置上安装传力杆。

当混凝土模板连续浇筑时,可采用钢筋支架法安设传力杆,就是在嵌缝板上预留圆孔,以便传力杆穿过,嵌缝板上面设木制或铁制压缝板条,按传力杆位置和间距,在接缝模板下部做成倒 U 形槽,使传力杆由此通过,传力杆的两端固定在支架上,支架脚插入基层内。

3. 摊铺和振捣

对于半干硬性现场拌制的混凝土,一次摊铺的最大厚度为 22～24 cm;塑性的商品混凝土一次摊铺的最大厚度为 26 cm。本任务先铺筑 60 mm 厚 C10 混凝土垫层,再摊铺150 mm 的 C25 水泥混凝土。振捣时可用平板式振捣器或插入式振捣器。

4. 接缝施工

纵缝应根据设计文件的规定施工,一般纵缝为纵向施工缝。拉杆在立模后浇筑混凝土之前安设,纵向施工缝的拉杆则穿过模板的拉杆孔安设。纵缝槽宜在混凝土硬化后用锯缝机锯切。也可以在浇筑过程中埋入接缝板,待混凝土初凝后拔出即形成缝槽。

锯缝时,应在混凝土达到5～10 MPa强度后方可进行,也可由现场试锯确定。横缩缝宜在混凝土硬结后锯成,在条件不具备的情况下,也可在新浇混凝土中压缝而成。锯缝必须及时,在夏季施工时,宜每隔3～4块板先锯一条,然后补齐,也允许每隔3～4块板先压一条缩缝,以防止混凝土板未锯先裂。

横胀缝应与路中心线成90°角,缝壁必须竖直,缝隙宽度一致,缝中不得连浆,缝隙下部设胀缝板,上部灌封缝料。胀缝板应事先预制,常用的有油浸纤维板(或软木板)、海绵橡胶泡沫板等。预制胀缝板嵌入前,应使缝壁洁净干燥,胀缝板与缝壁紧密结合。

5. 表面修整和防滑措施

水泥混凝土路面的面层混凝土浇筑后,当混凝土终凝前必须用人工或机械将其表面抹平。当采用人工抹光时,其劳动强度大,还会把水分、水泥和细砂带到混凝土表面,以致表面比下部混凝土或砂浆有较高的干缩性和较低的强度。当采用机械抹光时,其机械上安装圆盘,即可进行粗光;安装细抹叶片,即可进行精光。具体操作如图6-1-13所示。

(a)   (b)

图6-1-13 现浇混凝土路面修整

(a)人工抹光;(b)机械抹光

为了保证行车安全,混凝土表面应具有粗糙抗滑的特点。施工时,可用棕刷顺横向在抹平后的表面轻轻刷毛。

此外,本项目采用画线的方式装饰路面,使用金属条或木条工具在未硬的混凝土面层上划出施工图要求的纹路。

6. 养护

混凝土路面施工完毕应及时进行养护,使混凝土中拌合料有良好的水化和水解强度、发育条件以及防止收缩裂缝的产生,养护时间一般约为7天。养护期间禁止车辆通行,在达到设计强度后,方可允许行人通行。其养护方法是在混凝土抹面2 h后,表面有一定强度时,用湿麻袋或草垫或者20～30 mm厚的湿砂覆盖于混凝土表面以及混凝土板边侧。覆盖物还兼有隔温作用,保证混凝土少受剧烈天气变化的影响。在规定的养护期间,每天应均匀洒水数次,使其保持潮湿状态。

八、安装道牙

道牙的施工工艺流程如下：

土基施工 → 铺筑碎石基层 → 铺筑混凝土垫层 → 铺筑结合层 → 安装道牙 → 验收

土基施工宜与路床同时填挖碾压,以保证有整体的均匀密实度。选用均匀、未风化和无杂质的碎石,进行基层铺筑并夯实。铺筑砂浆结合层与道牙安装同时施工,砂浆抹平后安放道牙并用 M100 水泥砂浆勾缝。勾缝前对安放好的路缘石进行检查,检查其侧面、顶面是否平顺以及缝宽是否达到要求,不合格的应重新调整,然后再勾缝。道牙背后应用白灰土夯实,其宽度为 50 cm,厚度为 15 cm,密实度在 90％以上即可。图 6-1-14 所示为道牙安装施工。

图 6-1-14 道牙施工

九、竣工验收

竣工验收时,除对内业验收外,还要对外业进行验收。具体的验收内容如下:

① 混凝土面层不得有裂缝,并不得有石子外露和浮浆、脱皮、印痕、积水等现象;

② 伸缩缝必须垂直,缝内不得有杂物,伸缩必须全部贯通;

③ 切缝直线段应线直,曲线段应弯顺,不得有夹缝,灌缝不漏缝;

④ 混凝土路面工程偏差应符合表 6-1-2 规定。

表 6-1-2 混凝土路面工程偏差项目表

序号	项　　目	允许偏差/mm	检验频率		检验方法
			范围	点数	
1	厚度	不得小于设计	每块	2	用尺量
2	相邻板高差	3	缝	1	用尺量
3	平整度	5	块	1	用 3 m 直尺量取最大值
4	横坡	±10,且不大于±0.3％	20 m	1	用水准仪具测量
5	纵缝直顺	10	100 m 缝长	1	拉 20 m 小线量取最大值
6	横缝直顺	10	40 m	1	沿路宽拉线量取最大值
7	井框与路面高差	3	每座	1	用尺量取最大值

⑤ 道牙验收。道牙施工完毕后,质检小组对直顺度、缝宽、相邻两块高差及顶面高程等指标进行检测,不合格路段应重新铺设。具体指标要求如下:

● 道牙铺设直线段应线直,自然段应弯顺;
● 道牙铺设顶面应平整,无明显错牙,勾缝严密;
● 道牙允许偏差应符合表 6-1-3 的要求。

表 6-1-3 道牙允许偏差项目表

序号	项　　目	允许偏差/mm	检 查 方 法
1	直顺度	±3	拉 10 m 小线取量最大值
2	相邻块高差	±2	尺量
3	缝宽	2	尺量
4	路缘石(道牙)顶面高程	±10	用水准仪具测量

注:检查数量:每 100 延长米检查一次。

任务考核

任务考核内容和标准如表 6-1-4 所示。

表 6-1-4 任务考核内容和标准

序号	考核内容	考核标准	配分	考核记录	得分
1	园路施工图识读	熟读表达内容	30		
2	园路施工准备	掌握施工材料和机具的筹备、调试和验收;掌握放线方法	30		
3	园路施工	掌握整体路面施工的工艺流程	30		
4	工程验收	能够掌握整体园路工程验收标准	10		

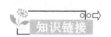

知识链接

一、艺术压花地坪的概念和特点

艺术压花地坪是在摊铺好的混凝土表面上,混凝土表面析水消失后,撒彩色强化剂(干粉)对混凝土表面进行上色和强化,并使用专用工具将彩色强化剂抹入混凝土表层,使其融为一体;待表面水分光泽消失时,均匀施撒彩色脱膜养护剂(干粉),并马上用事先选定的模具在混凝土表面进行压印,以实现各种设计款式、纹理和色彩。待混凝土经过适当的清理和养护之后,在表面施涂密封剂(液体),使艺术地坪表面防污染、防滑、增加亮度并再次强化。完成后的艺术地坪除了较强的装饰性以外,其物理性能较稳定。图 6-1-15 所示为艺术压花地坪铺装实例。

艺术压花地坪是具有较强的艺术性和特殊装饰要求的地面材料。具有易施工、一次成型、使用期长、施工快捷、修复方便、不易退色、成本低、优质环保的优点,同时又弥补了普通彩色道板砖的整体性差、高低不平、易松动、使用周期短等不足。此外,还具有抗耐磨、防滑、抗冻、不易起尘、易清洁、高强度、耐冲击的特点,而且色彩和款式方面有广泛的选择性、灵活

图 6-1-15　艺术压花地坪铺装

性,是目前园林、市政、停车场、公园小道、商业街区和文化娱乐设施领域的理想选择。

二、艺术压花地坪的施工方法及注意事项

1. 基础施工

土基要求均匀密实,选择原状土或回填土;当地基为软弱基础时,要用碎石、卵石作为填料,其最大粒径不得超过铺填厚度的 2/3。注意使用最佳含水率的土料,增加碾压遍数,碾压密实度大于 98%,以提高地面的承载能力。

人行道铺设艺术压花地坪时,基础可采用大于 10 cm 厚的 3∶7 灰土,或做不大于 3 cm 厚砂石级配垫层,还可以做建筑砂垫层。通常,灰土上面再铺设大于 6 cm 厚的混凝土垫层。

车行道(非主干道路)铺设艺术压花地坪时,地基可采用大于 10 cm 厚的 3∶7 灰土,或大于 6 cm 厚的砂石级配垫层,或碎石垫层,垫层厚度一定要均匀捣实。碎石上面铺设 10～20 cm 厚的混凝土垫层。应按车流量确定混凝土的厚度和配筋与否,以防将来产生沉降,造成表面断裂。

2. 安装模板

在对地坪有形状、图案要求时,一定要安装模板,模板应符合设计要求,需平整、坚固,最好选用钢模板。如果模板为侧石或其他材料的地面铺装,要注意对它们进行保护,以防污染。

3. 钢筋网施工

对有铺设钢筋要求的地坪,应按照设计规范来编制钢筋网。当摆放网片时,周围应按照要求保留相应的空间;对于使用较深纹理的模板,一定要在钢筋网上保留 2～3 倍模板纹理深度的垫层混凝土,同时注意石子的粒径要可以通过网片的孔径为好。

4. 垫层混凝土的配比要求

为了提高工作效率和提高工程质量,减少泌水现象发生,一定要控制好水灰比和坍落度,这是影响工程质量的关键。

人行道铺设,要求使用普通硅酸盐水泥的混凝土强度等级大于 C25,水灰比不小于 0.55,坍落度为 7～9 cm,石子的最大直径为 1.9 cm;车行道要求混凝土的强度等级为 C35 以上,水灰比不小于 0.45,坍落度为 7～8 cm,石子的最大直径为 2.5 cm;泵送混凝土的坍落度为不小于 14 cm。

5. 垫层混凝土的施工要求

混凝土垫层铺设厚度不得小于 6 cm,现场搅拌的混凝土不得有离析、泌水、坍落度不一致、标号不够的现象发生,不能使用含氯化物的外加剂,同时不能混入氧化钙及其产品。

混凝土要按模板的摆放来摊铺,在浇筑混凝土前,应均匀地在基础上洒水,目的是为了延长混凝土的初凝时间,但不得有积水。混凝土的厚度应与模板的标高持平,混凝土的摊铺最好一次完成。超过 20 cm 的厚度,应分层浇筑,结合面要做结浆处理,每层浇筑的时间间隔不超过 24 h。要分层浇筑混凝土,面层混凝土的厚度不得小于 3～6 cm,并要求采用细石混凝土。在进行第二次浇筑时,要先将地面凿毛,清理表面并洒水湿润表面,并去掉多余积水。大于 3 cm 厚的面层要涂刷界面剂,这样黏结后的整体效果才好。

在人行道施工时,垫层厚度不宜超过 8 cm,不宜使用振捣器,混凝土浇入模板后,快速使用刮杠刮平,用大木抹子抹平。

车行道(停车场)施工时,底层混凝土浇筑时,要使用带有较重钢制长辊的平面振捣器(应长于模板的宽度)反复辊压地面,增强底层混凝土的密实度;在无法使用钢辊作业的地方,要使用振捣棒,面层使用提浆辊进行提浆,标高应经过水平仪的检测。选用纹理浅的模板可以选择一次浇筑,并使用振捣棒和提浆辊进行提浆,但不可以使用带有较重钢制长辊的平面振捣器。

6. 压印过程

先去除在混凝土表面的泌水,当没有泌水出现后,将规定用量的 2/3 耐磨硬化材料均匀撒布在找平后的混凝土表面,待耐磨材料吸收水分后,使用专用的铁抹子进行收光作业,注意一定要用力将耐磨硬化材料压入混凝土内。表面没有水光后,在露出底色的地方进行第二次材料的撒布(规定用量的 1/3),再进行一次收光作业。作业方向应纵横交错地进行,在抹压中,消除气泡、砂眼,表面应做到压平、压实、压光。

在硬化材料初凝一定阶段后,表面干燥、无明显水分的情况下,均匀撒布一层与硬化材料配套的脱模粉,可根据所选模板纹理的深浅决定脱模粉的用量。然后使用已选定的模板,根据设计图案和模板的形状,从最早铺设的混凝土一端开始压印,以实现各种设计款式、纹理和色彩。在压印过程中要保持模板的相交线,横平竖直,压印时用力应均匀一致,保持模具固定平整,压制图案要一次成型,不能重压。

7. 压印后的养护

在压印完成 24 h 后,视天气情况决定是采用薄膜遮盖还是洒水的养护形式。混凝土压印施工工艺无须特殊的养护,因为表面覆盖了脱模粉,它能起到了阻止混凝土内水分挥发的作用,但在春、夏两季多大风和暴晒的天气下,还是需要采用薄膜遮盖的养护形式,或者用软毛刷子轻扫压印表面,去掉多余的脱模粉后,洒水养护,洒水次数需要视天气情况决定。

8. 压印后期的整理

在压印完成 3 天后,使用高压水枪对压印地坪表面进行冲洗。根据确定的样板颜色,通过改变水枪的冲洗角度和水压的大小来控制保留脱模粉的多少,一般保留 15%～20% 的脱模粉。在达到最佳效果后,停止冲洗,并对压印后的表面进行整理,去除多余的"眼疵",修补破损。晒干压印地坪的表面后涂刷两遍单组分丙烯酸封闭剂。封闭剂分为底涂和面涂,主要用于增加耐磨程度,提高颜色的鲜艳程度。

9. 伸缩缝的填切

艺术压花地坪的厚度仅为 1～1.5 mm,对伸缩缝无特殊要求,但应充分考虑混凝土的收缩。伸缩缝的设置应符合设计规范,没有特殊要求时,建议沿主线设置,纵向缝间距为 3～6 m,横向缝间距为 6～12 m,最大分格不得超过 6 m×9 m,柱子周围应采取菱形设置。伸缩缝宽为 5～6 mm,深度为垫层厚度的 1/3。最好采用后切割的施工方法,这样切出的伸缩缝整齐漂亮。一般在表面施工完后 3～7 天内切割,具体情况应视垫层厚度、天气情况来定。将根据设计要求,决定缝内是否填充弹性胶结材料。如需要填充,则胶结材料面应低于地坪表面 1～2 mm,封闭前在伸缩缝两边粘贴胶带以防污染地面,采用特殊喷嘴的密封胶枪,选用优质的硅酮橡胶,自下而上进行填充。

三、艺术压花地坪的成品保护

在自然气温高于 5 ℃的条件下,艺术压花地坪施工后的 3 天内,禁止人员入内。在涂刷完封闭剂后,在采取保护措施的条件下,可通行手推车运送材料;可在支垫木板的情况下,搭建脚手架。此时压花耐磨地坪仍然无法承受硬物的磕碰和拖划。施工完毕 28 天后,才可以正常使用。

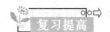 **复习提高**

设计一段现浇沥青混凝土路,并按工艺要求进行施工操作。

任务2 块料路面工程施工

 **能力目标**

1. 能够熟读块料路面施工图纸;
2. 熟悉块料路面的施工方法;
3. 能够指导块料路面工程施工。

 **知识目标**

1. 掌握块料路面的分类及特点;

2. 掌握块料路面的施工工艺及操作步骤;

3. 掌握块料路面工程施工的验收内容。

基本知识

一、块料路面概述

块料路面包括各种天然块石、陶瓷砖及各种预制水泥混凝土块料路面等。块料路面坚固、平稳,图案纹样和色彩丰富,适用于广场、游步道和通行轻型车辆的路段。

1. 砖铺地

目前,我国机制标准砖的大小为 240 mm×115 mm×53 mm,有青砖和红砖之分。园林铺地多用青砖(如图 6-2-1 所示),其风格朴素淡雅,施工方便,可以拼成各种图案,以席纹和同心圆弧放射式排列较多。砖铺地适用于庭院和古建筑物附近。因其耐磨性差,容易吸水,适用于冰冻不严重和排水良好之处。坡度较大和阴湿地段不宜采用,易生青苔。目前也采用彩色水泥仿砖铺地,效果较好。

2. 冰纹路

冰纹路是用边缘挺括的石板模仿冰裂纹样铺砌的路面。石板间接缝呈不规则折线,用水泥砂浆勾缝,多为平缝和凹缝,以凹缝为佳。也可不勾缝,便于草皮长出,成为冰裂纹嵌草路面。还可做成水泥仿冰纹路,即在现浇水泥混凝土路面初凝时,模印冰裂纹图案,表面拉毛,效果也较好。冰纹路适用于池畔、山谷、草地和林中的游步道,如图 6-2-2 所示。

图 6-2-1　青砖铺地

图 6-2-2　冰纹路

3. 乱石路

乱石路是用天然块石大小相间铺筑的路面。它采用水泥砂浆勾缝,石缝曲折自然,表面粗糙,具粗犷、朴素、自然之感,如图 6-2-3 所示。

4. 条石路

条石路是用经过加工的长方体石料铺筑的路面。如图 6-2-4 所示。它平整规则,庄重大方,坚固耐久,多用于广场、殿堂和纪念性建筑物周围。

图 6-2-3　乱石路　　　　　　　　　　　图 6-2-4　条石路

5. 预制水泥混凝土方砖路

它是用预先模制成的水泥混凝土方砖铺砌的路面。此类路面平整、坚固、耐久，形状多变，图案丰富，有各种几何图形、花卉、木纹、仿生图案等。也可用添加无机矿物颜料制成彩色混凝土砖，使其色彩艳丽，如图 6-2-5 所示。适用于园林中的广场规则式路段，也可做成半铺装留缝嵌草路面，如图 6-2-6 所示。

图 6-2-5　预制水泥混凝土方砖路

6. 步石、汀步

步石是置于陆地上的天然或人工整形块石，多用于草坪、林间、岸边或庭院等处。汀步是设在水中的步石，可自由地布置在溪涧、滩地和浅池中。块石间距离按游人步距放置（一般净距为 200～300 mm）。

步石、汀步块料可大可小，形状不同，高低不等，间距也可灵活变化，路线可直可曲，最宜自然弯曲，轻松、活泼、自然，极富野趣。也可用水泥混凝土仿制成树桩或荷叶形状，如图 6-2-7所示。

7. 台阶与磴道

当道路坡度过大时（一般指超过 12％时），需设梯道实现不同高程地面的交通联系，即称台阶（或踏步）。室外台阶一般用砖、石、步石、汀步混凝土筑成，形式可规则也可自然，根据环境条件而定。台阶能增加立面上的变化，丰富空间层次，表现出强烈的节奏感，如图 6-2-8

图 6-2-6　预制水泥混凝土嵌草路　　　　　　图 6-2-7　荷叶汀步

(a)　　　　　　　　　　　　　(b)

图 6-2-8　台阶与礓道

(a) 台阶;(b) 礓道

所示。当台阶路段的坡度超过 70％(坡角 35°,坡值 1∶1.4)时,台阶两侧需设扶手栏杆,以保证安全。

风景名胜区的爬山游览步道,当路段坡度超过 73％(坡角 60°,坡值 1∶0.58)时,需在山石上开凿坑穴形成台阶,并于两侧加高栏杆铁索,以利于攀登,确保游人安全,这种特殊台阶即称礓道。礓道可错开成左右台级,便于游人相互搀扶。

二、块料路面施工技术

块料路面的施工要将最底层的素土充分压实,然后可在其上铺一层碎砖石块。通常还应该加上一层混凝土防水层(垫层),再进行面层的铺筑。块料铺筑时,在面层与道路基层之间所用的结合层做法有两种:一种是用湿性的水泥砂浆、石灰砂浆或混合砂浆作结合材料,另一种是用干性的细砂、石灰粉、灰土(石灰和细土)、水泥粉砂等作为结合材料或垫层材料。

1. 湿性铺筑

用厚度为 15~25 mm 的湿性结合材料,如水泥砂浆、石灰砂浆或混合砂浆等,在面层之下作为结合层,然后在其上砌筑片状或块状贴面层。砌块之间的结合以及表面抹缝,亦用这些结合材料。用花岗石、釉面砖、陶瓷广场砖、碎拼石片、马赛克等材料铺地时,一般要采用湿法铺砌。用预制混凝土方砖、砌块或黏土砖铺地,也可以用此法,如图 6-2-9 所示。

2. 干法砌筑

以干粉砂状材料,如干砂、细砂土、1∶3 水泥干砂、3∶7 细灰土等,作路面面层砌块的垫层或结合层。砌筑时,先在路面基层上平铺一层粉砂材料,其厚度为:干砂、细土为 30~50 mm;水泥砂、石灰砂、灰土为 25~35 mm。铺好找平后,按照设计的拼装图案,在垫层上拼砌成路面面层。路面每拼装好一段,就用平直木板垫在顶面,以铁锤在多处振击(或用橡胶锤直接振击),使所有砌块的顶面都保持在一个平面上,这样可将路面铺装得十分平整。路面铺好后,再用干燥的细砂、水泥粉、细石灰粉等撒在路上并扫入砌块缝隙中,使缝隙填满,最后将多余的灰砂清扫干净。砌块下面的垫层材料将慢慢硬化,使面层砌块和下面的基层紧密地结合成一体。适宜采用这种干法砌筑的路面材料主要有石板、整形石块、预制混凝土方砖和砌块等。传统古建筑庭园中的青砖铺地、金砖墁地等,也常采用干法砌筑,如图 6-2-10所示。

图 6-2-9 块料的湿性铺筑

图 6-2-10 块料的干法砌筑

三、常用园路铺装材料

园路铺装根据材料的不同,具体可以分为柔性铺地和刚性铺地,下面根据此分类方法介绍园路常用材料。

1. 柔性铺地材料

柔性道路是各种材料完全压实在一起而形成的,会将交通荷载向下面各层传递。这些材料利用它们天然的弹性在荷载作用下轻微移动,因此在设计中应该考虑限制道路边缘的方法,防止道路结构的松散和变形。

柔性铺地材料的种类很多,从简单实用到装饰复杂的,从有机的自然物质到人工的产品,从昂贵的到便宜的,大多数柔性材料的铺装要比硬性材料经济得多,因为硬性材料的铺装需要坚固的砂浆地基和柔性的地面覆盖物,包括像砾石和木片那样的疏松材料,沥青那样的密实材料,各种各样的建筑块料,"干"垒在沙地上的建筑块料及木头那样的硬质地面。

所有这些柔性材料都具备适当的弹性。车辆经过时会将其压陷,但等车辆过后它又会恢复原样。

（1）砾石

砾石是一种常用的铺地材料,它适合于在庭园各处使用,对于规则式和不规则式设计来说均适用。砾石包括了3种不同的种类:机械碎石、圆卵石和铺路砾石。机械碎石是用机械将石头碾碎后,再根据碎石的尺寸进行分级。它凹凸的表面会给行人带来不便,但将它铺装在斜坡上却比圆卵石稳固。圆卵石是一种在河床和海底被水冲击而成的小鹅卵石,铺筑工艺要求较高,否则容易松动。铺路砾石是一种尺寸为15～25 mm,由碎石和细鹅卵石组成的天然材料,通常铺在黏土中或嵌入基层中使用。

（2）沥青

沥青是一种理想的铺装材料,它中性的质感是植物造景理想的背景材料。而且运用好的边缘材料可以将柔性表面和周围环境相结合。铺筑沥青路面时应用机械压实表面,且应注意将地面抬高,这样可以将排水沟隐藏在路面下。

（3）嵌草混凝土砖

许多不同类型的嵌草混凝土砖对于草地造景是十分有用的。它们特别适合那些要求完全铺草,却又是车辆与行人入口的地区。这些地面也可以作为临时的停车场,或作为道路的补充物。铺装时,首先应在碎石上铺一层粗砂,然后在水泥块的种植穴中填满泥土和种上草及其他矮生植物。

2　刚性铺地材料

刚性道路是指现浇混凝土及预制构件所铺成的道路,有着相同的几何路面,通常需要在混凝土地基上铺一层砂浆,目的是形成一个坚固的平台,特别是使用那些细长的或易碎的铺地材料时。不管是天然石块还是人造石块,松脆材料和几何铺装材料的配置及加固,都依赖于这个稳固的基础。

（1）混凝土人造石

水泥混凝土可塑造出不同种类的石块,做得好的可以以假乱真。这些人造石可作为铺筑装饰性地面的材料。在很多情况下,还可在混凝土中加入颜料。有些是用模具仿造天然石,有些则利用手工仿造。当混凝土还在模具内时,可刷扫湿的混凝土面,以形成合适的凹栅及不打滑的表面;有的则是借机械用水压出多种涂饰和纹理。

（2）砖及瓷砖

砖是一种非常流行的铺地材料,它们能与天然石头或人造材料很好地结合起来,如混凝土或人造石板,作为植物很好的陪衬,做出各种吸引人的图案。

砖和瓷砖是为表面铺装而设计的,所以必须要耐磨和耐冻。如果用作人行道的路面,在压实的素土层上加上碎石层、砂浆层和砌砖层就足够了。对行车道,则要外加一层混凝土才比较保险,并且要用各种不同厚度的砖砌边作为耐磨线。

砖的纹理、形状和颜色是多种多样的。传统的砖块是用黏土烧制而成的,具有一种亲切、舒适的感觉,不像混凝土或砂和石灰混合物的颜色那样可以滤去或慢慢退色。当砖块铺放在建筑物附近时,就应该尽可能与周围的环境相配。在边缘、阶梯或小品中使用砖块,也能起到连接对比强烈的新式铺地和周围环境的作用。

瓷砖具有一定的形状和耐磨性。最硬的瓷砖是用素烧黏土制成的,它们很难切断。瓷砖也可以像砖那样在砂浆上拼砌。不是所有的瓷砖都具有抗冻性,所以常常要做一层混凝

土基层。

（3）混凝土面层

撇开它呆板和冷漠的外表,混凝土面层令人满意的地面处理方式能够在庭院布景中达到出奇制胜的效果。与多种不光滑的装饰面层不同的是,这种面层可用砖、石块或木材在必要的地方创造出具有吸引力的细部,同时处理好伸缩缝。这些伸缩缝是混凝土面层抵抗热胀冷缩的核心。

（4）天然石头

不同类别的天然石块有着不同的质感和硬度。它们的使用寿命受切割和堆砌方式的影响。密度相同的硬石通常按一定规格切割,个别有纹理的石头可分割成平板石,以产生"劈裂"的表面。不管怎样,潮湿和霜冻都会对石头有影响,使石头一层层地剥落。

图 6-2-11 所示为某园路工程的施工图,要求根据该施工图设计,完成块料园路的施工。

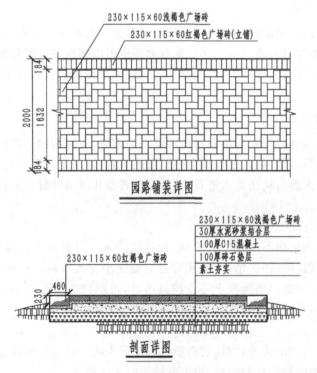

图 6-2-11　某园路工程块料路面施工图

该工程施工图纸是块料园路施工项目,所以在工程施工准备及施工过程中,要考虑块料路面施工的知识。在实施项目建设时,要明确块料园路湿法砌筑施工的技术要求,确定园路的构成,掌握块料路面施工的技术标准和验收方法。

该块料园路的施工工艺流程如下:

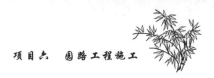

施工准备 → 基础放样 → 铺筑土基 → 铺筑基层 → 铺筑结合层 → 砌筑块状面层 → 结合材料勾缝 → 竣工验收

材料、工具及设备

该工程材料包括广场砖、水泥、沙子、碎石等。

该工程园路施工机械设备主要有土方机械、压实机械、混凝土机械等。

该工程施工工具准备包括木桩、皮尺、绳子、模板、石夯、铁锹、铁丝、钎子、铁抹子等。

操作步骤

一、施工准备

施工准备内容参照其他工程施工准备过程。需要强调一下,在园路铺装工程中,铺装材料的准备工作要求是比较高的,特别是广场的施工,形状变化多,需事先对铺装广场的实际尺寸进行放样,确定边角的方案及广场与园路交接处的过渡方案,然后再确定各种花岗石的数量。在进料时要把好材料的规格尺寸、机械强度和色泽一致的质量关。

基础放样、土基施工、铺筑碎石基层的施工内容可参照任务1进行。

二、铺筑混凝土垫层

在已完成的基层上定线、立混凝土模板。模板的高度为10 cm以上,但不要太高,并在挡板画好标高线。复核、检查和确认道路边线和各设计标高点正确无误后,在干燥的基层上洒一层水或1∶3砂浆。按设计的比例配制、浇筑、捣实混凝土100 mm厚,再用长1 m以上的直尺将顶面刮平。施工中要注意做出路面的横坡和纵坡。混凝土垫层施工完成后,应及时开始养护,养护期为7天以上,冬季施工后养护期还应更长一点。可用湿的稻草、湿砂及塑料膜覆盖在路面上进行养护。养生期内应保持潮湿状态。除洒水车外,应封闭交通。

三、铺筑面层

① 广场砖面层铺装是园路铺装的一个重要的质量控制点,必须控制好标高、结合层的密实度及铺装后的养护。在完成的水泥混凝土面层上放样,根据设计标高和位置打好横向桩和纵向桩,纵向线每隔间距为1板块的宽度,横向线按施工进展向下移,移动距离为板块的长度。

② 将水泥混凝土面层上扫净后,洒上一层水,略干后先将1∶3的干硬性水泥砂浆在稳定层上平铺一层,厚度为30 mm,作结合层用,铺好后抹平。

③ 先将块料背面刷干净,铺贴时保持湿润。根据水平线、中心线(十字线)进行块料预铺,并应对准纵横缝,用木槌着力敲击板中部,振实砂浆至铺设高度后,将石板掀起,检查砂浆表面与砖底相吻合后,如有空虚处,应用砂浆填补。在砂浆表面先用喷壶适量洒水,再均匀撒一层水泥粉,把石板块对准铺贴。铺贴时四角要同时着落,再用木槌着力敲击至平正。面层每拼好一块,就用平直的木板垫在顶面,用橡皮锤在多处振击(或垫上木板,锤击打在木板上),使所有的砖的顶面均保持在一个平面上,如图6-2-12所示,这样可使块料铺装十分平整。注意留缝间隙按设计要求保持一致,水泥砂浆应随铺随刷,避免风干。

图 6-2-12　混凝土块料路面铺筑

④ 铺贴完成 24 h 后,经检查块料表面无断裂、空鼓后,用稀水泥刷缝、填饱满,并随即用干布擦净至无残灰、污迹为止。

⑤ 施工完后,应多次浇水进行养生,达到最佳强度。

四、竣工验收

① 砖面层洁净,图案清晰,色泽一致,接缝平整,深浅一致,周边顺直。板块无裂缝纹、掉角和缺楞等现象。

② 面层镶边用料尺寸符合设计要求,边角整齐、光滑。

③ 勾缝和压缝应采用同品种、同强度等级、同颜色的水泥,并做养护和保护。

④ 面层表面坡度应符合设计要求,不倒泛水,无积水。

⑤ 砖面层的允许偏差应符合表 6-2-1 的要求。

表 6-2-1　砖面层的允许偏差

项次	项　目	允许偏差/mm				检验方法
		水泥砖	混凝土预制块	青砖	草坪砖	
1	表面平整度	±3.0	±4.0	±1.0	±5.0	用 2 m 靠尺和楔形塞尺检查
2	缝合平直	±3.0	±3.0	±1.0	±5.0	拉 5 m 线和钢尺检查
3	接槎高低差	±1.0	±1.0	±1.0	±5.0	用钢尺和楔形塞尺检查
4	板块间隙宽度	2.0	2.0	2.0	5.0	用钢尺检查

注:检查数量:每 200 m² 检查 3 处;不足 200 m² 的不少于 1 处。

任务考核

任务考核内容和标准如表 6-2-2 所示。

表 6-2-2　任务考核内容和标准

序号	考核内容	考核标准	配分	考核记录	得分
1	园路施工图识读	熟读表达内容	30		
2	园路施工准备	掌握施工材料和机具的筹备、调试和验收；掌握放线方法	30		
3	园路施工	掌握块料施工的工艺流程	30		
4	工程验收	能够掌握块料园路工程验收标准	10		

一、园路的常见"病害"及其原因

园路的"病害"是指园路破坏的现象。一般常见的"病害"有裂缝、凹陷、啃边、翻浆等。现就造成各种病害的原因及预防方法分述如下。

1. 裂缝与凹陷

园路在通车一段时间后，会形成凹陷或者裂缝。究其原因，一方面在于施工因素，如压实控制不好、分层过厚、施工措施不当以及含水量等；另一方面，在于材料因素，如最大干容重及最佳含水量有误、材料压缩系数过大、采用高塑性指数的黏性土等，出现此问题，会使路面变形、开裂或下陷。另外，超载车辆的增多造成现有道路等级过低，无法满足重载车辆的需要，都可能引起路基的变形。造成路基沉陷也有施工不当的原因，随着各种工程活动的次数频繁和规模扩大，如削坡、坡顶加载、地下开挖等，另外养护不善也会造成这种现象。但是造成以上这些破坏是由于基土过于湿软或基层厚度不够，强度不足，路面荷载超过土基的承载力时造成的。路基的施工质量，是整个道路工程的关键，也是路基路面工程能否经受住时间、车辆运行荷载、雨季、冬季的考验的关键。要做好路基工程，必须扎扎实实地进行路基的填筑，尤其对原地面的处理和坡面基地的处理。此外，路基填料一般应采用沙砾及塑性指数和含水量符合规范的土，不使用淤泥、沼泽土、冻土、有机土、含草皮土、生活垃圾及含腐殖质的土。路面凹陷如图 6-2-13 所示。

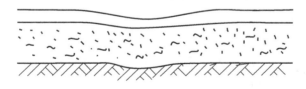

图 6-2-13　路面凹陷示意

2. 啃边

路肩和道牙直接支撑路面，使之横向保持稳定。由于雨水的侵蚀和车辆行驶时对路面边缘的啃蚀作用，使之损坏，并从边缘起向中心发展，这种破坏现象叫啃边。如图 6-2-14 所示。它主要是由水损坏和施工不当引起的。预防由施工不当而引起的啃边，要求施工过程严格按照道路施工规范进行操作，路肩与其基土必须紧密结实，并有一定的坡度。

3. 翻浆

在季节性冰冻地区，地下水位高，特别是对于粉砂性土基，由于毛细管的作用，水分上升

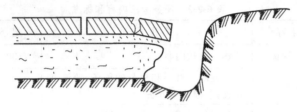

图 6-2-14　路面啃边破坏示意

到路面下。当冬季气温下降时,水分在路面形成冰粒,体积增大,路面就会出现隆起现象;到春季上层冻土融化时,而下层尚未融化,这样使土基变成湿软的橡皮状,路面承载力下降,这时如果有车辆通过,路面会下陷,邻近部分隆起,并将泥浆从裂缝中挤出来,使路面破坏,这种现象称为翻浆,如图 6-2-15 所示。

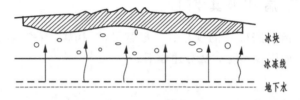

图 6-2-15　路面翻浆示意

　　预防翻浆的基本途径是:防止地面水、地下水或其他水分在冻结前或冻结过程中进入路基上部,可将聚冰层中的水分及时排除,或暂时蓄积在透水性好的路面结构层中;改善土基及路面结构;采用综合措施防治,如做好路基排水,提高路基,铺设隔离层,设置路肩盲沟或渗沟,改善路面结构层等。改善路面结构层主要指在路基排水不良或有冻胀、翻浆的路段上,为了排水、隔温、防冻的需要,用道渣、煤渣、石灰土等水稳定性好的材料作为垫层,设于基层之下。

二、特殊地质及气候条件下的园路施工

　　一般情况下园路施工适宜在温暖干爽的季节进行,理想的路基应当是砂性土和砂质黏土。但有时施工活动无法避免雨季和冬季,路基土壤也可能是软土、杂填土或膨胀土等不良类型,那么,在施工时就要求采取相应措施以保证工程质量。

1. 不良土质路基施工

（1）软土路基

先将泥炭、软土全部挖除,使路堤筑于基底,或尽量换填渗水性土,也可采用抛石挤淤法、砂垫层法等对地基进行加固。

（2）杂填土路基

可选用片石表面挤实法、重锤夯实法、振动压实法等方法使路基达到相应的密实度。

（3）膨胀土路基

膨胀土是一种易产生吸水膨胀、失水收缩两种变形的高液性黏土。对这种路基,首先应先尽量避免在雨季施工,挖方路段也应先做好路堑堑顶排水,并保证在施工期内不得沿坡面排水;其次要注意压实质量,最宜用重型压路机在最佳含水量条件下碾压。

（4）湿陷性黄土路基

这是一种含易溶盐类,遇水易冲蚀、崩解、湿陷的特殊性黏土。施工中关键是做好排水

工作,对地表水应采取拦截、分散、防冲、防渗、远接远送的原则,将水引离路基,防止黄土受水浸而湿陷;路堤的边坡要整平拍实;基底采用重机碾压、重锤夯实、石灰桩挤密加固或换填土等,以提高路基的承载力和稳定性。

2. 雨季施工

(1)雨季路槽施工

先在路基外侧设排水设施(如明沟或辅以水泵抽水)及时排除积水。雨前应选择易翻浆处或低洼处等不利地段先行施工,雨后要重点检查路拱和边坡的排水情况、路基渗水与路床积水情况,注意及时疏通被阻塞、溢满的排水设施,以防积水倒流。路基因雨水造成翻浆时,要立即挖出或填石灰土、砂石等,刨挖翻浆要彻底干净,不留隐患。所需处理的地段最好在雨前做到"挖完、填完、压完"。

(2)雨季基层施工

当基层材料为石灰土时,降雨对基层施工影响最大。施工时,首先应注意天气情况,做到"随拌、随铺、随压";其次注意保护石灰,避免被水浸或成膏状;对于被水浸泡过的石灰土,在找平前应检查含水量,如含水量过大,应翻拌晾晒达到最佳含水量后才能继续施工。

(3)雨季路面施工

水泥混凝土路面施工应注意水泥的防雨防潮,已铺筑的混凝土严禁雨淋,施工现场应预备轻便易于挪动的工作台雨棚;对被雨淋过的混凝土要及时补救处理。此外,还要注意排水设施的畅通。如为沥青路面,要特别注意天气情况,尽量缩短施工路段,各工序紧凑衔接,下雨或面层的下层潮湿时均不得摊铺沥青混合料。对未经压实即遭雨淋的沥青混合料必须全部清除,更换新料。

3. 冬季施工

冬季路槽施工应在冰冻之前进行现场放样,做好标记;将路基范围内的树根、杂草等全部清除。如有积雪,在修整路槽时应先清除地面积雪、冰块,并根据工程需要与设计要求决定是否刨去冰层。严禁用冰土填筑,且最大松铺厚度不得超过 30 cm,压实度不得低于正常施工时的要求;当天填方的土务必当天碾压完毕。

冬季面层施工沥青类路面不宜在 5 ℃以下的温度环境下进行,如果必须施工,要采取以下工程措施:

① 运输沥青混合料的工具须配有严密覆盖设备以保温;

② 卸料后应用苫布等及时覆盖;

③ 摊铺时间宜于上午 9 时至下午 4 时进行,做到"三快两及时",即快卸料、快摊铺、快搂平,及时找细、及时碾压;

④ 施工做到定量定时,集中供料,避免接缝过多。

水泥混凝土路面,或以水泥砂浆做结合层的块料路面,在冬季施工时应注意提高混凝土(或砂浆)的拌和温度(可用加热水、加热石料等方法);并注意采取路面保温措施,如选用合适的保温材料(常用的有麦秸、稻草、塑料薄膜、锯末、石灰等)覆盖路面。此外,应注意减少单位用水量,控制水灰比在 0.5 以下,混料中加入合适的速凝剂;混凝土搅拌站要搭设工棚,最后可延长养护和拆模时间。

复习提高

阅读图 6-2-16 所示的某校区园路施工详图,按工艺要求,进行块料路面的施工操作。

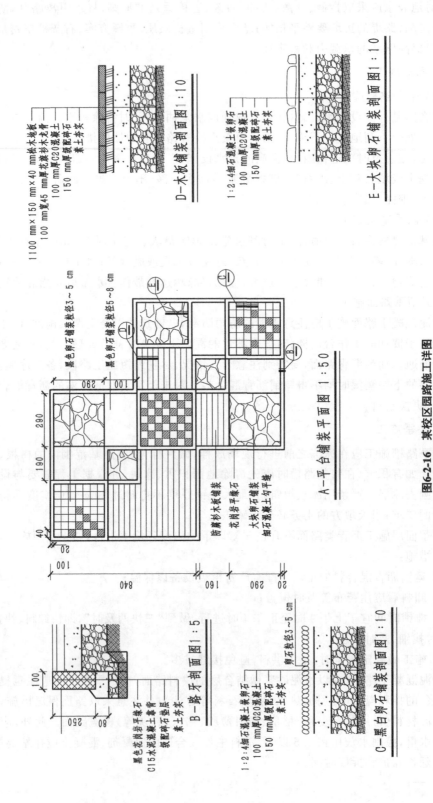

图6-2-16 某校区园路施工详图

注:所有杉木面板，表层刷油防腐处理后，清漆三度。

任务 3　碎料路面工程施工

1. 能够熟读碎料路面施工图纸；
2. 熟悉碎料路面的施工方法；
3. 能够指导碎料路面工程施工。

1. 掌握碎料路面的分类及特点；
2. 掌握碎料路面的施工工艺及操作步骤；
3. 掌握碎料路面工程施工的验收内容。

一、碎料路面概述

碎料路面是用各种石片、砖瓦片、卵石等碎石料拼成的路面，特点是图案精美、表现内容丰富、做工细致，主要用于各种游步小路。

1. 花街铺地

花街铺地是指用碎石、卵石、瓦片、碎瓷等碎料拼成的路面。图案精美丰富，色彩素艳和谐，风格或圆润细腻或朴素粗犷，做工精细，具有很好的装饰作用和较高的观赏性，有助于强化园林意境，具有浓厚的民族特色和情调，多见于古典园林中，如图 6-3-1 所示。

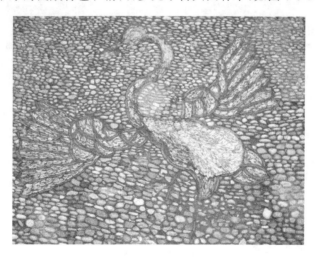

图 6-3-1　花街铺地

2. 卵石路

卵石路是以各色卵石为主嵌成的路面。它借助卵石的色彩、大小、形状和排列的变化组成各种图案，具有很强的装饰性，能起到增强景区特色、深化意境的作用。这种路面耐磨性

好,防滑,富有园路的传统特点,但清扫困难,且卵石易脱落。多用于花间小径、水旁、亭榭周围,如图 6-3-2 所示。

图 6-3-2　卵石路

3. 雕砖卵石路面

雕砖卵石路面又被誉为"石子画",是选用精雕的砖、细磨的瓦和经过严格挑选的各色卵石拼凑成的路面。其图案内容丰富,如以寓言、故事、盆景、花鸟虫鱼、传统民间图案等为题材进行铺砌、加以表现。多用于古典园林中的道路,如故宫御花园甬路,精雕细刻,精美绝伦,不失为我国传统园林艺术的杰作。如图 6-3-3 所示。

图 6-3-3　雕砖卵石路面

二、碎料路面施工技术

碎料路面施工时,在已做好的道路基层上铺垫一层结合材料,厚度一般可在 40～70 mm 之间。垫层结合材料主要用 1∶3 石灰砂浆、3∶7 细灰土、1∶3 水泥砂浆等,用干法砌筑或湿法砌筑都可以,但干法施工更为方便一些。在铺平的松软垫层上,按照预定的图样开始镶嵌拼花。一般用立砖、小青瓦瓦片来拉出线条、纹样和图形图案,再用各色卵石、砾石镶嵌作花,或拼成不同颜色的色块,以填充图形大面。然后经过进一步修饰和完善图案纹样,并尽量整平铺地后,就可以定稿。定稿后的铺地地面仍要用水泥干砂、石灰干砂撒布其上,并扫入砖石缝隙中填实。最后,除去多余的水泥石灰干砂,清扫干净;再用细孔喷壶对地面喷洒清水,稍使地面湿润即可,不能用大水冲击或使路面有水流淌。完成后,养护7～10天。

铺卵石路一般分预制和现浇两种。现场浇筑方法通常是先铺筑 3 cm 厚水泥砂浆,再铺水泥素浆 2 cm,待素浆稍凝,即用备好的卵石一个个插入素浆内,用抹子压实,卵石要扁、圆、长、尖,大小搭配。根据设计要求,将各色石子插出各种花卉、鸟兽图案,然后用清水将石子表面的水泥刷洗干净,第二天可再以 30％的草酸液体洗刷表面,则石子颜色鲜明。

地面镶嵌与拼花施工前,要根据设计的图样准备镶嵌地面用的砖石材料。施工时,先要在细密质地的青砖上放好大样,再细心雕刻,做好雕刻花砖,在施工时可嵌入铺地图案中。卵石路面要精心挑选铺地用的石子,挑选出的石子应该按照不同颜色、不同大小、不同长扁形状分类堆放,铺地拼花时才能方便使用。

图 6-3-4 所示某广场园路工程的施工图,根据卵石健身道平面图和剖面图完成碎料路面园路的施工操作。

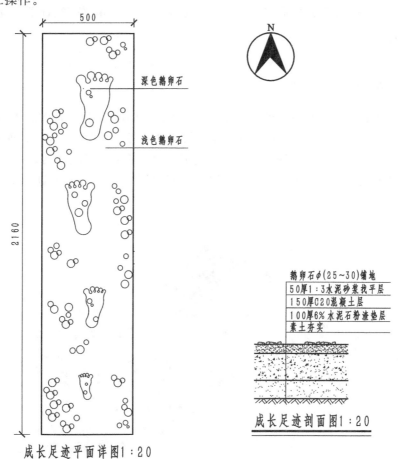

图 6-3-4　某广场园路工程卵石路施工图

该工程施工图纸是碎料卵石路面施工项目,所以在工程施工准备及施工过程中,要考虑碎料路面施工的知识。施工时要明确现浇混凝土卵石路施工的技术要求,确定园路的构成,掌握卵石路路面施工的技术标准和验收方法。

施工工艺

该现浇混凝土卵石路的施工工艺流程如下:

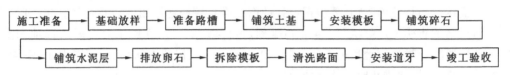

材料、工具及设备

该工程材料包括水泥、沙子、碎石、鹅卵石。

该工程园路施工机械设备主要有压实机械和混凝土机械,经调试合格备用。

该工程施工工具准备包括木桩、皮尺、绳子、模板、石夯、铁锹、铁丝、钎子、运输工具等。

操作步骤

一、施工准备

施工准备内容参照园路施工相关内容。需要注意,要精心选择铺地的石子,挑选出的石子按照不同颜色、不同大小分类堆放,便于铺地拼花时使用。一般开工前材料进场应在70%以上。若有运输能力,运输道路畅通,在不影响施工的条件下可随用随运。图6-3-5所示为工人正在对卵石进行分类。在完成所有基层和垫层的施工之后,方可进入下一道工序的施工。

图6-3-5 卵石的分类

二、卵石面层施工

卵石面层施工步骤参照图 6-3-6 所示。

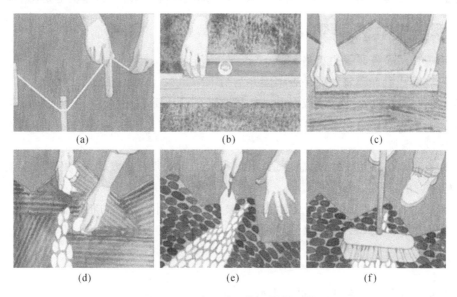

(a)   (b)   (c)

(d)   (e)   (f)

图 6-3-6 卵石路面施工操作示意

1. 绘制图案

按照设计图所绘的施工坐标方格网,将所有坐标点测设到场地上并打桩定点。再用木条或塑料条等定出铺装图案的形状,调整好相互之间的距离,用铁钉将图案固定。图 6-3-7 所示为正在进行花街铺地面层图案的绘制。

2. 铺设水泥砂浆结合材料

在垫层表面抹上一层 70 mm 的水泥砂浆,并用木板将其压实、整平。

3. 填充卵石

待结合材料半干时进行卵石施工。卵石要一个个插入水泥砂浆内,用抹子压实,根据设计要求,将各色石子按已绘制的线条插出施工图设计图案,然后用清水将石子表面的水泥砂浆刷洗干净,卵石间的空隙填以水泥砂浆找平,如图 6-3-8 所示。

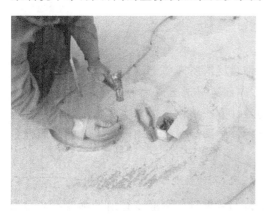

图 6-3-7 花街铺地面层图案的绘制   **图 6-3-8 卵石面层施工**

4. 拆除模板和后期管理

拆除模板后的空隙进行妥当处理,并洗去附着在石面的灰泥,第二天再用30％草酸液体洗刷表面,使石子颜色鲜明。养护期为7天,在此期间内应严禁行人、车辆等走动和碰撞。

三、现浇混凝土卵石路的竣工验收

① 用观察法检查卵石的规格、颜色是否符合设计要求。

② 用观察法检查铺装基层是否牢固并清扫干净。

③ 卵石黏结层的水泥砂浆或混凝土标号应满足设计要求。

④ 卵石镶嵌时大头朝下,埋深不小于2/3;厚度小于2 cm的卵石不得平铺,嵌入砂浆深度应大于1/2颗粒。

⑤ 卵石顶面应平整一致,脚感舒适,不得积水。相邻卵石高差均匀、相邻卵石最小间距一致。检查方法:观察、尺量。

⑥ 观察镶嵌成形的卵石是否及时用抹布擦干净,保持外露部分的卵石干净、美观、整洁。

⑦ 镶嵌养护后的卵石面层必须牢固。

任务考核内容和标准如表6-3-1所示。

表6-3-1 任务考核内容和标准

序号	考核内容	考核标准	配分	考核记录	得分
1	园路施工图识读	熟读表达内容	30		
2	园路施工准备	掌握施工材料和机具的筹备、调试和验收;掌握放线方法	30		
3	园路施工	掌握卵石路施工的工艺流程	30		
4	工程验收	能够掌握卵石路园路工程验收标准	10		

一、选择园路铺装材料需要考虑的要素

1. 地面铺装的耐性

地面铺装的耐性包括耐久性和耐磨性。地面铺装材料所需要的耐久性取决于铺装路段的使用方式、所处的具体环境和预算情况等。现在路面过早地出现恶劣损坏,大多是因为使用了质量不合格的基础材料。检验道路耐久性的最好方法是在一个与实际情况相似的环境下使用一段时间,至少是3年,这样就可以检验这种铺装的耐久性。而地面铺装的耐磨性是根据路面上的交通来确定的。

2. 地面铺装的强度

地面铺装所必需的强度大小依赖于它可以支持的载重量。一般步行道的强度不会有太大的问题。但是,偶尔出现在人行道上的载重量过大的车辆也会导致路面受损。路面上的裂缝容易让人摔倒,还容易引起路面过早损坏。如果将地面铺装安置于合适的基底和基础上,大多数都会有足够的强度。

3. 地面铺装的抗冻性

由于所有的室外道路暴露在户外,都会受到潮湿和冰冻的影响。检测道路抗冻性的方法参见检验耐久性的方法。

4. 地面铺装的抗风化性

由于所有的室外铺路都要受到四季不同气候条件的影响,所以对于所有的铺面石、铺面砖和带颜色的混凝土铺面材料来说,能避免风化的影响是最好的。据检测,现在的铺地材料一般都具有较强的抗风化作用。

5. 地面铺装的防滑性

在一些公共的步行区,道路的防滑性是非常重要的,尤其是在坡道、楼梯踏步等一些地方。在垂直于人群行走方向安装很浅的防滑凹缝是一种好办法,而且车行路面必须有足够的防滑性。

6. 防止有机物滋生

防止有机物滋生主要依赖于周围环境,虽然花园中的苔藓可以起到装饰作用,但是出现在城市步行路或车行路中是很危险的,影响园路使用寿命和防滑性等。一般而言,路面材料密度越大,越坚实,防有机物滋生的性能就越强。

7. 道路色彩的耐久性

对于一些铺路材料来说,使颜色保持持久是不可能的,所以在设计和应用时,应了解所用材料的色彩性质。

二、常见园路基层分类及施工

1. 干结碎石

干结碎石基层是指在施工过程中不洒水或少洒水,依靠充分压实碎石及用嵌缝料充分嵌挤,使石料间结构紧密所构成的具有一定强度的基层结构。一般厚度为 8~16 cm,适用于圆路中的主路等。

2. 天然级配沙砾

天然级配沙砾基层是采用天然的低塑性砂料经摊铺并适当洒水碾压后形成的具有一定密实度和强度的基层结构。一般厚度为 10~20 cm,若厚度超过 20 cm 应分层铺筑。适用于园林中各级路面,尤其是有荷载要求的嵌草路面,如草坪停车场等。

3. 石灰土

在粉碎的土中掺入适量的石灰,按一定的技术要求,把土、灰、水三者拌和均匀、压实成型的结构称为石灰土基层。石灰土力学强度高,有较好的整体性、水稳性和抗冻性。它的后期强度也高,适用于各种路面的基层、底基层和垫层。为达到要求的压实度,石灰土基一般应用不小于 12 t 的压路机或其他压实工具进行碾压。每层的压实厚度不应小于 8 cm,也不应大于 20 cm。如超过 20 cm,应分层铺筑。

4. 煤渣石灰土

煤渣石灰土也称二渣土,是以煤渣、石灰(或电石渣、石灰下脚)和土三种材料,在一定的

配比下,经拌和压实而形成一种强度较高的基层。煤渣石灰土具有石灰土的全部优点,同时因为它有粗粒料做骨架,所以强度、稳定性和耐磨性均比石灰土好。另外,它的早期强度高还有利于雨季施工。煤渣石灰土对材料要求不高,使用范围较大。一般压实厚度应不小于10 cm,不宜超过20 cm;大于20 cm时应分层铺筑。

5. 二灰土

二灰土基层是以石灰、粉煤灰与土按一定的配比混合,加水拌匀碾压而成的一种基层结构。它具有比石灰土还高的强度,有一定的板体性和较好的水稳性。二灰土对材料要求不高,在产粉煤灰的地区均有推广的价值。这种结构施工简便,既可以机械化施工,又可以人工施工。

三、特殊园路施工技术

特殊园路是指改变一般常见园路路面的形式,而以不同的方式形成的园路。它包括园林梯道、台阶、园桥、栈道和汀步等方式。其特点是充分利用特殊地形资源形成各种不同的园路方式,增加园路的可变性,使其更加丰富多彩。

1. 园林梯道

园林道路在穿过高差较大的上下层台地,或者穿行在山地、陡坡地时,都要采用踏步梯道的形式。即使在广场、河岸等较平坦的地方,有时为了创造丰富的地面景观,也要设计一些踏步或梯道,使地面的造型更加富于变化。

园林梯道种类及其结构设计要点如下所述。

(1)砖石阶梯踏步

以砖或整形毛石为材料,M2.5混合砂浆砌筑台阶与踏步,砖踏步表面按设计可用1:2水泥砂浆抹面,也可做成水磨石踏面,或者用花岗石、防滑釉面地砖作贴面装饰。如图6-3-9所示。根据行人在踏步上行走的规律,一步踏的踏面宽度应设计为28~38 cm,适当再加宽一点也可以,但不宜宽过60 cm;二步踏的踏面宽为90~100 cm。每一级踏步的高度也要统一起来,不得高低相间。一级踏步的高度一般情况下应设计为10~16.5 cm,因为低于10 cm时行走不安全,高于16.5 cm时行走较吃力。

图 6-3-9　砖石阶梯踏步

儿童活动区的梯级道路,其踏步高应为 10～12 cm,踏步宽不超过 46 cm。一般情况下,园林中的台阶梯道都要考虑轮椅和自行车推行上坡的需要,要在梯道两侧或中带设置斜坡道。梯道太长时,应当分段插入休息缓冲平台;梯道每一段的梯级数最好控制在 25 级以下;缓冲平台的宽度应大于 1.58 m,否则不能起到缓冲的作用。在设置踏步的地段上,踏步的数量至少应为 2～3 级,如果只有一级而又没有特殊的标记,则容易被人忽略,易绊跤。

（2）混凝土踏步

一般将斜坡上素土夯实,坡面用 1∶3∶6 三合土(加碎砖)或 3∶7 灰土(加碎砖石)作垫层并筑实,厚 6～10 cm;其上采用 C10 混凝土现浇做踏步,如图 6-3-10 所示。踏步表面的抹面可按设计进行。每一级踏步的宽度、高度以及休息缓冲平台、轮椅坡道的设置等要求,都与砖石阶梯踏步相同。

图 6-3-10　混凝土踏步

（3）山石蹬道

在园林土山或石假山及其他一些地方,为了与自然山水园林相协调,梯级道路不采用砖石材料砌筑成整齐的阶梯,而是采用顶面平整的自然山石,依山随势地砌成山石蹬道。如图 6-3-11 所示。山石材料可根据各地资源情况选择,砌筑用的结合材料可用石灰砂浆,也可用 1∶3 水泥砂浆,还可以采用砂土垫平塞缝,并用片石刹垫稳当。踏步石踏面的宽窄允许有些不同,可在 30～50 cm 之间变动。踏面高度还是应统一,一般采用 12～20 cm。设置山石蹬道的地方本身就是供登攀的,所以踏面高度应大于砖石阶梯。

（4）攀岩天梯梯道

这种梯道是在山地风景区或园林假山上最陡的崖壁处设置的攀登通道。一般是从下至上在崖壁凿出一道道横槽作为梯步,如同天梯一样。梯道旁必须设置铁链或铁管矮栏,并固定于崖壁壁面,作为登攀时的扶手,如图 6-3-12 所示。

2. 园桥

园桥是园林工程建设中连接山、水两地的主要方式,也是园路的变式之一。园桥的结构形式随其主要建筑材料而有所不同。例如,钢筋混凝土园桥和木桥的结构常用板梁柱式,石桥常用悬臂梁式或拱券式,铁桥常采用桁架式,吊桥常用悬索式等,这都说明了建筑材料与桥梁的结构形式是紧密相关的。

3. 栈道

栈道多利用山、水界边的陡峭地形而设立,其变化多样,既是景观又可完成园路的功能。图 6-3-13 为凌空的栈道。

图 6-3-11　山石蹬道

图 6-3-12　攀岩天梯梯道

图 6-3-13　栈道

栈道路面宽度的确定与栈道的类别有关。采用立柱式栈道的,路面设计宽度可为 1.5～2.5 m;斜撑式栈道宽度可为 1.2～2.0 m;插梁式栈道不能太宽,以 0.9～1.8 m 比较合适。

4. 汀步

常见的汀步有板式汀步、荷叶汀步和仿树桩汀步等,其施工方法因形式不同而异。

(1) 板式汀步

板式汀步的铺砌板的平面形状可为长方形、正方形、圆形、梯形、三角形等。梯形和三角形铺砌板的功能主要是组合成板面形状有变化的规则式汀步路面。铺砌板宽度和长度可根据设计确定,其厚度常设计为 80～120 mm。板面可以用彩色水磨石来装饰,不同颜色的彩色水磨石铺路板能够铺装成美观的彩色路面。也有用木板作板式汀步的。如图 6-3-14所示。

(2) 荷叶汀步

它的步石由圆形面板、支撑墩(柱)和基础三部分构成。圆形面板应设计 2～4 种尺寸规格,如直径为 450 mm、600 mm、750 mm、900 mm 等。采用 C20 细石混凝土预制面板,面板顶面可仿荷叶进行抹面装饰。抹面材料用白色水泥加绿色颜料调成浅果绿色,再加绿色细

图 6-3-14　板式汀步

石子,按水磨石工艺抹面。抹面前要先用铜条嵌成荷叶叶脉状,抹面完成后一并磨平。为了防滑,顶面一定不能磨得很光。荷叶汀步的支柱可用混凝土柱,也可用石柱,其设计按一般矮柱处理。基础应牢固,至少要埋深 300 mm;其底面直径不得小于汀步面板直径的 2/3。

　　(3)仿树桩汀步

　　它的施工要点是用水泥砂浆砌砖石做成树桩的基本形状,表面再用 1：2.5 或 1：3 有色水泥砂浆抹面,并塑造树根与树皮形象。树桩顶面仿锯截面做成平整面,用仿本色的水泥砂浆抹面;待抹面层稍硬时,用刻刀刻画出一圈圈年轮环纹;清扫干净后,再调制深褐色水泥浆,抹进刻纹中;抹面层完全硬化之后,打磨平整,使年轮纹显现出来,如图 6-3-15 所示。

图 6-3-15　仿树桩汀步

复习提高

　　设计一组小型艺术广场碎拼路面施工图,并按工艺要求在学校绿地内完成施工。

项目七　绿化工程施工

园林绿化是为人们提供一个良好的休息、文化娱乐、亲近大自然、满足人们回归自然愿望的场所，是保护生态环境、改善城市生活环境的重要措施。绿化工程是指按照园林植物设计施工图或一定的计划，根据植物生态特性和栽培技术条件完成植物栽植任务的过程。植物栽植是园林绿化的基本工程。为了保证其成活和生长，达到设计效果，栽植施工时必须遵守一定的操作规程，才能保证工程质量。绿化工程施工中重点讲述乔木和灌木栽植工程施工，大树移植工程施工，草坪及花卉施工和屋顶花园种植工程的施工方法。

- 各项绿化工程设计图、结构施工图纸的识读；
- 各项绿化工程施工的定点放样；
- 各项绿化工程施工的工艺流程；
- 各项绿化工程施工操作的技术要点。

- 各项绿化工程基本原理；
- 各项绿化工程施工的基本技术知识；
- 各项绿化工程施工后期养护知识。

任务1　乔木和灌木栽植工程施工

1. 能够熟读乔木和灌木栽植工程施工图纸；
2. 掌握乔木和灌木栽植的施工方法；
3. 能够指导工人进行乔木和灌木栽植工程施工。

1. 掌握影响树木栽植成活的因素，栽植时间及树龄与成活的关系；
2. 掌握乔木和灌木栽植工程的施工工艺及操作步骤；
3. 了解乔木和灌木栽植工程施工的验收内容。

一、影响树木栽植成活的因素

一株正常生长的树木,其根系与土壤密切结合,使树体的养分和水分代谢的平衡得以维持。由于挖掘,根系与原有土壤的密切关系被破坏,大量的吸收根常因此而损失,根部与地上部代谢的平衡也就被破坏。而根系的再生,在一定的条件下需要一段时间。由此可见,如何使移来的树木与新环境迅速建立正常关系,及时恢复树体以水分代谢为主的平衡,是栽植成活的关键,否则,就有死亡的危险。而这种新平衡建立得快慢,与树种根系的再生能力、苗木质量、树龄、栽植技术、栽植季节以及与影响生根和蒸腾为主的内外界因素都有密切关系。

二、栽植时间

选择适宜的栽植季节应根据树木特性和栽植地区的气候条件而定。

1. 春栽

春季在土壤化冻后到树木发芽前正是树木休眠期。此期间树木蒸腾量小,消耗水分少,栽后容易达到地上、地下部分的生理平衡,有利于根系再生和植株生长。春季是我国大部地区的主要栽树季节。此外,春栽符合树木先长根、后发枝叶的物候顺序,有利于水分代谢的平衡。特别是在冬季严寒地区或对于不甚耐寒的树种,春栽可免除越冬防寒之劳。秋旱风大地区,常绿树种也宜春栽,但在时间上可稍推迟。具肉质根的树种,如山茱萸、木兰、鹅掌楸等,根系易遭低温冻伤,也以春栽为好。华北地区树木的春季栽植,多在3月上中旬至4月中下旬进行。华东地区落叶树种的春季栽植,以2月中旬至3月下旬为佳。

2. 雨季栽植

有明显旱、雨季之分的西南地区,栽植成活的主要矛盾是外界水分(包括空气湿度)条件差,故以雨季栽植为好。如果雨季处在高温月份,由于短期高温、强光易使新栽植的树木水分代谢失调,故要掌握当地的降雨规律和当年降雨情况,抓住连阴雨的有利时机进行栽植。

3. 秋季栽植

秋季气温逐渐下降,树体对水分的需求量减少,蒸腾量较低,此时树体储藏营养较丰富,多数树木根系生长有一次小高峰。秋栽后,根系在土温尚高的条件下还能恢复生长。秋栽时间较长,自落叶至土壤结冰前均可进行,秋栽也应尽早,一落叶即栽为好。华北地区秋季栽植,多使用大规格苗木,以增强树体越冬能力。华东地区秋季栽植,可延至11月上旬至12月下旬进行。东北和西北北部严寒地区,秋季栽植宜在树木落叶后至土地封冻前进行。

4. 冬季栽植

在冬季土壤基本不结冻的华南和华中、华东等长江流域地区,可以冬季栽植。在冬季严寒的华北北部、东北大部、由于土壤冻结较深,对当地乡土树种可用冻土球移植法。

三、树龄与成活的关系

树龄对栽植成活率也有影响。一般幼龄树植株小,起掘方便,根部损伤率低,并且营养生长旺盛,再生力强。因此,移植后损伤的根系及修剪后的枝条容易恢复生长。但是,幼龄树发挥绿化效果慢。壮龄树树体高大,移植后很快就能发挥绿化效果。但是,壮龄树移植操

作困难、施工技术复杂、投资高。所以除一些有特殊要求的绿化工程外，一般不选用过多的壮龄树进行栽植。

四、适地适树栽植

适地适树栽植，就是把树木栽植在适合的环境条件下，使树木生态习性和园林栽植地生态环境条件相适应，达到树和地的和谐统一，可使树木生长健壮，充分发挥其园林功能，同时，有效提高了树木栽植的成活率。例如，在湖岸、堤岸边要想达到柳暗花明的艺术效果，除考虑桃红柳绿在物候上相配合选择具体种类外，还应考虑树木的耐水湿性和柳树对桃树的遮光问题。桃树是很不耐水湿的，所以在水体的南岸，桃树应栽植在高处，这样桃树栽植的成活率才能得到保证，柳树可栽植在近水的低处。两个树种错行栽植可解决二者对水和光的要求。

图 7-1-1、图 7-1-2、图 7-1-3 所示为某建设工程的施工图。图 7-1-1 是该工程总平面图，图 7-1-2 是该工程绿化种植平面图，图 7-1-3 是该工程竖向布置图，根据该施工图设计，完成乔木、灌木的种植施工。

该工程施工图纸是种植与道路结合施工的工程项目，所以在工程施工准备及施工过程中，既要考虑乔木和灌木施工的知识，还要考虑道路、广场施工的因素。在工程项目施工时，要明确乔木和灌木施工的技术要求，根据施工图纸的设计，确定乔木和灌木种植的范围，明确乔木和灌木的种植与道路、广场施工的衔接处理。

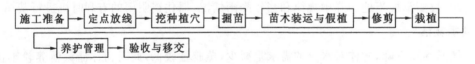

乔木和灌木种植的施工工艺流程如下：

施工准备 → 定点放线 → 挖种植穴 → 掘苗 → 苗木装运与假植 → 修剪 → 栽植

养护管理 → 验收与移交

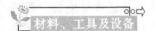

根据该工程施工特点，主要材料包括各种苗木、支柱架材、铁丝、蒲包、草绳、放线材料等。

该工程主要的工具及设备包括铁锹、镐、运输车辆、经纬仪（或小平板）、放线尺等。

一、施工准备

绿化种植施工前必须做好各项施工的准备工作，以确保工程顺利进行。

1. 施工现场准备

对施工现场内有碍栽植施工的市政设施、房屋等进行拆除和迁移。按照施工平面图需要

设计说明：

1.本园地处要道交汇处所以本着规划式布置的思想突出本县的历史文化。

2.本园规划沿设置三个广场，利用沿轴线1方向设置三个广场，利用雕塑、景墙、石柱来表现当地文化和历史，利用手法设突出主题，造园来布置园魂和山崎中来变化，同对来小品以便往设一中来变化，利用夹景增加纵深透视。

3.由于本园所在地次通繁忙所以入口设于车辅以减少，视线开阔处，在公寿交汇处不设高大植物以保证视线的通透。

4.在植物选择方面选择乡土树种，并考想到植物的四季颜色变化，突出本地特色。

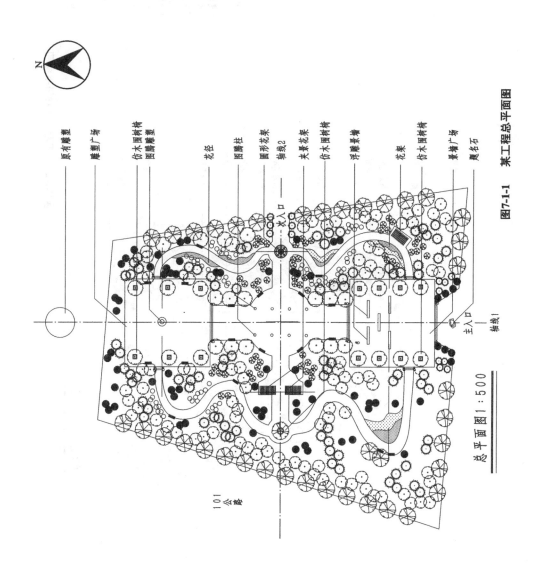

N

101 公 藏

原有雕塑
雕塑广场
仿木围树椅
围雕雕塑
花径
围雕柱
圆形花束
轴线2
夹景花束
仿木围树椅
浮雕景墙
花束
仿木围树椅
景墙广场
题名石

次入口

主入口

轴线1

总平面图 1:500

图7-1-1　某工程总平面图

园林工程施工

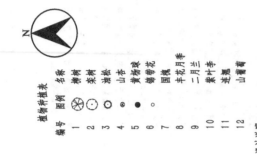

植物种植表

编号	图例	名称
1	✳	槐树
2	⊛	果树
3	⊙	湖松
4	⊙	山杏
5	●	黄杨球
6	●	榆叶梅
7	○	国槐
8		丰花月季
9		二月兰
10		紫叶李
11		连翘
12	○	山葡萄

设计说明:

1. 本园地处重要道交工处所以本着规则式布置的思想突出本县的历史文化。

2. 本园规划沿两条轴线展开。沿轴线1方向以夏三个广场,利用雕塑、草坪、花木、石柱来表当地文化和历史、沿轴线2方向对称布置国槐和山葡萄并结出本主题。障景等造园手法以突出不同的小品以便在统一中求变化。利用夹景增加纵深透视。

3. 由于本园所在地交通繁忙所以设于丰富教少、视线开阔处。在公路交工处不设有大植物以保证视线的畅通。

4. 在植物选择方面选择乡土树种,并考虑到植物的四季景色变化,突出本地特色。

图7-1-2　工程绿化种植平面图

原有雕塑
雕塑广场
仿木围树椅
图腾雕塑

花径
图腾柱
图形花架
夹景花架
仿木围树椅
浮雕草墙

花架
仿木围树椅
草坪广场
夏名石

光入口

主入口

轴线1

101公路

种植面积图1∶500

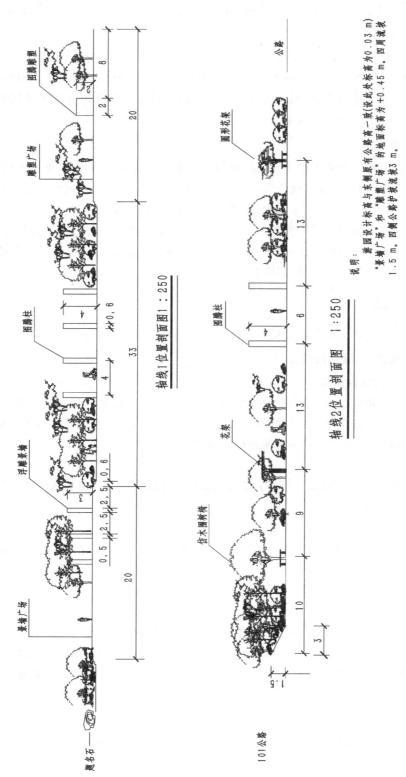

图7-1-3　工程竖向布置图

搭建现场指挥部、宿舍、食堂、临时仓库、种植材料堆放场地,达到施工现场临时设施标准。根据设计图纸要求,调查清楚施工现场的土质情况,确定是否需要客土,估算客土量及客土来源。

2. 技术准备

施工前认真做好设计图纸的审查工作,熟悉设计图纸的内容、设计意图及艺术水平的要求,并同设计人员、监理人员进行技术交底,确保植物配置符合当地环境要求。对难成活、环境条件要求高的树木进行重点分析,并作出合理的施工计划。充分地分析各种树木生长习性,以便掌握栽植技术,确保成活率。

3. 材料准备

按照设计图纸规定的树木种类、质量、规格的要求做市场调查,确定各类苗木的来源地,与苗木生产单位取得联系,签订供货合同。苗木的采购尽可能在当地,或与当地生长条件相似的地区内选择,这样既能缩短运输时间、提高苗木成活率,又能减少投资。苗木的选择除了根据设计提出对规格和树形的要求外,要注意选择长势健旺、无病虫害、无机械损伤、树形端正、根须发达的苗木。苗木选定后要挂牌或在根部划出明显标记以免挖错。起苗时间和栽植时间最好能紧密配合,做到随起随栽。

二、定点放线

定点放线即在现场测出苗木栽植位置和株行距。具体方法如下。

1. 自然式配置乔、灌木放线法

（1）坐标定点法（网格法）

坐标定点法适用范围大,常用于地势平坦的公园绿地。根据植物配置的疏密度,先按一定的比例在设计图上及现场分别打好方格（20 m×20 m）。在图上量出树木在某方格的纵横坐标尺寸,再按此位置用皮尺量在现场相应的方格内。

（2）仪器测放

用经纬仪或小平板依据地上原有基点或建筑物、道路,将树群或孤植树依照设计图上的位置依次定出每株的位置。

（3）交会法

交会法适用于范围较小,现场内建筑物或其他标记与设计图相符的绿地。以建筑物的两个固定位置为依据,根据设计图上与该两点的距离相交合定出栽植位置,位置确定后必须做好标记。孤植树可钉木桩,写明树种、挖穴规格。

（4）目测法

目测法适用于设计图上无固定点的绿化种植。如灌木丛,树群等。可用上述方法划出树群、树丛的栽植范围,每株树木的位置和排列可根据设计要求,在所规定的范围内用目测法进行定点。注意植株的生态要求和自然美观。定好点后,用白灰打点,标明树种、栽植数量、穴径。

2. 整形式（行列式）放线法

（1）成片整齐种植的放线法

先以绿地的边界、园路广场和小建筑物等的平面位置作为依据,量出每株树的位置,钉上木桩,标明树种名称。

（2）行道树的定点

以路牙或道路中心为依据,按设计的株距每隔10株钉一木桩作为定位和栽植的依据。

定点时如遇到电杆、管道、涵洞、变压器等障碍物应躲开,不应局限于设计的尺寸,应遵照树木与障碍物距离的有关规定。

3. 等距弧线放线法

如果树木栽植为一弧线,例如,街道曲线转弯处的行道树,放线时可从弧的开始到末尾以路牙或中心线为准,每隔一定距离分别画出与路牙垂直的直线,在此直线上,按设计要求的树与路牙的距离定点,把这些点连接起来就成为近似道路弧度的弧线,于此线上再按株距要求定出各点来。

三、挖种植穴

栽苗前以灰点为中心挖穴,穴的大小根据土球的大小而定。带土球的种植穴应比土球大 16～20 cm,裸根苗的种植穴应保证根系充分舒展,穴的深度一般比土球的高度稍深些(10～20 cm),形状为圆形,上下口大小一致,不能挖成锅底坑,如图 7-1-4、图 7-1-5 所示。

图 7-1-4 种植穴的标准(1)　　　　图 7-1-5 种植穴的标准(2)

种植穴挖好后,可在坑内填些表土,如坑内土质差或瓦砾多,要进行清除,最好要客土。如果土太瘠薄,要先施一层基肥,一定是腐熟的有机肥,然后铺一层壤土,其厚度在 5 cm 以上。

四、掘苗

通常有以下两种掘苗法。

1. 裸根法掘苗

裸根法适用处于休眠状态的落叶乔灌、藤木。此法操作简便,节省人力、运输及包装材料。其缺点为:易损伤多量的须根,掘起后至栽前,根部多裸露,容易失水干燥,根系恢复需时也较长。

2. 带土球掘苗

将苗木的一定根系范围连土掘削成球状,用蒲包、草绳或其他软材料包装起出,称为"带土球掘苗"。由于在土球范围内须根未受损伤,并带有部分原土,移植过程中水分不易损失,对恢复生长有利。但操作较困难,费工,要耗用包装材料,土球笨重,增加运输负担,投资高。常规树木一般不采用带土球移植,但移植常绿树、竹类,或生长季节移植落叶树及难成活的树木时,宜采用此法。

五、苗木装运与假植

1. 装车

① 落叶乔木装车时,应排列整齐,根部向前,树梢向后,但树梢不要拖地。

② 灌木可直立装车。

③ 远距离运输裸根苗时,把树的根部浸入事先调好的泥浆中然后取出,用蒲包、稻草、草席等物进行包装,在根部衬以青苔或水草,再用苫布或湿草袋盖好根部。保护根部,以免树木因干燥而受损,影响树木成活。

④ 带土球苗木,装运高度在 2 m 以下的可以立放,在 2 m 以上的应斜放,土球向前,树干向后,土球放稳,垫牢挤严。

2. 运输

运输途中押运人员要和司机配合好,经常检查苫布是否掀起。若短途运苗,中途不要休息。若长途行车,必要时应洒水淋湿树根,休息时应选择荫凉处停车,防止受到风吹日晒。

3. 卸车

卸车时要爱护苗木,轻拿轻放。裸根苗要顺序拿放,不准乱抽,更不能整车推下。带土球苗木卸车时,不得提拉树干,而应双手抱着土球轻轻放下。较大的土球卸车时,可用一块结实的长木板从车厢上斜放至地上,将土球推倒在木板上,顺势慢慢滑下,绝不可滚动土球。

4. 苗木假植

凡是苗木运到施工现场后在几天内不能按时栽植,或是栽后有剩余的,都要进行假植。

① 裸根苗木可进行短期假植。临时可用苫布或草袋盖严,或在栽植处附近,选择合适地点,先挖一条浅横沟,长 2～3 m。然后稍斜立一排苗木,紧靠苗根再挖一条同样的横沟,并用挖出来的土将第一排树根埋严,挖完后再码一排苗,依次埋根,直至全部苗木假植完。如图 7-1-6 所示。

② 若植树施工期较长,则应对裸根苗妥善假植。事先在不影响施工的地方,挖好深 30～40 cm,宽 1.5～2 m,长度视需要而定的假植沟,将苗木分类排码。树冠最好向顺风方向斜放沟中,依次错后码放一层苗木,根部埋一层土,全部假植完毕以后,还要仔细检查,一定要将根部埋严实,不得裸露,若土质干燥还应适量灌水,既要保证树根潮湿,而土壤又不可过于泥泞,以免影响以后操作。如图 7-1-7 所示。

图 7-1-6 裸根苗木的假植

图 7-1-7 苗木的假植

③ 带土球的苗木运到工地以后,能很快栽完的,可不必假植。如 1~2 天内不能栽完,应选择不影响施工的地方将苗木排码整齐,四周培土,冠之间用草绳围拢;假植时间较长者,土球间隙也应填土。假植期间,根据需要应经常给常绿苗木的叶面喷水。

六、修剪

不同树种,要求有所不同。

① 常绿针叶树及用于做绿篱的灌木不多剪,只剪去枯病枝、受伤枝。

② 较大的落叶乔木,特别是长势较强、容易抽出新枝的树木(杨、柳、槐),可进行强修剪,树冠可剪去 1/2 以上,这样可减轻根系负担,维持树体内水分平衡,也使树木栽后稳定,不致招风摇动。

③ 花灌木及生长缓慢的树木可疏枝,短截去全部叶或部分叶,去除枯病枝、过密枝,对于过长的枝条可剪去 1/3~1/2。修剪时要注意分枝点的高度,灌木的修剪要保持其自然树形,短截时应保持内高外低。

④ 根系的修剪主要是将断根、劈裂根、病虫根和过长的根剪去,剪口要平而光滑,及时涂抹防腐剂,以防过分蒸发、干旱、冻伤及病虫危害。

七、栽植

树木的栽植要根据各类树木的生长习性做到适时种植。种植的顺序是先乔木,再灌木,而后是地被植物。在乔木栽植时是先常绿乔木,后落叶乔木。

1. 散苗

将苗木按定点的标记放至穴内或穴边,行道树应与道路平行散放。对常绿树,树形最好的一面应朝向主要的观赏面。对有特殊要求的苗木,应按规定对号入穴,不要搞错。散苗后再与设计图核对,无误后方可进行下道工序。

2. 栽植

在栽植填土前核对根系、土球与种植穴的规格是否符合规范的标准,合格后向栽植穴内填土至合适的高度,并踏实。

(1)裸根乔、灌木栽植

将苗木放入栽植穴内,使其居中、立起扶正,然后分层回填土,在填入一半时,用手将苗向上提一提,使根系充分舒展开,然后将土踏实,继续填土,并踏实,直到填满栽植穴,使土面盖住树木的根颈部位,并随即做好围堰(即水盆)。

(2)带土球苗的栽植

栽植带土球苗,须先量好穴的深度与土球高度是否一致,如有差别应及时挖深或填土,绝不可盲目入穴,以免来回搬动土球。土球入穴后,应先在土球底部四周垫少量土将土球固定,注意使树干直立。然后将包装材料剪开,并尽量取出(易腐烂的包装物可以不取)。随即填入好的表土至穴的一半,用木棍于土地四周夯实,再继续用土填满栽植穴并夯实,注意夯实时不要砸碎土球。最后做好围堰,如图 7-1-8 所示。

八、养护管理

1. 立支柱

栽植后需要支撑的树木,可采取单支柱法、双支柱法、三支柱法支撑。支柱支撑应牢固,

图 7-1-8　做围堰

一般立于围堰以外,深埋 30 cm 以上,将土夯实。支柱的方向一般均迎风。树木绑扎处应垫软物,严禁支柱与树干直接接触,以免磨坏树皮。支柱立好后,树木必须保持直立。图 7-1-9 所示为三支柱法。支柱材料在选择时需注意,不能用新鲜的材料做支柱,不能用同种植物材料做支柱,不能用有共同病虫害的材料做支柱。另外,做支柱的材料最好在用前进行刮皮处理,这样可消除树皮内的越冬虫卵,减少栽植树感染病虫害的几率。

图 7-1-9　设立支柱

2. 灌水

水是保证树木成活的关键,苗木栽植后应立即灌水。栽后若为干旱季节,必须经过一定间隔连灌三次水,这对冬春比较干旱的西南、西北、华北等地区的春植树木尤为重要。

苗木栽好后,若为无雨天气,在 24 h 之内必须灌上第一遍水,此次水量不宜过大、过急。特别是针叶类树木,栽后第一遍灌水只要边缘土能与土球结实即可,避免因灌水过多而造成散球,影响成活率。三日内浇第二遍水,十日内浇第三遍水,此两次水量要大,应浇透。以后转入后期养护,每次浇水后均应整堰、堵漏、培土、扶直树干。

3. 封围堰

浇第三遍水并待水分渗入后,用细土将围堰内填平,使封堰土堆稍高于地面。土中如果含有砖石杂质等物应挑拣出来,以免影响下次做围堰。华北、西北等地秋季栽植树木,应在树干基部堆 3 cm 高的土堆,以保持土壤水分,并能保护树根,防止风吹摇动,影响树木成活。

4. 其他养护管理

① 对受伤枝条和栽前修剪不理想的枝条,应进行复剪。

② 对绿篱进行造型修剪。

③ 对花灌木进行修剪,修去内膛枝、徒长枝,发现病枝、枯枝、烂头也应及时修去,确保树形、树态的完美。

④ 防治病虫害。

⑤ 发现苗木死亡要及时进行补种,如果不是补种季节也要及时清除死树。

⑥ 进行巡查、围护、看管,防止人为破坏。

⑦ 清理场地,做到工完地净,文明施工。

九、验收与移交

绿化栽植工程验收包括施工中间环节的验收和竣工验收。凡验收的绿化栽植工程均应遵照技术规范的各项规定和设计的要求进行。

1. 施工中间环节的验收

按工程顺序进行验收,即验收定点、放线是否符合设计要求,位置是否准确,标记是否明显;栽植穴的位置是否准确,规格是否符合设计要求;栽植施工场地内土层深度、土质是否能够满足苗木栽植及生长的需求,是否需要客土;所施的有机肥是否经过充分腐熟,施肥量是否适宜等项目。验收后要分别写出验收记录并签字。

2. 竣工验收

一般分两次进行,即栽植竣工后和后期养护结束时。验收前,施工单位应将相关资料准备好,包括工程中间验收记录、设计图纸及变更洽商资料、竣工图纸、施工过程有关大事记和需说明的情况、外地来苗检验报告以及其他化验资料、工程决算、施工总结报告。填写申请验收报告,由建设单位或上级主管单位组织验收。

验收合格后,由验收单位出具验收合格证,双方签字盖章并办理移交手续。至此,此项种植工程宣告结束。

任务考核内容和标准如表 7-1-1 所示。

表 7-1-1　任务考核内容和标准

序号	考核内容	考核标准	配分	考核记录	得分
1	乔木和灌木种植施工图识读	熟读表达内容	30		
2	乔木和灌木栽植施工	掌握乔木和灌木栽植施工的施工流程及操作步骤	60		
3	工程验收	能够达到乔木和灌木栽工程验收标准	10		

 知识链接

非适宜季节的栽植法

在当地适宜季节栽植苗木,成活率最有保证。但有时由于有特殊任务或其他工程的影响等客观原因,不能于适宜季节进行栽植,只能在非适宜季节栽植苗木。为突破季节限制,从栽植材料的选择、栽植土壤的处理、苗木的运输和假植、栽植穴和土球直径、栽植前的修剪及栽植等方面严格把关,尽可能提高栽植成活率,按期完成绿化工程任务的栽植技术。

1. 栽植材料的选择

由于非栽植季节气候环境相对恶劣,对种植植物本身的要求就更高了,在选材上要尽可能的挑选长势旺盛、植株健壮的苗。栽植材料应根系发达,生长苗壮,无病虫害,规格及形态应符合设计要求,大苗应做好断根、移栽措施。

2. 栽植前土壤处理

非正常季节的苗木栽植土必须保证足够的厚度,保证土质肥沃疏松,透气性和排水性好。栽植或播种前应对该地区的土壤理化性质进行化验分析,采取相应的消毒、施肥和客土等措施。

3. 苗木假植

在非正常季节栽植中,苗木假植是提高苗木成活率的重要技术措施。

（1）大苗的假植

在早春仍未解除休眠时,将常绿针叶树(松、柏等)、落叶树苗木带土球掘好,提前运到施工现场的假植区,将苗木装入大于土球的筐内。规格过大的土球,应装入木桶或木箱,其四周培土固定。每两行间应预留出通行卡车的道路,宽为 6~8 m。当有条件施工时立即进行栽植。

（2）小苗的假植

在早春将苗木断根,将小叶黄杨、沙地柏、金叶女贞、小檗、锦带等栽植于花盆中,并加入适量肥料。按 5~6 行排列,预留车道。待施工条件具备时,去掉花盆,苗木土球不散,可进行栽植。

在假植期间要进行正常的养护管理,根据情况经常灌水,其原则是既能保证苗木生长正常,又需控制水量,避免生长过旺。还应经常修剪,以疏枝为主,严格控制徒长枝,及时去除萌蘖,入秋以后则应经常摘心,使枝条充实。苗木经过断根的损伤,原有树势已被削弱,为了恢复原来树势、扩大树冠,应对伤根恢复以及促根生长方面采取措施。为避免由于气温高而蒸发量过大,应搭建遮阳棚。必须注意:遮阳网和栽植的树木要保持一定的距离,以便空气流通。

4. 苗木的运输

苗木的运输要合乎规范,苗木运输量应根据种植量确定。在装车前,应先用草绳、麻布或草包将树干、树枝包好,同时对树体进行喷水,保持草绳、草包的湿润,这样可以减少在运输途中苗木自身水分的蒸腾量。其他装车、运输及卸车同正常栽植乔木、灌木的方法。

5. 栽植穴和土球直径

在非正常季节栽植苗木时,土球大小以及种植穴尺寸必须要达到并尽可能超过标准的要求。

对含有建筑垃圾、有害物质的土壤,栽植穴必须放大,清除废土,并及时填好回填土。在土层干燥地区应于栽植前浸穴。挖穴后,应施入腐熟的有机肥作为基肥。

6. 栽植前修剪

应采取加强修剪和摘叶的措施,减少叶面呼吸和蒸腾作用。栽植前应进行苗木根系修剪,将劈裂根、病虫根、过长根剪除,并对树冠进行修剪,保持植株地上部分和地下部分的平衡。

7. 苗木的栽植

苗木的种植与正常的苗木种植方法相同,只是注意各工序必须紧凑,尽量缩短暴露时间,随掘、随运、随栽、随浇水。

8. 养护管理

同正常栽植乔木、灌木的养护管理措施。

在校实习基地结合生产,根据相应的设计方案及施工图,按绿化施工工艺要求,完成绿化施工。

任务 2　大树移植工程施工

1. 熟悉大树移植的施工程序、方法及具体要求;
2. 能够指导大树移植工程施工。

1. 掌握大树移植的软材包装、木箱包装;
2. 掌握大树移植的技术要求;
3. 掌握大树移植后的养护管理;
4. 了解冻土球移植大树和机械移植大树的方法。

一、大树移植概述

随着城市环境建设水平的提高和城市园林绿化要求的加大,大树越来越多地应用于各

类园林建设中。有些新建的城市绿地或者重点建设工程,要求及时发挥园林树木的生态功能和景观效果,往往需要采用大树移植的技术手段才能实现;城市建设用地范围内的大树除了尽可能保留外,也有部分大树须进行必要性的移植;原有的园林绿地,初植时的密度较大,随着树木的生长,要逐渐地调整绿地树木密度,也要进行大树移植。可见大树移植已成为城市绿化建设中的一种重要技术手段。

1. 大树移植的概念

大树移植是指移植胸径在 20 cm 以上的落叶乔木,或胸径 15 cm 以上(胸径无法测量时,可采用株高 6 m 以上或地径 18 cm 以上指标)的常绿乔木,或冠幅在 3 m 以上的灌木,或树龄 20 年以上,且维持树木冠形完整或基本完整的大型树木。

2. 大树移植的基本原理

大树移植的基本原理包括近似生境原理和树势平衡原理。

（1）近似生境原理

移植后的生境优于原生生境,移植成功率较高。树木的生态环境是一个比较综合的整体,主要指光、水、气、热等小气候条件和土壤条件。如果把生长在高山上的大树移入平地,把生长在酸性土壤中的大树移入碱性土壤,其生态差异太大,移植成功率会比较低。因此,定植地生境最好与原植地类似。移植前,需要对大树原植地和定植地的生境条件进行测定,根据测定结果改善定植地的生境条件,以提高大树移植的成活率。

（2）树势平衡原理

树势平衡是指树木的地上部分和地下部分须保持平衡。移植大树时,如对根系造成伤害,就必须根据其根系分布的情况,对地上部分进行修剪,使地上部分和地下部分的生长情况基本保持平衡。因为,供给根发育的营养物质来自于地上部分,对枝叶修剪过多不但会影响树木的景观,也会影响根系的生长发育。如果地上部分所留比例超过地下部分所留比例,可通过人工养护弥补这种不平衡性,如遮阴减少水分蒸发,叶面施肥,对树干进行包扎阻止树体水分散发等。

3. 大树移植的特点

① 移植成活困难;

② 移植周期长;

③ 工程量大;

④ 有许多限制因子;

⑤ 绿化效果快速。

二、大树移植技术

1. 大树的选择

根据园林设计图纸、园林绿化施工要求和适地适树原则,选定树种及树种所要求的规格、树高、冠幅、胸径、树形(需要注明观赏面和原有朝向)、长势等,到郊区或苗圃进行调查,要按照"近似生境原理",从光、水、气、热等小气候条件和土壤条件等多方面进行综合考察比较,将生境差异控制在树种可适生的区间内。在选定大树的朝阳(南)方向的胸径处做好标记,立卡编号,挂牌登记,分类管理。选树工作宜在移植前 1～3 年进行。在选树时应该注意以下几点。

（1）要选择接近新栽植地环境的树木，切莫盲目求新追大，野生树木主根发达，长势过旺，不易成活，适应能力也差。

（2）不同类别的树木，移植难易度不同。一般灌木比乔木移植容易；落叶树比常绿树容易；扦插繁殖或经多次移植、须根发达的树比播种未经移植、直根性和肉质根类树木容易；叶形细小比叶少而大者容易；树龄小比树龄大的容易。

（3）选择正常生长，无病虫害，无机械损伤，生长健壮，树干上有新芽、新梢、有新生枝条的，再生能力强的，移植成活率高的树木。

（4）在地势平坦且周围适当开阔之处进行选择。地势坡度过陡，操作困难，树木的根系分布不正，容易伤根，还不容易起出完整的土球。选择地势平坦开阔，便于大树吊装和运输设备的靠近，操作便利。

（5）选择时，还应考虑大树的运输车辆通行路线等因素。

2. 大树移植的时间

大树移植最好选择在树木休眠期进行，一般以春季萌动前和秋季落叶后为最佳时期。但是，行业内有句行话叫做"种树无时，只要树不知"，即只要移植时带有足够大的土球，操作规程正确，注意养护管理，移植工作终年皆可进行。

早春时期，树木还处于休眠期，移植后，树液开始流动，树木开始生长、发芽，树叶还尚未全部长成，树木的蒸腾还未达到最旺盛时期，挖掘时损伤的根系很容易愈合和再生，且经过从早春到晚秋的正常生长，树木移植时受伤的部分可以复原，给树木顺利越冬创造了有利条件。

盛夏季节，由于树木的蒸腾量大，此时移植对大树成活不利，但在必要时可选择阴雨天进行，移植时必须加大土球，加重修剪，并注意遮阴保湿，尽量减少树木的蒸腾量，也可成活，但费用较高。在北方的雨季和南方的梅雨期，可带土球移植一些针叶树种。

深秋及冬季，树木地上部分处于休眠状态，也可进行大树移植。在严寒的北方，必须对移植的树木进行土面保护。南方地区，尤其在一些气温不太低、湿度较大的地区，一年四季均可移植，落叶树还可裸根移植。

我国幅员辽阔，南北气候相差很大，具体的移植时间应视当地的气候条件以及需移植的树种不同而有所选择。

3. 大树移植前的准备工作

为了保证树木移植后能很好地成活，可在移植前对大树采取一些措施进行处理。常用多次移植法、预先断根法（如图7-2-1所示）、根部环状剥皮法对大树进行预掘，促进树木的须根生长，这样也为施工提供方便条件。还应对大树进行修剪，修剪是大树移植过程中对地上部分进行处理的主要措施。凡病枯枝、过密交叉徒长枝、干扰枝均应剪去。修剪量与移植季节、根系情况有关。除修剪枝叶的方法外，有时也采用摘叶、摘心、摘果、摘花、除芽、去蘖和刻伤、环状剥皮等措施。当移植成批的大树时，为使施工有条不紊地进行，可把栽植穴及要栽植的大树均编上一一对应的号码，使其移植时可对号入座。定向是在树干上标出南北方向，使其在移植时仍能保持按原方位栽下，以满足它对蔽阴及阳光的要求。在起树前，还要把树干周围2～3 m以内的碎石、瓦砾堆、灌木丛及其他障碍物清除干净，并将地面大致整平，为顺利移植大树创造条件。同时用三根受力均匀、直径15 cm以上的支柱对要移植大树进行支撑，特别是背风向的一面。然后按树木移植的先后次序合理安排运输路线，以使每棵树都能顺利运出。移植前一周应将新栽地的种植穴挖好，准备好移植时必备的工具及材料。

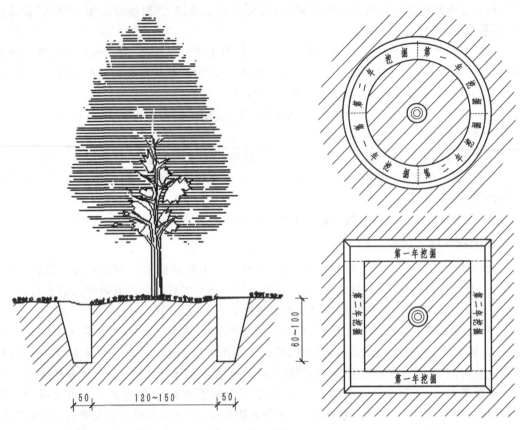

图 7-2-1　大树断根法

4. 大树移植的方法

当前常用的大树移植方法主要有以下几种。

（1）软材包装移植法

软材包装移植法适用于挖掘圆形土球，移植胸径 10～15 cm、土球直径不超过 1.3 m 或稍大一些的树木。

树木选好后，可根据树木胸径的大小来确定挖土球的直径和高度。一般来说，土球直径为树木胸径的 7～10 倍（可参考表 7-2-1），土球过大，容易散球且会增加运输困难；土球过小，又会伤害过多的根系，影响树木成活。所以土球的大小还应考虑树种的不同以及当地的土壤条件，最好是现场试挖一株，观察根系分布情况，再确定土球大小。

表 7-2-1　树木胸径与土球规格

树木胸径/cm	土球规格		
	土球直径/cm	土球高度/cm	留底直径/cm
10～12	树木胸径的 8～10 倍	60～70	土球直径的 1/3
13～15	树木胸径的 7～10 倍	70～80	

挖掘前，先用草绳将树冠围拢，其松紧程度以不折断树枝又不影响操作为宜，同时为确保安全，应用支棍于树干分枝点以上支牢。然后铲除树干周围的表层土，以树干为中心，比规定的土球大 3～5 cm 划一圆圈，并顺着此圆圈往外挖沟，沟宽 60～80 cm，深度以到土球所

要求的高度为止。

用锋利的铁锹将土球修成上大下小呈截头圆锥形,遇到较粗的树根时,不要用铁锹硬砍,应用锯或剪刀将根切断,以防土球松散。土球修好后,应立即用草绳、蒲包或蒲包片等进行包装。包装方法常用的有橘子式、井字(古钱)式和五角式,其包装示意如图 7-2-2、图 7-2-3、图 7-2-4 所示。

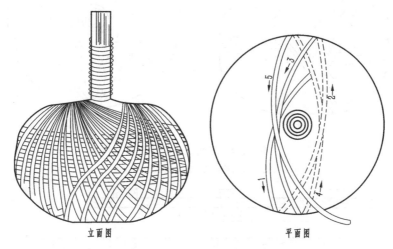

立面图　　　　　　　　　平面图

图 7-2-2　橘子式包装法示意

实线表示土球面绳,虚线表示土球底绳

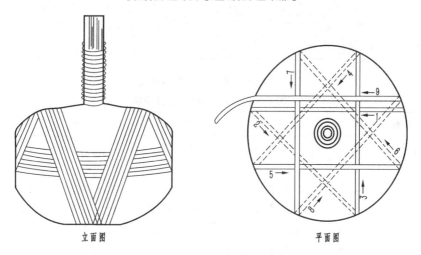

立面图　　　　　　　　　平面图

图 7-2-3　井字式包装法示意

实线表示土球面绳,虚线表示土球底绳

(2) 木箱包装移植法

木箱包装移植法适用于挖掘方形土台,树木的胸径为 15～30 cm,土球直径超过 1.3 m 以上,或更大的树木以及砂性土质中的大树。

移植前首先要准备好包装用的板材:箱板、底板和上板,如图 7-2-5 所示。

掘苗前同样对树木进行收冠、支撑、清除表层土。然后根据树木的大小决定挖掘土台的规格,一般可按树木胸径的 7～10 倍作为土台的规格(可参考表 7-2-2),以树干为中心,以比规定的土台尺寸大 10 cm 划一正方形,从线外开沟挖掘,沟宽 60～80 cm,以便于人下沟操作。

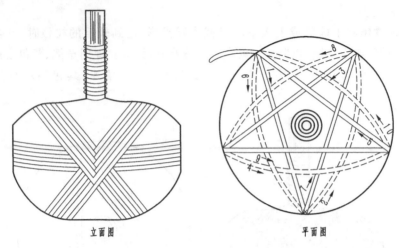

图 7-2-4　五角式包装法示意

实线表示土球面绳,虚线表示土球底绳

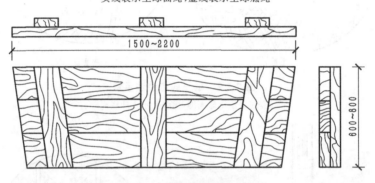

图 7-2-5　木箱包装移植板材

表 7-2-2　树木胸径与土台规格

树木胸径/cm	15~18	18~24	25~27	28~30
土台规格/m(上边长×高)	1.5×0.6	1.8×0.7	2.0×0.7	2.2×0.8

　　挖到土台深度后,将四壁修理平整,使土台侧壁中间略突出,成为比箱板稍大的倒梯形,且土台每边较箱板长 5 cm,以便安装完箱板后,箱板能紧贴土台。安装时先将四个侧面箱板上好,如图 7-2-6 所示,且每块箱板中心对准树干,箱板上边略低于土台 1~2 cm。在安放箱板时,两块箱板的端部在土台的角上要相互错开,可露出土台一部分,再用蒲包片将土台包好,两头压在箱板下,然后在木箱的上下套好两道钢丝绳。每根钢丝绳子的两头装好紧线器,两个紧线器要装在两个相反方向的箱板中央带上,以便收紧时受力均匀。然后用紧线器把套在木箱上下的两道钢丝绳收紧,如图 7-2-7 所示。在木箱四角钉上铁皮。每条铁皮上至少要钉两对铁钉,且钉子要稍向外倾斜以增加拉力,如图 7-2-8 所示。

　　紧线器在收紧时,必须两边同时进行,箱板被收紧后钉好铁皮,用 3 根支杆将树支稳后,即可进行掏底。掏挖时,首先在沟内沿着箱板下挖 30 cm,将沟清理干净,用特制的小板镐和小平铲在相对的两边同时掏挖土台的下部。当掏挖的宽度与底板的宽度相符时,在两边装上底板。在上底板前,应预先顶在箱板上,垫好木墩,另一头用油压千斤顶顶起,使底板与上台底部紧贴。钉好铁皮,撤下千斤顶,支好支墩。两边底板钉好后即可继续向内掏底。要注

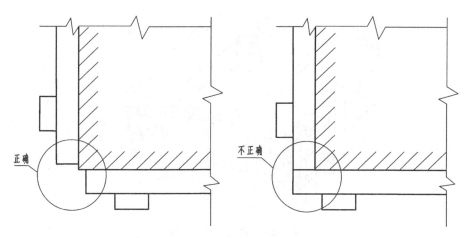

图 7-2-6　木箱侧面板安装

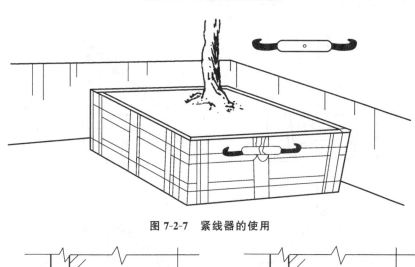

图 7-2-7　紧线器的使用

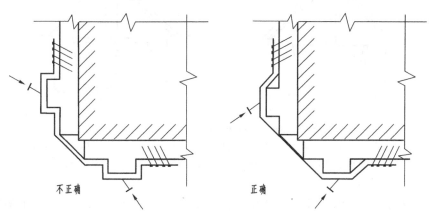

图 7-2-8　铁皮的钉牢

意每次掏挖的宽度应与底板的宽度一致,不可多掏。在上底板前如发现底土有脱落或松动,要用蒲包等物填塞好后再装底板。底板之间的距离一般为 10～15 cm,如土质疏松,可适当加密。

底板全部钉好后,须完成如图 7-2-9 所示的木箱包装。钉装上板前,土台应铺满一层蒲包片。上板一般为 2 块到 4 块,其方向应与底板成垂直交叉,如需多次吊运,上板应钉成井字形。

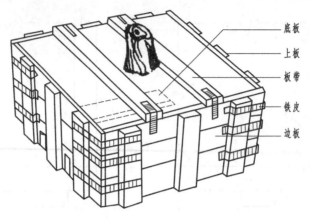

图 7-2-9　木箱包装示意图

以上木箱包装移植大树的挖掘及包装过程如图 7-2-10 所示。

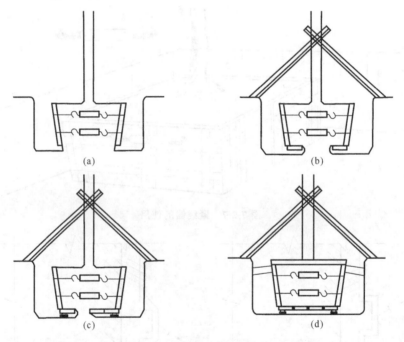

图 7-2-10　木箱移植包装、挖掘程序示意

（a）挖好四壁,用钢丝绳、紧线器收紧四块箱板;（b）钉好箱板,掏挖底部两侧,装好两侧底板;

（c）用短桩撑好底部四角,掏挖底部中间;（d）装好全部底板和上板,用短桩支撑好待运

（3）移树机移植法

在国内外已经生产出专门移植大树的移植机,如图 7-2-11 所示。适宜移植胸径 25 cm 以下的带土球的乔木,可以连续完成挖穴、起树、运输、栽植等全部移植作业。树木移植机分自行式和牵引式两类,目前各国大量发展的都为自行式树木移植机。树木移植机的主要优点是:生产率高,移植成活率高,可适当延长移植的作业季节,能适应城市的复杂土壤条件,减轻了工人劳动强度,提高了作业的安全性。目前我国主要发展 3 种类型移植机:能挖土球直径为 160 cm 的大型机,能挖土球直径为 100 cm 的中型机,能挖土球直径为 60 cm 的小型机。

（4）冻土移植法

在我国北方寒冷地区较多采用,宜移植耐严寒的乡土树种。在土壤冻结期或者在土壤

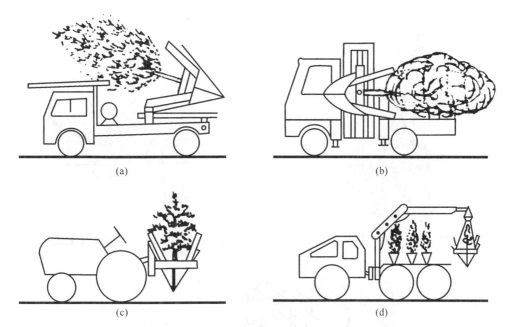

图 7-2-11 树木移植机机型示意图

冻得不深时挖掘土球,并可泼水促冻,不必包装,利用冻结河道或泼水冻结的平土地,只用人畜即可拉运的一种方法,具有节约经费、土球坚固、根系完好、便于成活、易于运输等优点。

5. 大树的装卸及运输

此为大树吊运移植中的重要环节之一。吊运的成功与否,直接影响到树木的成活、施工的质量以及树形的美观等。吊装及运输设备的起吊和装运能力要具备相应的承载能力。吊装前应先撤去支撑,用草绳将树冠捆拢以减少吊运时的损伤。

(1)装车

目前我国常用的装卸设备是汽车起重机,它机动灵活,行动方便,装卸简捷。

吊运软材料包装的或带冻土球的树木时,由于钢丝绳容易勒坏土球,最好用粗麻绳。先将双股绳的一头留出 1 m 多长结扣固定,再将双股绳分开,在土球由上向下 3/5 的位置上绑紧,然后将大绳的两头扣在吊钩上,在绳与土球接触处用木块垫起;轻轻起吊后,再用脖绳套在树干下部,也扣在吊钩上即可起吊。这些工作做好后,再开动起重机就可将树木吊起装车。如图 7-2-12 所示。

木箱包装吊运时,用两根钢索将木箱两头围起,钢索放在距木板顶端 20~30 cm 的地方(约为木板长度的 1/5),把 4 个绳头结在一起挂在起重机的吊钩上,并在吊钩和树干之间系一根绳索,使树木不致被拉倒,还要在树干上系 1~2 根绳索,以便在起运时用人力来控制树木的位置,以防损伤树冠,有利于起重机工作。在树干上束绳索处,必须垫上柔软材料,以免损伤树皮。如图 7-2-13 所示。

树木装进汽车时,使树冠向着汽车尾部,土块靠近驾驶室,树干包上柔软材料放在木架或竹架上,用软绳扎紧,土块下垫一块木衬垫,然后用木板将土球夹住或用绳子将土球缚紧于车厢两侧。如图 7-2-14 所示。

(2)运输

通常一辆汽车只装一株树,在运输前,应先进行行车道路的调查,以免中途遇故障无法

图 7-2-12　土球吊装示意图

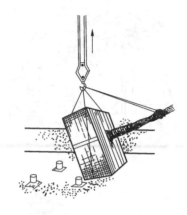

图 7-2-13　木箱吊装示意图

图 7-2-14　运输装车法

通过，行车路线一般都是城市划定的运输路线，应了解其路面宽度、路面质量、横架空线、桥梁及其负荷情况、人流量等，行车过程中押运员应站在车厢尾，一面检查运输途中土球绑扎是否松动、树冠是否扫地、左右是否影响其他车辆及行人，同时要手持长竿，不时挑开横架空线，以免发生危险。在行车过程中行车要稳，车速宜慢，遇到路面状况不好时要降速行驶。

（3）卸车

大树运至施工现场后，应进行吊卸。吊卸的方式同吊装大致相同。如是木箱包装的，若不能马上栽植，应将树木吊卸在栽植穴附近，并在木箱下垫方木，以便栽植时穿绳用。如图 7-2-15 所示。

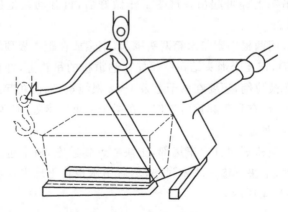

图 7-2-15　卸车、竖起

6. 大树的定植

将大树轻轻地斜吊放置到早已准备好的种植穴内,穴内要留土台,如图7-2-16所示。撤除缠扎树冠的绳子,并以人工配合机械,将树干立起扶正,初步支撑。树木立起后,要仔细审视树形和环境的关系,转动和调整树冠的方向,使树姿和周围环境相配合,并应尽量地符合原来的朝向。然后,撤除土球外包扎的绳包或箱板,分层填土分层筑实,把土球全埋入地下。在树干周围的地面上,也要做出拦水围堰。最后,要灌一次透水。

图 7-2-16　大树垂直吊放入穴

7. 定植后的养护

定植之后的大树必须加强养护管理。"三分种,七分管",故应把大树移植后的精心养护看成是确保移植成活和林木健壮生长不可或缺的重要环节,不可小视。

应从以下各环节进行养护工作:设立支撑;浇水及控水;地面覆盖;树体保湿;输液促活;施肥打药;调整树形;防寒抗冻。

图 7-2-17 为某地航空监测站入口绿化景观设计图,图 7-2-18 为该工程的平面图,根据图纸将图 7-2-19 中所示的樟子松移植至该工程指定位置。

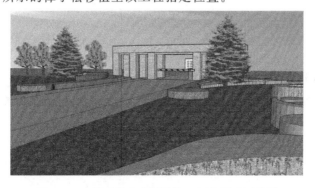

图 7-2-17　某地航空监测站入口绿化景观设计图

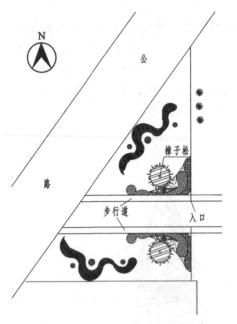

图 7-2-18　某地航空监测站入口绿化平面图　　　图 7-2-19　待移植樟子松

🌸 **任务分析** ◁◁◁

　　根据图纸可以看出,须进行移植的樟子松为胸径 25 cm 的高大乔木,由于树龄大、根深、冠幅大、再生能力弱等特点,势必导致移植的成活率低。所以需要采用大树移植的工程手段进行移植。在施工中,需要按照树木挖掘、包装、运输、栽植、养护的程序进行施工。施工关键是大树移植的包装以及栽植和植后养护。本工程采用木箱包装移植法。

🌸 **施工工艺** ◁◁◁

　　根据该工程特点,樟子松木箱包装移植采用如下施工工艺流程进行施工:

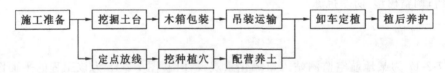

🌸 **材料、工具及设备** ◁◁◁

　　该工程需要的主要材料包括箱板、底板、上板、铁线、铁钉、铁皮条、支墩、支撑杆、小木块、麻袋片、蒲包、营养土、草绳等。

　　该工程主要的工具及设备包括紧线器、钢丝绳、粗麻绳、锤子、铁锹、镐、锯、铲子、斧子、铁丝钳、修枝剪、长杆(挑线用)、塑料水管、放线工具、起重机、运输车辆等。

一、施工准备

1. 挖掘现场准备

（1）大树的预掘

本工程所移植的樟子松为多次移植过的大树，大部分的须根都聚生在一定的范围，因而在移植时能够保证土球的质量和减少对根部的损伤。

（2）编号定向

为使移植施工有计划地顺利进行，把栽植穴及欲移植的大树均编上一一对应的号码，使其移植时可对号入座，以减少现场混乱及事故。并且用油漆涂抹在树木南向胸径处，确保在定植时仍能保持它按原方向栽植，以满足它对蔽阴及阳光的要求。

（3）清理现场及安排运输路线

在起挖樟子松之前，把树干周围 2～3 m 以内的碎石、瓦砾堆、灌木丛及其他障碍物清除干净，并将地面大致整平，为顺利移植大树创造条件。并按照树木移植的先后次序，合理安排运输路线，以使每棵树都能顺利运出。

（4）工具材料的准备

根据上述的材料、工具设备要求，准备所需内容。

2. 栽植现场准备

栽植现场的准备工作主要包括。

（1）周边情况

确保栽植现场周边的建筑物、架空线、地下管网等满足运输机械及吊装机械的作业面需求，能够顺利施工。

（2）清理场地

在施工范围内，根据设计要求做好场地的清理工作。如拆除原有构筑物、清除垃圾、清理杂草、平整场地等。

（3）施工用水

做好现场水通的准备，具备大树移植工程施工要求，能够保证大树栽植后马上就能灌足水。

二、土台挖掘

首先，确定土台的规格大小。根据大树移植施工技术规范标准，胸径为 25 cm 的樟子松可确定土台为梯形台，上大下小，外包装木箱上边长 2.0 m，高为 0.7 m。

土台确定后，先用草绳将树冠围拢，树干缠绕上草绳，如图 7-2-20 所示。清除树干基部周围 2～3 m 以内的杂物。以树干为中心，以 2.1 m 为边长，划一正方形作土台的雏形，然后铲除正方形范围内的浮土，深度以不伤根部为宜。从土台往外开沟挖掘，沟宽 60～80 cm。土台挖到 0.7 m 深度后，用铁锹、铲子、锯等将四壁修理平整，使土台每边较箱板长 5 cm，土台侧壁中间略突出。土台修好后，应立即安装箱板。土台挖掘如图 7-2-21 所示。

图 7-2-20　草绳缠绕树干

图 7-2-21　土台挖掘

三、木箱包装

土台修好后,须马上进行支撑,避免树木歪倒。然后进行箱板的安装,安装箱板时先是安装侧面木板,防止土台散坨。侧面箱板安装后,继续下挖约 0.3 m,以工人操作方便为宜,向内掏挖,并上底板,边向内掏挖,边上底板。同时在底板四角用支墩支牢,避免发生危险。底板全部上完后,再上上板。木箱包装程序参见"基本知识"部分,木箱包装如图 7-2-22 所示。

图 7-2-22　木箱包装

四、吊装运输

综合本次大树移植的特点,本工程使用 25 t 汽车起重机进行大树的吊运。

首先将机车在方便作业的平整场地上调稳,并且在支腿下面垫木块。

用一根长约 6.5 m、粗 10 mm 的钢丝绳在木箱的下端 1/3 处拦腰围住,将钢丝绳两端绳套扣在起重机的吊钩上,轻轻起吊,缓慢操作,待木箱离地前停车。用草绳缠绕一段树干,并在其外侧绑扎上小木块包裹起来,然后用一根粗绳系在包裹处(图 7-2-23),粗绳的另一端扣在吊车的吊钩上,目的是防止树木起吊时树冠倒地。

继续起吊。当树身倾倒后,用 1～2 根粗麻绳拴在分枝点处,以便吊装的过程中可以人为地控制树木的方向,避免树冠损伤,便于装车。吊装形式见图 7-2-24。

树木装进汽车时,使树冠向着汽车尾部,方箱靠近驾驶室。木箱上口与运输车辆后轴相齐,木箱下部用方木垫稳。为避免树冠拖地损伤,在车尾部用木棍绑成支架将大树支起,并在树干和支架间垫上麻袋片或蒲包等柔软的材料,用绳扎牢。然后将方箱缚紧于车厢上,捆

图 7-2-23　树干保护

图 7-2-24　吊装

木箱的钢丝绳应用紧线器绞紧。

采用汽车运输,每车装一株,并设置专人在车押运。开车前,押运人员须仔细地检查装车情况,重点检查捆木箱的绳索是否绞紧、树冠是否扫地、支架与树干接触部位是否垫软物扎牢、树冠是否超宽等。检查完毕后按照既定方案进行运输。在运输途中,汽车司机应注意观察道路情况、横架空线、桥梁、高速公路收费站、建筑物、行人车辆等,押运人员随时检查木箱是否松动、树干是否发生滑动摩擦、高空架线等,如发现问题,应马上靠边停车进行处理,以保证大树运输的质量。

五、卸车定植

① 在大树挖掘的同时或者之前,即在大树定植前,应完成种植穴的挖掘等工作。

按照施工图纸的要求进行定点放线,并做好树木栽植中心标记。根据土球的规格确定挖掘种植穴的要求,由于为木箱包装移植,所以种植穴的形状与木箱一致,确定种植穴的规格为 2.5 m×2.5 m×1.0 m(长×宽×高)。挖掘时种植穴的位置要求非常准确,要严格按照定点放线的标记进行。以标记为中心,以 2.5 m 为边长划一方形,在线的内侧向下挖掘,按照深度 1.0 m 垂直刨挖到底,不能挖成上大下小的锅底坑。由于现场的土壤质地良好,在挖掘种植穴时,将上部的表层土壤和下部的底层土壤分开堆放,表层土壤在栽植时填在树的根部,底层土壤回填上部。若土壤为不均匀的混合土时,也应该将好土和杂物分开堆放,可堆放在靠近施工场地内一侧,以便于换土及树木栽植操作。

种植穴挖好后,要在穴底堆一个 0.8 m×0.5 m×0.2 m 的长方形土台。如果种植穴土壤中混有大量的灰渣、石砾、大块砖石等,则应配置营养土,用腐熟、过筛的堆肥和部分土壤搅拌均匀,施入穴底铺平,并在其上覆盖 6~10 cm 种植土,以免"烧根",其余营养土置于种植穴附近待用,如图 7-2-25 所示。

图 7-2-25　穴内堆置土台

② 大树运至施工现场后,立即进行吊卸栽植。按照选树的编号,对号栽植。将车辆开至指定位置停稳,解开捆绑大树的绳索。用两根长钢丝绳将树木兜底,每根绳索的两端分别扣在吊车的吊钩上,将树木直立且不伤干枝。检查大树土台完好后,先行拆下方箱(土台已松散,可不拆除)中间三块底板。起吊入坑,树木就位前,按原南向标记对好方向,使其满足树木的生长需求,操作人员应站在种植穴外进行控制,不得在穴内操作,以免发生挤伤、碰撞等危险。大树落稳后,用木杆将树木支稳,撤出钢丝绳,拆除底板及上板,回填土至坑深 1/3 时,拆除四周箱板。之后分层回填夯实至平地,每层回填土厚 0.3 m。在树干周围的地面上,做出拦水围堰进行浇水,如图 7-2-26 所示。

图 7-2-26　樟子松定植

六、植后养护

1. 设立支撑

定植时用木杆做支撑,是大树栽植操作时的保障措施,在定植完毕后必须及时对树体支撑进行重新固定,以防地面土层湿软、大树遭风袭导致歪斜、倾倒,同时保证其不漏风,有利于根系生长。一般采用三支柱式进行大树的稳固。支架与树干之间可用草绳、麻袋、蒲包等透气软质材料进行包裹,以免磨伤树皮。

2. 浇水及控水

大树移植后应立即浇 1 次透水,以保证树根与土壤密接,促进根系发育。一般春季栽植后,应视土壤墒情每隔 5~7 天浇一次水,连续浇 3~5 次水;生长季节移植的大树则应缩短间隔时间、增加浇水次数;如遇特别干旱天气,进一步增加浇水频次。浇水要掌握"不干不浇,浇则浇透"的原则,不能一味地追求浇多,如浇水量过大,会导致土壤的透气性差、土温低和有碍根系呼吸等情况影响生根,严重时还会出现沤根、烂根现象。

3. 地面覆盖

地面覆盖的作用主要是减缓地表蒸发,防止土壤板结,以利通风透气。通常采用麦秸、稻草、锯末等覆盖树盘,但最好的办法是采用"生草覆盖",亦即在移植地种植豆科牧草类植物,在覆盖地面的同时,既改良了土壤,又抑制了杂草,一举多得。

4. 树体保湿

(1)包裹树干

为了保持树干湿度,减少树皮水分蒸发,可用浸湿的草绳从树干基部缠绕至顶部,再用调制好的泥浆涂糊草绳,以后时常向树干喷水,使草绳始终处于湿润状态。

(2)架设阴棚

随着炎热季节的到来,气温不断回升,树体的蒸发量逐渐增加,此时对树木进行架设阴棚,既避免了阳光直射灼伤树皮,又保持了棚内的空气流动以及水分、养分的供需平衡。为了不影响树木的光合作用,阴棚可采用70%的遮阴网。天气逐渐转凉后,可适时拆除阴棚。实践证明,在条件允许的情况下,搭阴棚是生长季节移植大树最有效的树体保湿和保活措施。

(3)树冠喷水

移植后如遇晴天,可用高压喷雾器对树体实施喷水,每天喷水2～3次,1周后,每天喷水1次,连喷15天即可。为防止树体喷水时造成移植穴土壤含水量过高,应在围堰上覆盖塑料薄膜。

(4)喷抑制剂

抑制剂具有抑制植物蒸腾的功用。

5. 输液促活

对栽后的大树采用树体内部给水的输液方法,可解决移植大树的水分供需矛盾,促其成活。具体方法为:在植株基部用木工钻由上向下成45°角钻输液孔3～5个,深至髓心。输液孔的数量多寡和孔径大小应与树干粗细及输液器插头相匹配,输液孔水平均匀分布,垂直交错分布。输用液体配制应以水为主,同时加入微量植物激素和矿质元素,每升水溶入 ABT6号生根粉 0.1 g 和磷酸二氢钾 0.5 g。另外,上海园林绿化建设有限公司生产的树干注入型活力素也可用作输液剂。输入的液体既可使植株恢复活力,又可激发树体内原生质的活力,从而促进生根萌芽,提高移植成活率。将装有液体的瓶子悬挂在高处,并将树干注射器针头插入输液孔,拉直输液管,打开输液开关,液体即可输入树体。待液体输完后,拔出针头,用棉花团塞住输液孔(再次输液时夹出棉塞即可)。输液次数及间隔时间视天气情况(干旱程度、气温高低)和植株需水情况确定,一般4月份移植后开始输液,9月份植株完全脱离危险后结束输液,并用波尔多液涂封孔口。注意:有冰冻的天气不宜输液,以免冻坏植株。

6. 施肥打药

移植后的大树萌发新叶后,可结合浇水进行施肥,也可根据需要喷施叶面肥等。叶面肥喷施时间要选择在晴天或阴天的7～9时和17～19时进行,此时段的树叶活力强,吸收能力好。

植后的大树因起苗、修剪造成了各种伤口,加之新萌的树叶幼嫩,树体抵抗力弱,故较易感染病虫害,若不注意防范,很可能置树木于死地。可用多菌灵或托布津、敌杀死等农药根

据需要混合喷施,达到防治目的。

7. 防寒抗冻

① 北方的林木,特别是带冻土移植的树木,必须注意根系保护,移植后要用泥炭土、腐殖土或树叶、秸秆、地膜等对定植穴树盘进行土面保温,早春土壤解冻时,再及时把保温材料撤除,以利于土壤解冻、提高地温、促进根系生长。

② 正常季节移植的树木,要在封冻前浇足浇透封冻水,并及时进行干基培土(培土高度为 30～50 cm)。

③ 9～10 月份进行干基涂白,涂白高度为 1.0～1.2 m。涂白剂配方为:新鲜生石灰 5 kg＋盐 2.5 kg＋硫磺粉 0.75 kg＋油 100 mg＋水 20 kg。

④ 立冬前用草绳将树干及大枝缠绕包裹,既保湿又保温。

⑤ 对新植的抗寒性较差的大树,移植当年的冬季必须搭防风障进行防寒保护。新植大树的防寒抗冻措施不容忽视,尤其是南树北移的树种,更应格外注意,以防前功尽弃。

⑥ 遇有冰雪天气,要及时扫除穴内积雪,特别寒冷时,还可采用覆盖草木灰等办法避寒。

任务考核内容和标准如表 7-2-3 所示。

表 7-2-3 任务考核内容和标准

序号	考 核 内 容	考 核 标 准	配分	考核记录	得分
1	木箱包装移植大树的施工工艺	掌握正确的施工程序	30		
2	大树移植的要求	是否满足	40		
3	大树移植后的养护管理	按管护标准执行	30		

一、移植后导致树死的原因分析

大树移植是一项专业工程,大树移植后成活率的高低与工程中的每一个环节都紧密相关,造成大树移植后死亡的主要原因包括如下内容。

1. 树种、树木选择不适宜

① 树种原栽植地和移植地纬度跨度过大,树种生态适应幅度窄,树木难以适应新栽植环境的温、湿度条件。

② 长期生活在山坡背阴面的树木移植到阳光明亮的地区因光照条件不适应而逐渐死亡。

③ 再生能力较低的古树,没有经过复壮和宿根培养而进行移植。

2. 土壤条件不适宜

土壤过于黏重,后期浇水不能浇透,或土壤积水导致根系严重缺氧而活力低下,甚至根系腐烂。喜酸树木栽植在碱性土壤中,以及与之相反情况。

3. 修剪不合时宜

修剪时期不合时宜,或修剪过轻、过重。

4. 栽植技术不合理

栽植过浅或过深,栽植前放置时间过长,高岗、山坡或缺水的地方移植后浇水不透,树坑上大下小,栽植树木出现悬根现象,反季节栽树,疏枝、遮阴等保活措施不力,这些都可能导致移植树木死亡。

二、促进移植树木成活的先进技术介绍

1. 移植技术简介

（1）浅栽高培土法

树木适当深栽（以原先栽植深度为参照）有利于保活,但成活后因根系呼吸受抑而活力不强,不利于生长;树木适当浅栽不利于保活,但成活后因根系呼吸通畅而生长速度较快。浅栽高培土法弥补了以上栽植方法的缺陷。具体方法为:浅栽后实行高培土,树木成活后将高培之土除去。

（2）改进浇水方法

传统的浇水方法是从上往下浇,从外往里浇。第一次容易浇透,若土壤过粘,易板结,第二次浇水就很难浇透,致使树木死亡。改进的浇水方法为"从下往上浇,从里往外浇"。具体做法:在塑料水管头部接上长约 1 m 的水管喷枪,向下插入土层深处浇水,在浇水时间并没有延长的情况下能彻底浇透。

（3）树干保湿法

树干保湿法主要有裹薄膜和缠草绳两种方法。浇水结合喷干均可有效阻止树干失水,维持树体水分平衡。

2. 伤口涂抹剂的使用

伤口涂抹剂即愈伤膏。主要用于大树,当其主干、主枝被截除后伤口过大时,使用该剂既可有效防止伤口感染,又能有效防止水分过量蒸发,并促进伤口愈合。

3. 树体吊针液的使用

为树木"输液"对于古树复壮意义重大,对于普通的大树移植保活也有其特有作用。在树干上打孔后,吊针袋所"输"向树体的液体包含了树木必需的多种微量元素、维生素和调节剂,特别是其所含的调节剂对于增强树体的抗逆性有着较好的作用。

4. 保水剂的使用

保水剂多是树脂类物质,自身不能生产水分,但吸水强度极为惊人。该类产品吸收水分后,急剧膨胀,所含水分太阳很难蒸发,但却能够被植物的根毛有效吸收,水分释放期一般在 $40\sim60$ 天之间。该物质在土壤中的降解期一般为 $1\sim2$ 年,此期间还可以反复利用。一般情况下,使用一次就能基本解决保水问题。在大树移植方面,保水剂多用于干旱严重或浇水较为困难的区域（如高速公路、荒山绿化等）,可在种植前拌种或大树移植时和回填土掺匀填入树坑,以抗干旱。

5. 基因激活剂的使用

基因激活剂的主要成分为脱落酸类物质,在一定浓度下可促进植物酶的活性,增强植物

抗逆性,如抗旱、抗寒、抗病能力,加快植物的生长速度。配合其他措施进行时有明显增强效果和"提速"的作用,单用时效果不明显。

6. 生根液的使用

使用生根液,让移植受损的树木根系迅速恢复生长是保证树木成活的关键。当前常见的生根剂类型有浓缩型和稀释型。浓缩型生根剂直接用原药制成,体积小,携带方便,随用随稀释,也因包装成本低而售价较低;稀释型生根剂的缺点是稀释比例小,携带不很便利,其优点是被用户看起来很实惠。在大树移植时的使用方法一般有两种:喷施和浇灌。

① 在校园内利用软材包装移植法进行树木移植。

② 参观大树移植工程的现场施工。

任务 3 草坪及花卉工程施工

1. 能够熟读草坪及花卉施工图纸;

2. 熟悉草坪及花卉的施工方法;

3. 能够指导工人进草坪及花卉工程的施工。

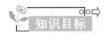

1. 掌握草坪及花卉栽植工程的概念及分类;

2. 掌握草坪及花卉工程的施工工艺及操作步骤;

3. 掌握草坪及花卉工程施工后的养护管理内容。

一、草坪的概念、功能作用及分类

1. 草坪的概念

用多年生矮小草本植株密植,并经人工修剪成平整的人工草地称为草坪。草坪是园林绿化的重要组成部分,不仅可绿化、美化环境,而且在保护环境、实现生态平衡等方面起着重要的作用。在园林布局中,草坪不仅可以做主景,而且能与其他构景要素结合,组成各种不同类型的园林景观,为人们提供良好的户外活动场地。

2. 草坪的功能作用

(1)净化大气,减少污染

主要表现在它能稀释、分解、吸收大气中的有害物质。大片的草坪地被植物,好像一座庞大的天然"吸尘器",连续不断地接收、吸附、过滤着空气中的尘埃。

(2)保持水土,改善生态环境

有致密的地表覆盖层和在表土中絮结的草根层,因而具有良好的固土作用。

（3）保护视力，减少噪音

绿色的草坪能缓和阳光的辐射，减轻和消除人们眼睛的疲劳，草坪的叶和茎具有良好的吸音效果，能在一定程度上吸收和减弱噪音。

（4）改善生产、生活条件

平坦舒适的绿色草坪，能给人提供一个优美的娱乐活动和休憩的良好场所。

（5）促进体育事业的发展

许多重要的高尔夫球、足球、曲棍球、板球和马球的比赛场地，都需要栽植当地生长最优良的草坪植物，以提高比赛成绩，减少运动员受伤的机会。

（6）增加覆盖，美化环境

在树木下层栽种地被与草坪植物，与乔木、灌木、草本花卉组成多层次的绿色空间。

3. 草坪的类型

（1）游憩草坪

这类草坪在绿地中没有固定的形状，面积较大，管理粗放，允许人们入内游憩活动。应选用叶细、耐踩踏、韧性大的草种，如图 7-3-1 所示。

（2）观赏草坪

专供欣赏的草坪称为观赏草坪，亦称装饰性草坪。这类草地一般不允许入内践踏，栽培管理要求精细，严格控制杂草，因此栽培面积不宜过大。一般选用叶色均一、绿期长、茎叶密集的优良草种，如图 7-3-2 所示。

图 7-3-1 游憩草坪

图 7-3-2 观赏草坪

（3）运动场草坪

供开展不同体育活动的草坪称为运动场草坪，亦称体育草坪。如足球场草坪、网球场草坪、滚球场草坪、高尔夫球场草坪、儿童游戏场草坪等。应选能经受坚硬鞋底的踩践，并能耐频繁地修剪刈割，有较强的根系和快速复苏蔓延能力的种类，如图 7-3-3 所示。

（4）固土护坡草坪

栽种在坡地和水岸的草地称为固土护坡草地，亦称护坡护岸草地。主要选用生长迅速、根系发达并具有匍匐性的草种，如图 7-3-4 所示。

（5）缀花草坪

以禾草植物为主，混栽少量草本花卉的草坪称为缀花草坪，如图 7-3-5 所示。

（6）混合草坪

由两种以上草坪植物混合组成的草坪。

图 7-3-3　运动场草坪

图 7-3-4　护坡草坪

图 7-3-5　缀花草坪

（7）疏林草坪

树林与草坪相结合的草地称为疏林草坪。

（8）交通安全草坪

设在陆路交通沿线，以高速公路两旁及飞机场中铺设的草地为多。这类草坪要求能抗干旱、适应性强和养护管理粗放。通常宜选择耐磨、防护能力强、根系发达以及能迅速恢复的草坪植物，实行混合栽种。

二、花坛的概念与特点

花卉的种类繁多，色彩艳丽，易繁殖，生育周期短。花卉是园林绿地中经常用作重点装饰和色彩构图的植物材料。因此，在园林绿化中常利用花卉进行花坛、花境、花丛、花台等应用。在本任务中重点介绍花坛的施工内容。

1. 花坛的概念

花坛是将同期开放的多种花卉，或不同颜色的同种花卉，根据一定的设计意图与方案，栽种于特定规则式或自然式的苗床内，以表现花卉群体美的园林设施。

2. 花坛的特点

① 花坛常栽植在几何形的栽植床内，多应用于规则式园林中。

② 花坛主要表现花卉组成的平面图案纹样或华丽的色彩美,不表现花卉的个体美。

③ 花卉都有一定的花期,要保证花坛(特别是设置在重点园林绿化地区的花坛)有最佳的景观效果,就必须根据季节和花期经常进行更换。

④ 花坛的种类多,表现内容才丰富。

三、花坛的分类

花坛的分类方法如下所述。

① 按其形态分可分为立体花坛和平面花坛两类,如图 7-3-6、图 7-3-7 所示。平面花坛又可按构图形式分为规则式、自然式和混合式三种。

图 7-3-6　立体花坛　　　　　　图 7-3-7　北京天安门广场上的模纹花坛

② 按观赏季节可分为春花坛、夏花坛、秋花坛和冬花坛。

③ 按栽植材料可分为一、二年生草花花坛,球根花坛,水生花坛,专类花坛。

④ 按表现形式可分为:花丛花坛,是用中央高、边缘低的花丛组成色块图案,以表现花卉的色彩美;绣花式花坛或模纹花坛,以花纹图案取胜,通常是以矮小的具有色彩的观叶植物为主要材料,不受花期的限制,并适当搭配些花朵小而密集的矮生草花,观赏期特别长。

⑤ 按花坛的运用方式可分为单体花坛、连续花坛和组群花坛。现在又出现移动花坛,由许多盆花组成,适用于铺装地面和装饰室内。

图 7-3-8 是乔木、灌木及草坪种植绿化施工总平面图,图 7-3-9 是平面花坛种植图,图 7-3-10 是立体花坛钢架结构大样图。根据各施工图设计,完成草坪和花坛的绿化栽植施工。

① 图 7-3-8 所示为草坪栽植与乔、灌木栽植结合的工程项目,在工程施工准备及施工过程中,既要考虑草坪栽植的知识,还要考虑乔、灌木栽植方面的因素,要想很好地完成该栽植工程,首先要明确草坪施工的技术要求,同时也要掌握乔、灌木的施工技术标准,明确草坪与乔、灌木施工顺序的合理安排。

② 图 7-3-9 是平面花坛施工与道路施工结合的工程项目。通过图纸分析,完成平面花坛的施工,应明确平面花坛施工的技术要求,掌握道路施工技术标准,明确平面花坛与道路施工的合理衔接。

园林工程施工

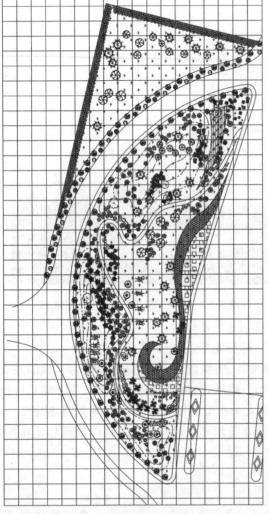

绿化总平面图

主要苗木图例表

序号	图例	品名	规格(cm)	数量(棵)
1		红叶李	秆径5~6	13
2		雪松	高300~350	24
3		合欢	胸径6~7	15
4		法桐	胸径9~10	72
5		棕榈	株高150~180	25
6		银杏	胸径10~15	26
7		大叶贞	连径200~250	12
8		法青	高150~200	220
9		香樟	胸径18~20	5
10		木槿	高150~180	17
11		连翘	两年生	41
12		广玉兰	胸径8~10	19
13		龙柏球	连径60~70	27
14		海桐球	连径80~100	33
15		海棠	秆径3~4	45
16		龙石榴	胸径4~5	29
17		蔷花	秆径5~6	39
18		黄荷	连径25~30	212
19		女贞	两年生	312
20		红冬青	连径15~20	250
21		月季	两年生	300
22		草坪		1750 ㎡

图7-3-8　乔木、灌木及草坪种植绿化施工总平面图

注：图中方格网为5 m×5 m。

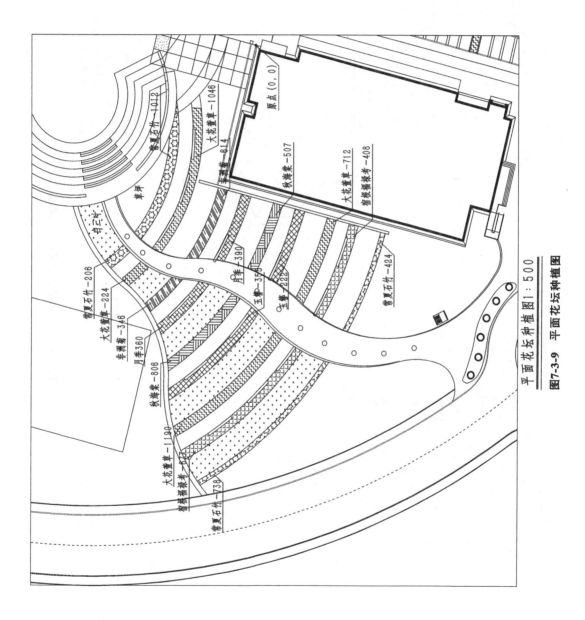

平面花坛种植图1：500

图7-3-9 平面花坛种植图

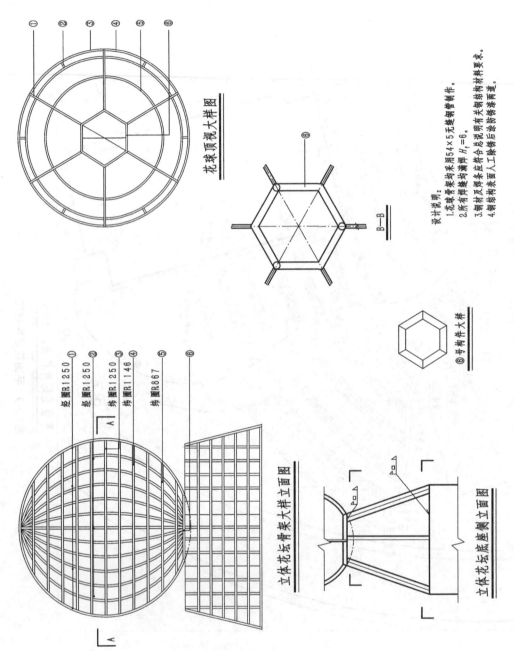

花球顶视大样图

B—B

⑧号构件大样

立体花坛臂架大样立面图

立体花坛底座侧立面图

设计说明：
1.花球骨架均采用54×5无缝钢管制作。
2.所有焊缝均满焊，$H_f = 6$。
3.钢材及焊条应符合总说明有关钢结构材料要求。
4.钢结构有表面人工除锈后涂防锈青连。

图7-3-10　立体花坛钢架结构大样图

③ 完成立体花坛的施工,首先邀请专业人士对立体花坛进行结构设计,确定立体花坛骨架构成,如图 7-3-10 所示。明确花坛骨架与预埋件焊接固定方法及骨架立柱埋入地面深度,保证立体花坛的稳定性。在此基础之上,掌握立体花坛施工的技术标准,根据图 7-3-5 所示立体花坛的图片,进行具体的栽植施工。

草坪种植的施工工艺流程如下:

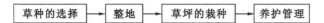

草种的选择 → 整地 → 草坪的栽种 → 养护管理

平面花坛的施工工艺流程如下:

整地 → 定点放线 → 栽植 → 养护管理

立体花坛的施工工艺流程如下:

骨架的制作 → 栽植土的固定 → 放线 → 栽植 → 养护管理

① 草坪种植施工主要材料、工具及设备包括草种、草皮、细砂、各种肥料、农药、铁锹、镐、运输车辆、石滚子、剪草机、喷灌设备等。

② 花坛种植施工主要材料、工具及设备包括各种花卉、各种肥料、钢筋、泥炭土、珍珠岩、木屑或山泥、遮光网(或塑料,或麻布)、铅丝、老虎钳、剪刀、刀、锥子、铁锹、镐、喷灌设施、运输车辆等。

图 7-3-8 所示为草坪栽植与乔、灌木栽植结合的工程项目,在施工时一定要有合理的施工顺序,一般是在施工中把乔、灌木栽植工程施工完成后,再进行草坪栽植工程的施工。这样可以避免因重复施工而造成增大投资的情况出现。

一、草坪种植施工

1. 草种的选择

(1) 根据地理环境选择

一般来说,冷季型草坪草适应在干冷、湿冷的地方生长;暖季型草坪草适应在暖干、暖湿的环境;在过渡带地区,有的冷季型草坪草在夏季易感病虫害或不能安全越夏,而暖季型草坪草有的不能安全越冬,有的能正常生长,但绿期比在南方要短。

(2) 根据土壤条件选择

土壤肥力好坏直接影响草坪草的生长,一般在贫瘠的土壤上种植一些耐贫瘠、耐粗放管理的草种,土壤酸碱度对草坪草的影响很大,一般适宜 pH 值为 6～7。

(3) 根据使用目的选择

草坪的使用目的多种多样,常见的有观赏草坪、运动场草坪、游憩草坪等。例如运动场草坪,一般需求耐践踏、耐频繁修剪的草种。

（4）根据草坪草特性选择

草坪草在抗旱、抗寒、抗病、耐热、耐践踏、耐酸碱、再生性和需肥量等多方面的特性都有不同。

（5）根据资金和个人所好选择

每个人对颜色、形态等的爱好有所不同，所选择的草坪草种也就不同；资金比较充足，就可选一些要求管理比较精细的草坪种类，若资金不足，就选用一些管理比较粗放的草坪种类。

总的来说，所选择的草坪草种要与周围环境相协调，使其成为统一的整体。

2 整地

铺设草坪和栽植其他植物不同，在建造完成后，地形和土壤条件很难再改变。要想得到高质量的草坪，应在铺设前对场地进行处理、它包括地形处理、改良和做好排灌系统。

（1）土壤的准备

草坪植物是低矮的草本植物，没有粗大的主根，与乔木和灌木相比，根系浅。所以，在土层厚度不足以种植乔木和灌木的地方仍能建造草坪。草坪植物根系的 80% 分布在 40 cm 以上的土层中，而且其 50% 以上是在地表以下 20 cm 的范围内。虽然有些草坪植物能耐干旱、耐瘠薄，但种在 15 cm 厚的土层上会生长不良，应加强管理。为了使草坪保持优良的质量，减少管理费用，应尽可能使土层厚度达到 40 cm 左右，不小于 30 cm；可在小于 30 cm 的地方应加厚土层。

（2）土地的平整与耕翻

土地的平整与耕翻是为草坪植物的根系生长创造条件。种草前两周用 0.2～0.4 mL/m² 草甘膦等灭生性的内吸传导型除草剂消灭多年生杂草，避免与草坪草争养分、水分，并清除场地内的瓦块、石砾等杂物。

清除杂物后，作一次去高填低的平整，平整后撒施基肥，然后进行一次耕翻，使土壤疏松，通气良好有利于草坪草的根系发育，也便于播种或栽草。在耕翻过程中，若发现局部地段土质欠佳或混杂的杂土过多，则应客土，为确保新建草坪的平整，在客土或耕翻后应灌一次透水或滚压两遍，使土壤坚实度不同的地方呈现出高低不平，方便在平整时加以调整。

（3）排水及灌溉系统

最后平整地面时，要结合考虑地面排水问题，不能有低凹处，以免积水，草坪多利用缓坡来排水，一般采用 0.3%～0.5% 的坡度。理想的平坦草坪的表面应是中部稍高，向四周或边缘逐渐倾斜，建筑物四周的草坪应比房基低 5 cm，然后向外倾斜。

地形过于平坦的草坪、地下水过高或聚水过多的草坪、运动场的草坪等，应设暗管或明沟排水。最完善的排水设施是用暗管组成系统与自由水面和排水管网相连接。

草坪的灌溉系统大多采用喷灌。所以，在场地最后平整前，应将喷灌管网埋设完毕。

3. 草坪的栽植

草坪的栽植包括播种法、栽植法、铺栽法和草坪植生带铺栽的方法。

（1）播种法

播种法一般适用于结籽量大而且种子容易采集的草种。如野牛草、羊茅草、结缕草、剪股颖、早熟禾等都可用种子繁殖。其优点是施工投资最小，从长远看，实生草坪植物的生命力较其他繁殖法强；缺点是杂草容易侵入，养护管理要求较高，形成草坪的时间比其他方法更长。

播种前选择种子,一般要求纯度在90%以上,发芽率在50%以上。有的种子发芽率低并不是因为质量不好,而是各种形态、生理原因所致。为了提高发芽率,达到苗全、苗壮的目的,播种前可对种子进行处理。例如细叶苔草的种子用流动的水冲洗数小时;结缕草种子用0.5%的氢氧化钠溶液浸泡48 h,用清水冲洗后再播种;野牛草种子可用机械的方法搓掉硬壳等。

草坪种子播种量越大,见效越快,播种后管理越省工。选择单播的一般播种量为10~20 g/m²,在播种时应根据草种及发芽率而定。混播是在依靠基本种子形成草坪之前的期间,混播其他的覆盖性快的种子,如早熟禾85%~90%与剪股颖10%~15%进行混播。

播种时间:一般暖季型草种为春播,适宜春末、夏初播种;冷季型草种为秋播。

播种方法:一般采用撒播法。先在场地上灌水浸地,水渗透稍干后,将处理好的草种掺上2~3倍的细砂土,做回纹或纵横向后退撒播,最好是先纵向撒一半,再横向撒另一半,然后用笤帚轻扫一遍,最后用石磙子碾压1~2遍(潮而黏的土不宜碾压)。

播种后充分保持土壤湿度,是保证出苗的主要条件,故根据天气情况每天或隔一天喷一次水,幼苗长至3~6 cm时停止喷水,但要经常保持土壤湿润,及时除杂草。

(2)栽植法

栽植法繁殖简单,节省草源,1 m²的草块可栽5~10 m²或更多一些。我国北方种植匍匐性强的草种多采用此法,包括条栽和穴栽两种方法。

栽植法施工在全年的生长时间均可进行,如果栽植过晚,当年就不能覆满地面,最佳时间是生长季中期。

条栽法适于草源丰富、平整好的场地内,以20~25 cm为行距拉线,开深5~6 cm的沟,把撕开的草块前后搭接成排埋入沟内,然后填土,踩实灌水。如图7-3-11所示。

图7-3-11　栽植草坪

穴栽法是用花铲挖穴,深度和直径均为5~7 cm,株距15~20 cm,按梅花形(三角形)将草根栽入穴内,用细土埋平,用花铲拍紧,并随时顺势搂平地面,最后再碾压一次,及时喷水。

(3)铺栽法

铺栽法草坪形成快,可以在任何时候(北方冰冻期除外)进行,栽后管理容易,但成本高,并要有丰富的草源。

理想的铺草皮时间:冷季型草的是夏末、秋初和春初;暖季型草宜在春末、夏初进行铺栽。

选择草皮,首先要适合当地环境、土壤条件。其次要选择高质量的草皮,即质地均一、稠

密、无病虫害和杂草。

铺栽场地要精细整地,高度要比所需的高度低 1~3 cm,因为草皮有一定的厚度,这样可保证铺后的草皮能和喷灌系统的高度适宜。在土壤准备时已施肥的,在铺后的 6 周内不用再施肥。若没施肥则要施含磷高的肥料,有利于草皮生根。铺草皮前要灌水,保持土壤湿润。

铺栽的方法是在草皮起挖后 24~48 h 内铺上,草块边要修整齐,相互挤严,外不露缝,草块与地面也应紧密连接。草块间填满细土,随时拍实,要保证铺平,否则将来低洼积水会影响草坪生长。铺后用碌子压平,如图 7-3-12 所示。

图 7-3-12 铺栽草坪

(4)草坪植生带铺栽的方法

植生带是用再生棉制成有一定拉力、透水性良好、极薄的无纺布,把草种、肥料按一定的数量比例,用机器撒在无纺布上,在上面再覆盖一层无纺布,经黏合碌压成卷,规格为 50~100 m²/卷,幅宽 1 m 左右。

用铺植生带进行铺栽时,首先挖 5 cm 深的槽将植生带边缘埋下加固,顺序打开植生带卷平铺在坪床上,边缘交接处要重叠 1~2 cm,在种子带上均匀覆土 0.5~1 cm,为防止日晒后龟裂,所用覆盖的土壤要掺些沙子,以不漏出种子带为宜,然后用碌子镇压。

4. 养护管理

养护管理主要包括灌水、施肥、修剪、除杂草、更新复壮等。

(1)灌水

草坪植物的含水量占鲜重的 75%~85%,叶面的蒸腾作用要耗水,根系吸收营养物质必须有水作媒介,营养物质在植物体内的输导也离不开水,一旦缺水,草坪生长衰弱,覆盖度下降,甚至使叶片枯黄而提前进入休眠期,所以草坪建成后必须合理灌溉。

灌水时间在返青到雨季前,是一年中最关键的灌水时期,一般灌 2~4 次。气温逐渐升高,蒸腾量变大,需水量变大。如遇干旱年份,雨季仍需灌水。雨季后至叶片枯黄前,此期降水量少,蒸发量较少,而草坪仍处于生命活动较旺盛阶段,此期草坪需水量显著提高。如不能及时灌水,不但影响草坪生长,还会引起叶片提前枯黄进入休眠,此期可灌 4~5 次水。另外,在返青期灌"返青水",在北方封冻前灌"封冻水"都是必要的。

（2）施肥

为使草坪良好生长，延长草坪的利用期，保持草坪的绿色度，增强草坪的园林绿化效果，充分满足草坪植物的营养需求，需对草坪进行施肥。施肥以施氮肥为主，其次是磷、钾肥。

施肥时期应在建草坪时施基肥，生长季施追肥。冷季型草在春季返青期，仲春轻施氮肥，秋季重施氮肥，夏季只在草坪出现缺绿症时才施少量氮肥。暖季型草是在晚春和生长季每月或每两个月施一次肥，能增加草坪密度，提高耐踩性。

（3）修剪

修剪是草坪养护的重点，能控制草坪的高度，促分蘖，增加叶片密度，抑制杂草的生长。

修剪的原则是每次修剪量一般不能超过茎叶组织纵向总高度的 1/3，不能伤害根茎。一般草坪一年最少剪 4～5 次，修剪频率也决定于草坪的修剪高度。修剪高度越低则频率越高，如修剪高度为 5 cm 的草坪每周修剪一次，而修剪高度为 0.32 cm 的高尔夫球场则每天都要进行修剪。

（4）除杂草

杂草会与草坪草争夺养分和水分、肥料和阳光，而使草坪草生长衰弱。除杂草的方法是合理的肥水管理，促草坪草生长，增强与杂草的竞争力。多次修剪，抑制杂草生长。用化学除草剂，例如，4-D、西马津等。

（5）更新复壮

根据草坪衰弱状况，选择不同的更新方法。出现斑秃的，可挖去枯死株，补栽或补播；对有匍匐茎的，在施肥后进行封闭管理，等待郁闭。断根法是用特制的钉筒（钉长 10 cm 左右）将地面扎成小洞，断其老根，洞内施入肥料，促使新根生长。

二、平面花坛的施工

图 7-3-8 所示为平面花坛施工与道路施工结合的工程项目，所以在道路施工中，特别是路牙石的施工中，应注意细小环节的处理，如为了保证路牙石稳固而使用的混凝土扶角，应加以控制，避免因占地范围大而影响花坛内植物的栽植和生长，影响平面花坛的景观效果。

1. 整地

为了保证花坛的效果，栽培花卉的土壤必须深厚、肥沃、疏松。通常在栽植花卉前对花坛进行整地，将土壤深翻 40～50 cm，挑出草根、石头及其他杂物。如果栽植深根性花木，还要翻得更深一些。若土质过劣则要进行客土，如土质贫瘠则应施足基肥。

花坛的地面应高出所在地平面，尤其是花坛四周地势较低之处，更应该如此。同时应作边界，以固定土壤。最简易的方法是花坛镶边，可埋砖码成齿牙状，有条件的还可以用水刷石、水磨石、天然石块等修砌。花坛四周最好用花卉材料作边饰或配以精致的矮栏，可增加美观，并能够起到保护的作用。但应注意花坛镶边或围栏，应与花坛本身和四周环境相协调。

2. 定点放线

栽花前，应先按照设计图在地面上准确地划出花坛位置和范围的轮廓线。

（1）图案简单的规划式花坛，根据设计图纸，直接用皮尺量好实际距离，并用灰点、灰线作出明显标记；如果花坛面积较大，可用方格法放线，即在设计图纸上画好方格，按比例放大到地面上即可。

（2）模纹花坛，要求图案、线条准确无误，故对放线要求极为严格，可以用较粗的铅丝按设计图纸的式样编好图案轮廓模型，检查无误后，在花坛地面上轻轻压出清楚的线条痕迹；也可用测绳摆出线条的雏形，然后进行移动，达到要求后再沿着测绳撒上白灰。

（3）有连续和重复图案的模纹花坛，因图案是互相连续和重复布置，为保证图案的准确性，可以用硬纸板按设计图剪好图案模型，在地面上连续描画出来。

3. 栽植

栽花前几天，花坛内应充分灌水渗透，待土壤干湿合适后再栽。运来的花苗应立即栽植，如不能及时栽植则要存放在阴凉处；带土球的花苗，应保持土球完整；裸根花苗在栽前可将须根切断一些，以促使其速生新根。栽植穴要挖大一些，保证花苗根系舒展，栽入后用手压实土壤，并随手将余土整平。高度、大小一致的单个独立花坛，应由中心向外的顺序退栽；高、低不同品种混栽的花坛，应先栽高的，后栽低矮的；一面坡式的花坛，应由上向下栽；宿根、球根花卉与一二年生花混栽的花坛，应先栽宿根花卉，后栽一、二年生花；模纹式花坛，应先栽模纹图案，然后再栽内部填充部分。株行距以花株冠幅相接，不露出地面为准。

4. 养护管理

花坛上花苗栽植完毕后，需立即浇一次透水，使花苗根系与土壤紧密结合，提高成活率。平时应注意及时浇水、中耕、除草、剪除残花枯叶，保持清洁美观。如发现有害虫滋生，则应立即根除。若有缺株要及时补栽，个别枯萎的植株要随时更换。对扰乱图形的枝叶要及时修剪。

三、立体花坛的施工

立体花坛是将一年生或多年生小灌木或草本植物，种植在二维或三维的立体构架上，形成植物艺术造型，充分展示植物材料的绿化美感，突破了传统的植物平面栽植概念，将植物的美感予以空间立体化，有效地柔化、绿化建筑物，塑造更有人性化的生活空间。

1. 骨架的制作

骨架制作是立体花坛成败的关键，应由结构工程师负责，主要解决构架承受力问题。按设计图的形象、规格作出骨架。骨架制作可分为木制、钢筋或砖木等结构，制作时应考虑承重，应坚固不变形。

本工程骨架为钢筋骨架，用角铁、钢管或钢筋焊接制作而成。造型主框架一般以钢管或铁管作为支撑，造型形体的主要轮廓线用角铁与主框架焊接，焊接处均为满焊，焊角不小于 6 mm。骨架表面用 $\phi 8 \sim \phi 10$ 圆钢筋以网状形式焊接，间距以 $15 \sim 20$ cm 为宜，能起到较好的撑拉、加固作用。骨架制作时要有"凹""凸"变化，富有立体感。立面图案直接用钢结构焊接出，便于种植植物。所有钢、铁构件均作防腐处理，刷一遍防锈漆和底漆、两遍面漆。骨架整体制作完毕后吊装到位，与预埋件焊接固定，骨架立柱埋入地面深至 $40 \sim 50$ cm，大型的钢架埋入地面深度应在 80 cm 以上。

2. 栽植土的固定

要求填充物为营养丰富且质量较轻的介质，主要配方是泥炭土：珍珠岩：其他（有机肥或椰糠或木屑或山泥或棉子壳等）＝7：2：1。填充物厚度一般为 15 cm。用蒲包或麻袋、棕皮、无纺布、遮阳网、钢丝网等将填充物固定在底膜上，然后再用细铅线按一定间隔编成方格将其固定。

喷灌设施的安装与填充介质同步进行。喷灌设施分喷雾和滴管两种。喷雾用于表面，起保湿作用，每平方米布置一个喷头。内部安装滴管，从下向上间距逐渐减少，最下部为 60 cm，向上以 10 cm 递减，滴头间距为 30 cm。同时，装置自动控制系统及雨量传感器，可以自动调节湿度。

3. 放样

按图纸设计的图案，将线条用线绳间隔一定距离缠绕在铁钉上，插入土中勾出轮廓。也可先用硬纸板作出设计的纹样，再画到坛面上。

4. 栽植

立体花坛的主体植物材料一般为五色草。所栽植的小草由蒲包的缝隙中插进去，插入之前先用铁钎子钻一小孔，也可用竹签或尖头的小木棍开洞。插入时注意草苗根系要舒展，然后用土填严，并用手压实。一般应按照先里后外、先左后右、先上后下的顺序进行栽植。用五色草组成的线条宽度不宜太小，至少要栽植两到三行，一行太单薄，不易区分纹理。栽植密度以不见蒲包为宜。

5. 养护管理

养护管理包括浇水、定期修剪、病虫害防治、施肥、补种植物及环境配置物清洁等方面。在立体花坛花苗栽植完毕后，需立即浇一次透水，使花苗根系与土壤紧密结合，提高成活率。以人工浇水和喷雾相结合，正常情况一般 2 天浇水一次。有些立体花坛骨架较高，需采用现代浇灌技术自动化浇水。植物修剪方面，一般 10～15 天修剪一次；喷施矮壮素的植物，25 天修剪一次，促进其分枝，使图案纹理清晰，整洁美观。病虫害的防治主要是对蚜虫、螟虫、青虫等进行适时防治。施肥一般施三元复合肥，防止叶枯和脱叶。及时补种植物，清除枯枝烂叶，防止立体花坛空秃。保持环境配置物清洁，无杂草，无空秃。立体花坛的应用时间较长，必须根据季节和花期经常进行更换，每次更换都要按照绿化施工养护中的要求进行。

任务考核内容和标准如表 7-3-1 所示。

表 7-3-1　任务考核内容和标准

序号	考核内容	考核标准	配分	考核记录	得分
1	园林草坪、花坛的施工图识读	熟读表达内容	30		
2	园林草坪、花坛的基本知识	掌握草坪、花坛的概念特点及分类	20		
3	园林草坪、花坛的施工	掌握草坪、花坛的工艺流程	50		

近年来，花境作为提高绿地面貌和丰富植物品种的一项有效种植形式，得到越来越广泛的运用，成为绿地中的新亮点。花境改变了传统的呆板的花带设计，运用了更多的植物，层次丰富，四季都有美丽的鲜花，提高了植物景观艺术，并充分发挥了园林植物在绿化中的造景形式。

一、花境的概念、特点及分类

1. 花境的概念

花境是指利用露地宿根花卉、球根花卉及一二年生花卉,栽植在树丛、绿篱、栏杆、绿地边缘、道路两旁及建筑物前,以带状自然式栽种。它是园林中从规则式构图到自然式构图的一种栽植形式,是根据自然风景中林缘野生花卉自然分散生长的规律,加以艺术提炼,而应用于园林景观中的一种方式,如图 7-3-13 所示。

图 7-3-13　杭州街头花境

2. 花境的特点

花境的植床两边是平行的直线或是有几何规则的曲线,构图是沿着长轴的方向演进,是竖向和水平景观的组合。花境中各种花卉的配置比较粗放,不要求花期一致,但要考虑到同一季节中各种花卉的色彩、姿态、体形及数量的协调和对比,还要注意一年中的四季变化,它表现的是观赏植物本身的自然美,以及自然组合的群落美。花境对植物高矮要求不严,只需注意开花时不被其他植株遮挡即可。总之,虽然使用的花卉可以多样,但也要注意不能过于杂乱,要求花开成丛,并能显现出季节的变化或某种突出的色调。一般花境可保持 3～5 年的景观效果。

3. 花境的分类

花境可分为单面观赏和双面观赏两种。

（1）单面观赏花境

单面观赏花境多布置在道路两侧和建筑、草坪的四周,应把高的花卉种在后面,矮的种在前面,整体上前低后高,仅供一面观赏,高度可以超过游人视线,但不能太多,如图 7-3-14 所示。

（2）双面观赏花境

双面观赏花境多布置在道路的中央,高的花卉种在中间,两侧种植矮些的花卉,中间最高的部分不能超过游人的视线高度,可供两面观赏,没有背景,如图 7-3-15 所示。

图 7-3-14　单面观赏花境　　　　　　图 7-3-15　双面观赏花境

二、花境的施工和养护

1. 花境的施工工艺流程

花境的施工工艺流程如下：

整床 → 放线 → 栽植 → 养护管理

2. 操作步骤

（1）整床

因花境施工后可以应用多年，所用的植物材料为多年生花卉，故在苗木栽种前需对场地进行深翻，一般要求深达 40～50 cm，对土质差的地段要进行客土。但应注意表层肥土及生土要分别放置，若土壤过于贫瘠，要施足基肥。若种植喜酸性的植物，需混入泥炭土或腐叶土，再把表土填回，然后整平床面，稍加填压。

（2）放线

按平面设计图纸用白粉或沙在植床内将各种植物的栽植范围进行放线。

（3）栽植

栽植时，需先栽植株较大的花卉，再栽植株较小的花卉；先栽宿根花卉，后栽一二年生草花和球根花卉。栽植密度以植株覆盖植床为宜，若栽植小苗，则可种植密些，花前再适当疏苗；若栽植成苗，则应按设计密度栽好。栽后保持土壤湿度，直到成活。

（4）养护管理

花境栽植后日常管理非常重要，每年早春要进行中耕、施肥和补栽，有时还要更换部分植株，或播种一二年生花卉。对于不需人工播种、自然繁衍的种类，也要进行定苗、间苗，不能任其生长。在生长季中，要经常注意中耕、除草、除虫、施肥、浇水等。对于枝条柔软或易倒伏的种类，必须及时搭架、捆绑固定。晚秋把散落在地面上的落叶及经腐熟的基肥施入土壤。另外，有的花卉需要掘起放入室内过冬，有的需要在苗床采取防寒措施越冬。花境实际上是一种人工群落，只有精心地养护管理才能保持较好的景观。

复习提高

结合生产或节假日，在学校实习基地，根据设计方案及施工图，按草坪、花坛的施工工艺

要求完成草坪、花坛的施工。

任务4　屋顶花园工程施工

能力目标

1. 能够熟读屋顶花园施工图纸；
2. 熟悉屋顶花园种植屋面的施工方法；
3. 能够指导屋顶花园的施工。

知识目标

1. 掌握屋顶花园工程的概念、分类、作用；
2. 掌握屋顶花园工程的施工工艺及操作步骤；
3. 了解屋顶花园工程施工的验收标准。

基本知识

一、相关概念界定

所谓屋顶花园，就是在各类建筑物、构筑物、桥梁（立交桥）等的屋顶、露台、天台、阳台等处进行造园，种植树木花卉的统称。这是屋顶花园的广义定义，它与露地造园和植物种植的最大区别在于把植物种植于人工的建筑物或者构筑物之上，种植土壤不与大地土壤垂直相连。欧美称屋顶花园为"Roof garden"；日本除命名其为屋顶花园之外，还有屋顶绿化、特殊绿化以及建筑空间绿化等名称；我国与屋顶花园相近的名词还有屋顶绿化、立体绿化等。

二、屋顶花园的意义和作用

屋顶绿化对增加城市绿地面积，改善日趋恶化的人类生存环境空间；改善城市高楼大厦林立，改善众多道路的硬质铺装由自然土地和植物取代的现状；改善过度砍伐自然森林，各种废气污染而形成的城市热岛效应，沙尘暴等对人类的危害；开拓人类绿化空间，建造田园城市，改善人民的居住条件，提高生活质量，以及对美化城市环境，改善生态效应有着极其重要的意义。

其作用有以下几点：

① 保证特定范围内居住环境的生态平衡和良好生活环境；
② 对建筑构造层的保护；
③ 屋顶绿化可以通过储水减少屋面泄水，减轻城市排水系统的压力；
④ 绿化屋顶具有储水功能；
⑤ 屋顶绿化可以使自然降水渗入地下。

但是，多年来屋顶花园的建设一直没有一个标准模式和规范，所以暴露出了很多缺陷和不足。例如，不能长时间防渗抗漏，水土流失，污染严重，植物配置不合理，荷载超标，建造成本过高等。

三、屋顶花园的类型

1. 休闲屋面

在屋顶进行绿色覆盖的同时,建造园林小品、花架、廊、亭,营造出休闲娱乐、高雅舒适的空间,给人们提供一个释放工作压力、排解生活烦恼、修身养性、畅想未来的优美场所。

2. 生态屋面

即在屋面上覆盖绿色植被,并配有给排水设施,使屋面具备隔热保温、净化空气、阻噪吸尘、增加氧气的功能,从而提高人居生活品质。生态屋面不但能有效增加绿地面积,更能有效维持自然生态平衡,减轻城市热岛效应。

3. 种植屋面

以种植瓜果蔬菜为主要目的的屋顶。屋顶光照时间长,昼夜温差大,远离污染源,所种的瓜果蔬菜含糖量比地面提高5%以上。

4. 复合屋面

集休闲屋面、生态屋面、种植屋面于一身的屋面处理方式。在一个建筑物上既有休闲娱乐的场所,又有生态种植的形式,这是针对不同样式的建筑所采用的综合性屋面处理模式。

四、屋顶花园的设计原则

① 以植物造景为主,把生态功能放在首位。
② 确保营建屋顶花园所增加的荷重不超过建筑结构的承重能力,屋面防水构造能安全使用。
③ 因为屋顶花园相对于地面的公园、游园等绿地来讲面积较小,必须精心设计,才能取得较为理想的艺术效果。
④ 尽量降低造价。从现有条件来看,只有较为合理的造价,才可能使屋顶花园得到普及。

五、影响屋顶花园设计施工的因素

1. 建筑空间

(1) 空间分布

建筑的空间分布直接影响了屋顶的温度、采光、通风等,也影响了屋顶花园的景观构成要素,需要根据建筑的空间分布对屋顶花园进行良好的空间设计。屋顶花园的空间设计还应当考虑好有关空间功能、交通组织、防灾等方面的要求。

(2) 场地条件

在地面造园可以利用自然地形进行总体布局,场地高程亦可按总体要求进行挖池堆山,模拟自然山水。屋顶和室内空间的造园所处场地环境受建筑物平面、立面和层高等条件限制很大,所占面积一般均较小,形状多为工整的几何形,很少出现不规则平面。竖向地形上变化更小,几乎均为等高平面。地形改造只能在屋顶结构楼板上,堆砌微小地形,而且水池不能下挖,只能高出楼面,局限性很大。

2. 建筑结构

(1) 建筑承重

屋顶花园的荷载由活荷载和静荷载两部分组成。根据屋顶花园的使用功能不同,活荷

载的大小也有很大区别。例如，观赏型屋顶花园往往设在不上人的屋顶，活荷载很小，只考虑可能有的雨雪荷载及植物生长和楼面维护检修时所增加的荷载，约 50 kg/m² ；而公共性的楼面花园，人流量较大，活荷载较大，大约在 350 kg/m² 左右。上人的屋面，当兼作其他用途时，应按相应楼面活荷载采用。屋顶花园活荷载不包括花圃土石等材料自重。

静荷载包括楼面结构层的重量，找平层、防水层、排水层的荷载，以及花园铺装、土壤、植物、园林小品及水体等的荷载，通常取其较大的平均值作为平均荷载值。应当结合建筑结构布置，合理安排花园的荷载分布，比如栽有乔木等的地方最好设计安排在承载柱子上。对于常见植物屋顶所承受的荷载可参照表 7-4-1。种植区土层厚度的荷载可参照表 7-4-2。

表 7-4-1　常见植物屋顶所承受的荷载

种 植 种 类	荷载/(kN/m²)
地被草坪	0.05
低矮灌木和小丛木本植物	0.10
长成灌木和 1.5 m 高的灌木	0.20
3 m 高的灌木	0.30

表 7-4-2　种植区土层厚度的荷载

类 别	地 被	花卉及小灌木	大 灌 木
植物生存种植土最小厚度/cm	15	30	45
植物生育种植土最小厚度/cm	30	45	60
排水层厚度/cm	—	10	15
平均荷载(生存)/(kN/m²)	1.50	3.00	4.50
平均荷载(生育)/(kN/m²)	3.00	4.50	6.00

（2）屋面防渗

由于植被下面长期保持湿润，并且有酸、碱、盐的腐蚀作用，会对防水层造成长期破坏，同时屋顶植物的根系会侵入防水层，破坏房屋屋面、楼面的结构，造成渗漏，因此对于屋顶花园，防漏是一个难点。

3. 植物的种植

（1）栽培基质

传统的壤土不仅质量大，而且容易流失。如果土层太薄，极易迅速干燥，对植物的生长发育不利；如果土层厚一些，满足了植物生长，但对屋顶结构不利。因此，宜选用质量小的人工基质来代替壤土。

（2）植物搭配

屋顶花园面积一般都不大，绿化花木的生长又受屋顶特定的环境所限制，可供选择的品种有限。一般宜以草坪为主，适当搭配灌木、盆景，避免使用高大乔木，还要重视芳香和彩色植物的应用，做到高矮疏密，错落有致，色彩搭配和谐、合理。

（3）养护管理

屋顶花园建成后的养护，主要是指花园主体景物的各种草坪、地被、花木的养护管理，以及屋顶上的水电设施和屋顶防水、排水等工作。由于高层住宅房顶一般没有楼梯,只有小出入口,很难上去操作,因此公共屋顶花园一般应由有园林绿化种植管理经验的专职人员来管理。

图 7-4-1 为某屋顶花园施工平面图,图 7-4-2 为平面定位图,图 7-4-3 为施工详图,根据图纸内容及要求完成该屋顶花园的施工。

该工程施工图纸是属于休闲屋面的工程项目,所以在工程施工准备及施工过程中,除涉及种植屋顶的施工知识外,还要考虑屋顶铺装、屋顶建筑的施工知识。要具备屋顶景观多方面的施工能力才能很好地完成该项目的实施。通过图纸分析我们可以看出,完成该项目的实施建议按照以下思路进行:明确屋顶花园各部分的结构设计,掌握各部分的施工技术要求,尤其节点的施工技术要求。

该屋顶花园的施工工艺流程如下:

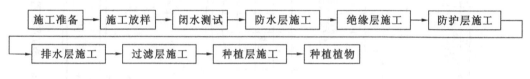

施工准备 → 施工放样 → 闭水测试 → 防水层施工 → 绝缘层施工 → 防护层施工 → 排水层施工 → 过滤层施工 → 种植层施工 → 种植植物

该工程材料包括防水卷材(APSBS)、防水细石混凝土、钢丝网、油膏胶泥、防水涂料、砂(1~3 mm)、325$^\#$硅酸水泥、挤塑聚苯乙烯板(XPS)、8 mm 厚聚氨酯薄片、蓄排水板、土工布、轻质腐殖土(按一定成分比例配比好)。

该工程主要的工具及设备包括经纬仪、水准仪、放线尺、砌砖刀、抹泥刀。

一、施工准备

1. 现场准备

在工程进场施工前派有关人员进驻施工现场进行现场的准备,查看原排水系统,重点是各排水管、排水口的具体位置、高程,并与屋顶花园设计排水系统的各控制点、控制线、标高进行比较、复核。一般适合做屋顶花园的屋顶会有给水系统,可以作为施工过程中的用水水源。如果没有,则要从现有供水管网接入,采用 48 mm 钢管接至现场。场区内用水采用 D_N25 水管,局部地方采用软管,确保施工便捷,达到工程施工的要求。

2. 技术准备

组织全体技术人员认真阅读屋顶花园施工图纸等有关文件和技术资料,并会同设计、监理人员进行技术交底,了解设计意图和设计要求,明确施工任务,编制详细的施工组织设计,

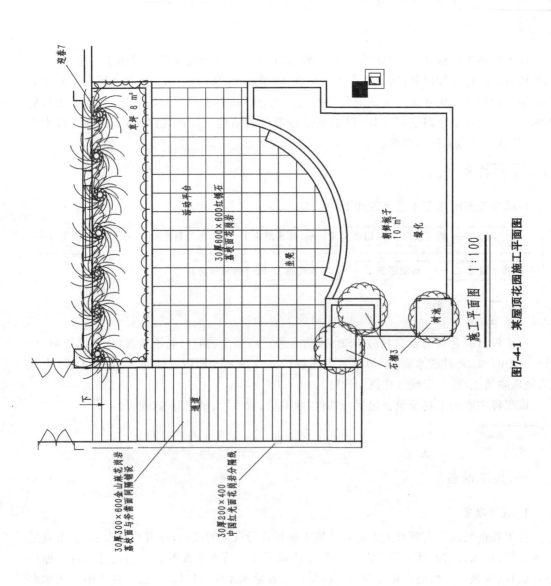

图7-4-1 某屋顶花园施工平面图

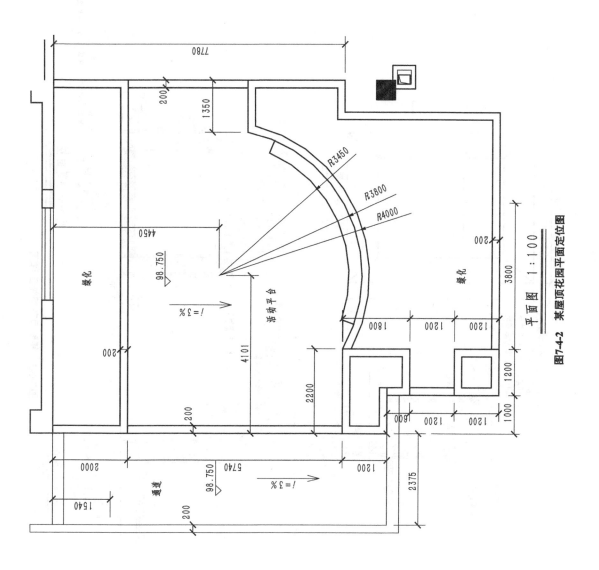

平面图 1:100

图7-4-2 某屋顶花园平面定位图

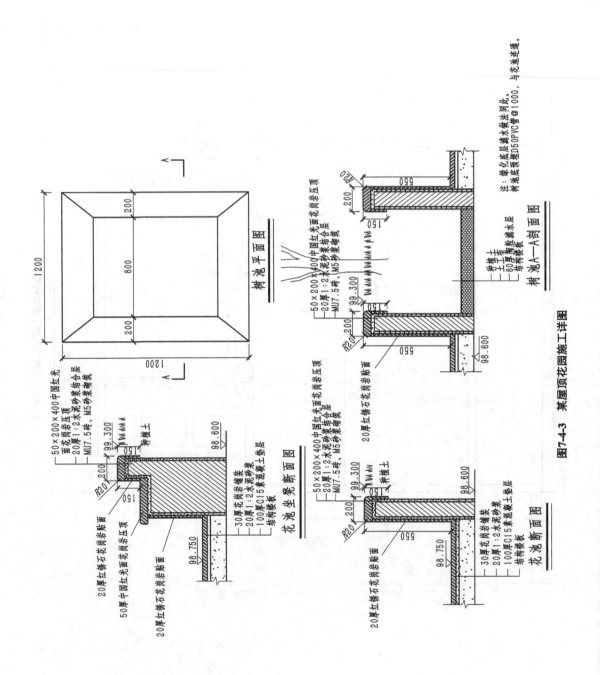

图7-4-3 某屋顶花园施工详图

学习有关标准及施工验收规范。

3. 材料准备

屋顶花园的施工材料按需要量准备好,按工程的进度先后次序依次进场,施工完一层,需要进行下一层施工时,施工材料再进场。如果同时施工,至少要在防护层做好之后剩余材料才能进场。

4. 人员准备

根据屋顶花园施工特点,对屋顶花园施工人员进行安全施工、文明施工教育等。

二、屋顶花园植物种植区结构施工程序

屋顶花园种植区的常见结构如图 7-4-4 所示。可按下面的施工步骤和要求进行施工,注意材料的选择和不同材料采用的施工工艺不同。

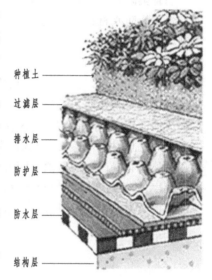

图 7-4-4　屋顶花园种植区常见结构

1. 结构层

进行屋顶花园结构层设计时保证屋顶荷载值在安全范围内,存在两种情况:一是建筑处于设计阶段,先确定花园的重量,根据花园的重量加强屋顶的结构系统,或是增加支柱以承担荷载,这种情况所需的额外费用少。另一种情况是已经建成的建筑,屋顶的负载能力已经确定,可以从相关人员那里获得原始结构计算和图纸的副本,了解屋顶的结构和荷载范围,再进行屋顶花园的设计。两种情况都要保证在允许的荷载范围内选择材料和做法。本任务为已经竣工的楼顶,设计者是在了解建筑结构和荷载范围的基础上进行设计的。

2. 防水层

(1)做防水实验和保证良好的排水系统

本任务施工的第一步是做防水处理,即在真正开工建造屋顶花园景观之前,必须进行两次防水处理。首先,要检查原有的防水性能。步骤为:封闭出水口,再灌水,进行 96 h(4 天 4 夜)的严格闭水试验。闭水试验中,要仔细观察房间的渗漏情况,保证 96 h 不漏。防水层是保证屋顶不漏的关键层。屋顶防漏还要结合排水,必须处理好屋顶的排水系统。在屋顶花园工程中,种植池、水池和道路场地施工时,应遵照原屋顶排水系统进行规划设计,不应封堵、隔绝或改变原排水口和坡度。特别是大型种植池排水层下的排水管道,要与屋顶排水口配合,注意相关的标准差,使种植池内的多余水能顺畅排出。

(2)不损伤原防水层

实施二次防水处理,先取掉屋顶的架空隔热层,取隔热层时,不得撬伤原防水层。取后要清扫、冲洗干净,以增强附着力。一般情况下,不允许在已建成的屋顶防水层上打孔洞、穿管线、预埋铁件、埋设支柱。因此,在新建房屋的屋顶上建屋顶花园时,应由园林设计部门提供屋顶花园的有关技术资料。将欲留孔洞和预埋件等资料提供给结构设计单位,由他们将有关要求反映到建筑结构的施工图中,以便建筑施工中实现屋顶花园打孔洞和穿管线等各项技术要求。如果在旧建筑物上增建屋顶花园,无论是哪种做法的屋面防水层,均不得在屋

顶上穿洞打孔、埋设铁件和支柱。即使一般设备装置也不能在屋顶上"生根",只能采取其他措施使它们"浮摆"在屋面上。

(3)重视防水层的施工质量

按照《屋面工程技术规范》规定:屋面的防水等级分为Ⅰ、Ⅱ、Ⅲ、Ⅳ级,防水合理使用年限分别规定为25年、15年、10年、5年。一般建筑防水等级Ⅱ级,屋顶花园要求达到Ⅱ级,特殊地方应该达到Ⅰ级。

当前国内主要采用的防水材料有三种:防水卷材(柔性防水),防水混凝土(刚性防水),防水涂膜(柔性防水)。

① 防水卷材。

沥青类防水卷材分为地沥青(天然沥青)卷材和焦油沥青卷材两大类。过去较多采用焦油沥青作为防水材料,但由于其污染环境、对人体有害,在许多地区已被作为落后技术加以限制。后来用得较多的是地沥青卷材。但由于地沥青是一种有机物质,一些植物的根茎可能将其作为养料,从而穿透这种材料,导致防水层的破损渗漏,如图7-4-5所示。近些年通常使用的是焦油沥青,与天然沥青相比,它们具备更好的抵抗潮湿引起的降解和防腐的能力。但是随着材料科技的不断革新,人们发现了许多更耐腐蚀和耐潮湿性的防水材料,例如,高聚物改性沥青防水材料(APSBS改性沥青等)、合成高分子防水材料等。这些材料大多是人工合成的无机材料,特别是合成高分子防水材料(聚氯乙烯、合成橡胶等)具有较高的抗根性。另外还有专门针对屋顶花园开发的防水材料,在材料中加入具有显著抗根性的成分做表面涂层,还可改进卷材的胎体材料,例如带铜胎基(实际是经铜蒸气处理)防水卷材具有显著的抗根效果。本任务里采用防水卷材(APSBS改性沥青)。

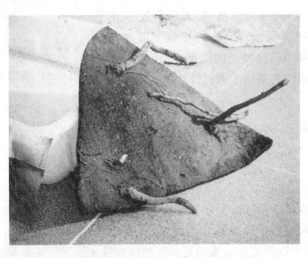

图7-4-5 植物根系穿透防水层

将APSBS改性沥青卷材按技术规范要求铺设完毕后,要采取一定防护措施对屋顶防水层进行保护,以防止植物根茎穿透。在上方浇筑一层混凝土保护层,能够使这类屋顶花园的使用寿命延长许多年。上面的混凝土层不但可以保护防水层免受施工工具造成的损伤,能防止根茎的入侵,而且能够在排水层下面形成一个平整光滑的有效排水面,这样水就不会淤积,也就不会吸引根部生长。屋顶花园至少应该做双层防水,通常做法是一柔(下为防水卷材或涂膜)一刚(上为防水细石混凝土)本任务采取两层防水,一层APSBS改性沥青卷材,一层防水混凝土。

②防水混凝土。

防水混凝土主要是屋面板上铺 50 mm 厚细石混凝土,内放 φ4@200 双向钢筋网片一层,所用混凝土中可加入适量微膨胀剂、减水剂、防水剂等,以提高其抗裂、抗渗性能。这种防水层比较坚硬,能防止根系发达的乔木和灌木穿透,起到保护屋顶的作用,而且使整个屋顶有较好的整体性,不易产生裂缝,使用寿命也较长,比柔性卷材防水层更适合建造屋顶花园。屋面四周应设置砖砌挡墙,挡墙下部设泄水孔和排水沟。屋面可以采用 1 道或多道(复合)防水设防,但最上面一道应为刚性防水层,屋面泛水的防水层高度应高出溢水口 100 mm。

防水混凝土因受屋顶热胀冷缩和结构楼板受力变形等影响,易出现不规则的裂缝,而造成刚性屋顶防水的失败。为解决这个问题,除 30~50 mm 厚的细石混凝土中配置钢丝或钢筋网外,一般还可用设置浮筑层和分格缝等方法解决。所谓浮筑层即隔离层,将刚性防水层和结构防水层分开,以适应变形的结构层。构造做法是:在楼板找平层上铺 1 层干毡或废纸等以形成隔离层,然后再做刚性防水层。也可利用楼板上的保温隔热层或沙子、灰等松散材料形成隔离层,然后再做刚性防水层。刚性防水层的分格缝是根据温度伸缩和结构梁板变形等因素确定的,按一定分格预留 20 mm 宽的伸缩缝,在缝内填充油膏胶泥。需要注意的是:由于刚性防水层的分格缝施工质量往往不易保证,除女儿墙泛水处应严格要求做好分格缝外,屋面其余部分可不设分格缝。屋面刚性防水层最好一次完成,以免渗漏。防水层表面必须光洁平整,待施工完毕,刷 2 道防水涂料,以保证防水层的保护层作用与施工质量。要特别注意防水层的防腐蚀处理,防水层上的分格缝可用"一布四涂"盖缝,并选用耐腐蚀性能好的嵌缝油膏。不宜种植根系发达,对防水层有较强侵蚀作用的植物,如松、柏、榕树等。

③防水涂膜。

防水涂膜往往是以灼热或冷却的液体形式存在,可以通过喷洒、涂抹或用橡胶滚轴涂刷等方式将其置于屋顶上。当采用防水卷材时,最有可能出现问题的位置是交接处,而防水涂料则很少出现这种情况。因而它特别适用于垂直与水平结构的交接处和角落,带花园的屋顶造型相对比较复杂,这样的造型转折处较多,比如抬高的种植池、水池、台阶、穿管处等。在这些地方涂刷防水涂料方便快捷,而且也不容易出现问题。合成高分子防水涂料(丙烯酸、聚氨酯等)具有高弹性、高强度、高耐候性、在立面和斜面施工不流淌等优良品质,选择这一类防水材料只是一个良好的开始。施工工艺的精湛和对防水层的保护是必不可少的,不然再好的材料也会失去其优势。

国外还有尝试用中空类的泡沫塑料制品作为种植土层与屋顶之间的排水层和填充物,以减轻自重;有用再生橡胶打底,加上沥青防水涂料,粘贴厚 3 mm 玻璃纤维布作为防水层,这样更有利于快速施工;也有在防水层与石板之间设置绝缘体层(成为缓冲带),可防止向上传播的振动,并能防水、隔热,还可在绿化位置的屋顶楼板上做 PUK 聚氨酯涂膜防水层,预防漏水。

(4)注意材料质量和节点构造

防水卷材应选择高温不流淌、低温不碎裂、不易老化、防水效果好的防水材料。防水层混凝土宜用标号不低于 325♯ 的普通硅酸盐水泥或膨胀水泥(亦可采用矿渣硅酸盐水泥)、粒径 1~3 mm 粗砂搅拌而成,砂料应坚硬、粗糙、洁净。

屋顶防水层无论采用哪种形式和材料,均构成整个屋顶的防水排水系统,一切所需要的管道、烟道、排水孔、预埋铁件及支柱等屋顶的设施,均应在做屋顶防水层时妥善处理好其节

点构造,特别要注意与土壤的连接部分和排水沟水流终止的部分。混凝土防水层往往因这些细小的构造节点处理不当,而造成整个屋顶防水的失败。另外,按常规设置纵横分格缝的方法,构造复杂,容易渗漏。安装防水板时,当一块防水板宽度不够,需几块并排安放时,应注意板与板之间的空隙也会为植物的根生长提供潜在的空间。

屋面的薄弱部分,如出气孔道周围、女儿墙周边,应加强处理。尤其是女儿墙周边,防水层应延伸上翻至墙上几十厘米,超过将来花坛上层的位置,否则此处极易渗漏。防水层的厚度、层数都应严格按照国家有关规定、规范施工,至少应是"一布两油",即2层热涂油质材料,中间1层作"筋"的防水布料。防水处理竣工后应以高标号水泥砂浆抹面,保护防水层。应避免在潮湿条件下施工,屋面未干透也不宜施工。防水层做好后应及时养护,蓄水后不得断水。屋顶花园的各项园林工程和建筑小品只有在确认屋顶防水工程完整无损的条件下才实施。

3. 绝缘层

绝缘(保温、隔热)层在这里未作基本要求,主要是考虑到某些建筑本身使用功能不需要,如车库、仓库、高架桥等。而且屋顶花园由于本身的水分蒸发、比热较大、植物遮阳及光合作用等,具有一定的隔热、散热效果,在部分只考虑隔热的南方地区,不采用绝缘层勉强行得通。但近年来,公众意识到需要大力节约能源,因此许多国家和地区都采取法律措施,要求新建的建筑都必须安装隔热材料。而屋顶是热传导的主要发生地,所以屋顶花园的基层构造中应该增加绝缘层,对于一些寒冷地区这是必不可少的。本任务按要求做绝缘层,采用倒置式屋面保温层做法。

虽然屋顶花园具有一定的厚度,但屋顶花园的土壤及其他材料几乎没有稳定的隔热效果。在寒冷地区,如果屋顶花园中缺少绝缘层,采暖房间的热量会流失、传递给种植层,给植物带来季节上的错觉,造成植物死亡。绝缘层的做法和材料根据具体情况不同会有一定差异,它可以是一个单独的构造层,也可以和其他的构造层合用,例如兼做找坡层或防水层,甚至是排水层。这里只简单介绍三种比较常见的绝缘层构造做法。

① 绝缘层位于屋顶结构板的下方(室内),也被称为内保温,但由于很难避免冷桥和热桥,保温效果不好,所以较少采用。

② 绝缘层位于屋顶结构板之上,防水层之下。这是一种比较传统的做法,通常可供选择的材料有水泥膨胀蛭石或珍珠岩板、加气混凝土块、水泥焦渣等(现浇可兼做找坡层),但这些材料普遍抗湿性能差,一旦浸水,保温性能将大打折扣,同时厚度和重量都较大,不太适合运用于屋顶花园的基层保温构造。

③ 倒置式屋面保温,即绝缘层位于防水层上方,通常采用的保温材料是挤塑聚苯乙烯板(XPS),此材料保温效果好、质轻、抗压、防腐,使防水层受到保护,避免热应力、紫外线以及其他因素对防水层的破坏,是很好的种植屋面保温材料,同时也可用作种植层的垫层。

4. 防护层

为了防止防水层(主要针对柔性防水层)在施工期间受到损害,以及园林工具、维修设备等可能对其造成的破坏,在防水层的上方安装的一层保护材料。

要求材料必须是坚韧、结实而且耐用的,同时防护材料必须松散地铺设(而非紧密附着)在防水层的上方。

① 国内通常采用柔软的灰砂、纸筋灰和油毡等做临时保护(其实主要功能是做隔离层),因为在进行上部施工中,下方的柔性防水层还是较容易遭受坚利物品的损伤。

② 国外一般采用质地较硬的防护板,过去常用 6 mm 厚的石棉薄片做防护板,出于健康方面的考虑现在很少使用。

③ 采用 8 mm 厚的聚氨酯薄片,它们被证实是一种有效的防护材料,而且质量很轻,有利于减轻屋顶荷载本任务就采用这种材料。

防护板被及时安装到位以后,不管上面是否建有屋顶花园,上方通常会浇筑一层坚固的混凝土保护层,以保护整个屋顶,提供一个光滑的排水面。但是在气候寒冷的地区,由于冬季周而复始的冻结和融化过程容易导致混凝土的剥落和破裂,混凝土保护层还可以用混凝土防水层代替,以简化构造层次。同时屋顶花园下方的混凝土板也提供了一处理想的构造层,它可以接受上方种植层和排水材料渗漏下来的水分,并进行排水或蓄水处理等。

5. 排水层

将来自排水层之上无用的水(降雨、浇洒植物)疏导到排水沟、排水管道,引至建筑排水系统,防止造成淤积。要求材料具有抗腐蚀性和通畅的排水空隙。

① 传统做法通常用卵石和碎渣,不做过滤层。首先保证排水层总厚度为 50～80 mm。排水层必须保持一定的厚度,才不会因为少量泥沙的沉积就出现淤积。同时考虑到材料本身较重和屋顶有限的荷载,所以排水层又不宜过厚。

做法是:下部铺 20～40 mm 厚的粗卵石,有利于顺畅的排水;上部铺粒径为 5～10 mm 的小卵石或碎渣,厚度为 20～40 mm,较小的空隙有利于挡泥沙,同时还能产生毛细现象,为种植层补充一定的水分。

简而言之,传统排水层做法的原则是保证一定的排水层厚度,材料上细下粗。这种做法的缺点是种植土易流失,一段时间后空隙被泥沙堵塞出现排水不畅,而且材料自重过大等,给建筑承载造成一定压力。

② 现在常用的是草坪格、植草板和蓄排水板。草坪格和植草板最先是为在有车通行的地方铺设草皮而设计的,将植草区域变为可承重表面(如停车场、消防通道、人行道等),后来才被引入屋顶花园的排水层设计中。它由耐压的塑料制成,呈蜂巢状,由许多六角形的空槽组成,厚约 5 cm,可以相互拼接,如图 7-4-6 所示。如果将方块倒置,它就成为适用于屋顶花园和所有种植池的近乎完美的排水层。只要在塑料板的上方覆盖一层塑料滤布,就能在防护板和种植层之间形成一层坚固、易于施工而又非常轻的排水层,这是一种持久耐用而又高效的排水材料。还有一种常用的材料是蓄排水板,是专门针对屋顶花园开发的,如图 7-4-7 所示,它不但可以排水,还能蓄积一定水量,可以在土壤干旱时,通过毛细作用给其补充一定的水分。本任务采用蓄排水板。

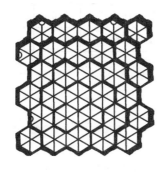

图 7-4-6　草坪格

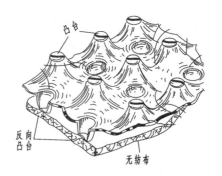

图 7-4-7　双面凸台的排水板

③ 现行的种植屋面国家标准图集中采用的是陶粒、蛭石等价格相对较低的轻型排水材料(部分地区仍在采用非常低廉的卵石),这也是比较经济可行的。

排水层中的水可以通过有坡度的表面径流汇向集中落水口,适用于种植区;也可以通过铺设在排水层中带孔的排水管(表面必须包裹滤布)集中排向落水管,适用于铺地、通道等多种情况。

6. 过滤层

对从种植层流出的夹杂少许土壤、护根物、植物残体的多余水分进行过滤,以免进入排水管道。一是防止堵塞管道,二是防止种植层中土壤的养分流失。

过滤层材料要求是:轻质,防腐,便宜,易于安装而耐用。

常用材料有由聚丙烯纤维或聚酯纤维制成,国内一般采用聚酯无纺布,统称为土工布。它具有不同的厚度,能满足屋顶花园的不同需求。其铺设方法与防水卷材有相似之处,顺水流方向重叠至少 20 cm,与垂直面交接处应该向上翻起高出土壤表面,或用板条等压紧边缘。

7. 种植层

由于屋顶花园所处位置的特殊性,土壤必须肥沃、轻质、排水好、湿润、耐久、稳固而且廉价。

理论上最佳的种植层成分组成是:40%的分级挑选过的不含任何杂质的粗砂;40%的多孔材料(直径为 3～15 mm 的多孔页岩、蛭石、珍珠岩等);10%的腐殖泥或泥炭(后者更佳);8%的经硝化处理的植物残体;2%的过磷酸钙。这样的配方具有重量较轻、保水能力强、固定性好、体积稳定、透气性好、无病虫害、养料丰富而长效等优点。种植层表面还应该覆盖一层有机护根物,厚度大约为 2～3 cm,它可以起到绝缘的作用,减少土壤受外界温度的影响;此外,它还有助于抑制杂草的生长和减缓土壤中水分的蒸发。更为关键的是,它的缓慢腐烂还可以逐渐补充有机物,从而使种植层更为疏松,同时也增强了土壤的保水能力。

任务考核内容和标准如表 7-4-3 所示。

表 7-4-3　任务考核内容和标准

序号	考核内容	考核标准	配分	考核记录	得分
1	屋顶花园施工图识读	熟读表达内容	30		
2	屋顶花园构造	掌握各层结构和具体施工要求	30		
3	屋顶花园施工	掌握屋顶花园种植层施工的工艺流程	30		
4	工程验收	屋顶无渗漏,蓄排水状态良好,植物生长良好	10		

一、屋顶绿化的特殊性

屋顶绿化不同于地面上的一般绿化,其特殊性可以归结为以下五点。

① 屋顶绿化需要考虑建筑物的承重能力。在建筑物上种植植物,种植层的重量必须在

建筑物的可容许荷载以内,否则,建筑物可能出现裂纹并引起屋顶漏水,严重的还可能造成坍塌事故。

② 屋顶绿化需要考虑快速排水。建筑结构层为非渗透层,雨水和绿化洒水必须尽快排出。如果屋面长期积水,轻则会造成植物烂根枯萎,重则可能会导致屋顶漏水。

③ 屋顶绿化需要保护建筑屋面和防水层。植物根系具有很强的穿透能力,如果不设法阻止植物根系破坏建筑屋面和防水层,就可能会造成防水层受损而影响其使用寿命,还可能造成屋顶漏水。

④ 屋顶绿化需要考虑项目完成后的日常维护保养。屋顶绿化不同于地面绿化,可能建在数层高楼房的屋顶,所以必须考虑后期的维护保养的问题,如定期浇水、修剪、除虫和施肥等。建议较高楼层的屋顶绿化面积较大时,采用自动喷洒装置或自动地中滴灌装置;考虑到城市缺水的问题,还可以将屋顶绿化浇水系统与建筑物的中水系统或者雨水收集处理系统相连,用中水或者收集的雨水作为绿化浇灌用水,可以起到节约优质饮用水的作用。

⑤ 屋顶的种植环境比较恶劣。由于屋顶上日晒、风吹、水分过快蒸发、干旱等种植环境不同于地面,所以选择植物品种时需要选择喜日照、抗风性强、耐旱等耐性强的植物品种。

二、屋顶花园植物的选择原则

植物要美观并具有抵抗极端气候的能力;根系浅,适应种植于土层浅、少肥的环境;耐干燥、潮湿积水;耐夏季高温热风、冬季低温霜冻;抗屋顶大风;抗空气污染并能吸收污染物质;易移栽成活、耐修剪、生长缓慢;易养护。

适合在屋顶花园种植的植物包括以下种类。

① 抗旱、耐贫瘠的植物。适合的植物中草本植物占的比重较大。常用的有景天科、菊科、禾本科、唇形科(根据气候区的不同有一定变化)。

② 喜光的植物。屋顶花园的阳光充足,不适合喜阴植物的生长。

③ 浅根系的植物。覆土厚 100 cm 可植小乔木;厚 70 cm 可植灌木;厚 50 cm 可以栽种低矮的小灌木,如蔷薇科植物、牡丹、金银藤、夹竹桃、小石榴树等;厚 30 cm,宜选择一年生草本植物,如草花、药材、蔬菜。

④ 避免栽植侵略性的植物。

⑤ 多栽植乡土树种。

表 7-4-4 为北京地区屋顶花园推荐植物品种。

表 7-4-4 北京地区屋顶绿化部分推荐植物种类

树	名	习性、观赏特征	树	名	习性、观赏特征
乔木	油松	阳性,耐旱、耐寒;观树形	乔木	七叶树*	阳性,耐半阴;观树形、叶
	玉兰*	阳性,稍耐阴;观花、叶		桧柏	偏阴性;观树形
	华山松*	耐阴;观树形		鸡爪槭*	阳性,喜湿润;观叶
	垂枝榆	阳性,极耐旱;观树形		龙爪槐	阳性,稍耐阴;观树形
	白皮松	阳性,稍耐阴;观树形		樱花*	喜阳;观花
	紫叶李	阳性,稍耐阴;观花、叶		银杏	阳性,耐旱;观树形、叶
	西安桧	阳性,稍耐阴;观树形		海棠类	阳性,稍耐阴;观花、果
	柿树	阳性,耐旱;观果、叶		栾树	阳性,稍耐阴;观枝、叶、果
	龙柏	阳性,不耐盐碱;观树形		山楂	阳性,稍耐阴;观花

树　名		习性、观赏特征	树　名		习性、观赏特征
灌木	珍珠梅	喜阴;观花	灌木	棣棠*	喜半阴;观花、叶、枝
	碧桃类	阳性;观花		木槿	阳性,耐半阴;观花
	大叶黄杨*	阳性,耐阴,较耐旱;观叶		红瑞木	阳性;观花、果、枝
	迎春	阳性,稍耐阴;观花、叶、枝		腊梅*	阳性,耐半阴;观花
	小叶黄杨	阳性,稍耐阴;观叶		月季类	阳性;观花
	紫薇*	阳性;观花、叶		黄刺玫	阳性,耐寒,耐旱;观花
	凤尾丝兰	阳性;观花、叶		大花绣球*	阳性,耐半阴;观花
	金银木	耐阴;观花、果		猬实	阳性;观花
	金叶女贞	阳性,稍耐阴;观叶、果	地被	玉簪类	喜阴,耐寒,耐热;观花、叶
	石榴	阳性,耐半阴;观花、果、枝		大花秋葵	阳性;观花
	红叶小檗	阳性,稍耐阴;观叶		马蔺	阳性;观花、叶
	紫荆*	阳性,耐阴;观花、枝		小菊类	阳性;观花
	矮紫杉*	阳性;观树形		石竹类	阳性,耐寒;观花、叶
	平枝栒子	阳性,耐半阴;观果、叶、枝		芍药*	阳性,耐半阴;观花、叶
	连翘	阳性,耐半阴;观花、叶		随意草	阳性;观花
	海仙花	阳性,耐半阴;观花		鸢尾类	阳性,耐半阴;观花、叶
	榆叶梅	阳性,耐寒,耐旱;观花		铃兰	阳性,耐半阴;观花、叶
	黄栌	阳性,耐半阴,耐旱;观花、叶		萱草类	阳性,耐半阴;观花、叶
	紫叶矮樱	阳性;观花、叶		荚果蕨*	耐半阴;观叶
	锦带花类	阳性;观花		五叶地锦	喜阴湿;观叶;可匍匐栽植
	郁李*	阳性,稍耐阴;观花、果		白三叶	阳性,耐半阴;观叶
	天目琼花	喜阴;观果		景天类	阳性耐半阴,耐旱;观花、叶
	寿星桃	阳性,稍耐阴;观花、叶		小叶常春藤	阳性,耐半阴;观叶;可匍匐栽植
	流苏	阳性,耐半阴;观花、枝		京8常春藤*	阳性,耐半阴;可匍匐栽植
	丁香类	稍耐阴;观花、叶		砂地柏	阳性,耐半阴;观叶
	海州常山	阳性,耐半阴;观花、果		苔尔曼忍冬*	阳性,耐半阴;观花、叶;可匍匐栽植

注:加"＊"为在屋顶绿化中,需一定小气候条件下栽植的植物。

三、铺装

屋顶花园种植区结构的铺装层位于排水层之上。在绝大多数情况下,排水口并不是随处可见,并且有可能不足以排掉每个分区的水分,对于这些分隔的区域必须与蓄排水系统连成一体。铺装可以留下缝隙顺自然坡度在排水板层汇集到排水口,也可以沿路面坡度将水引至排水沟汇集到排水口。为了确保更加通畅的水流,各个独立的绿化区域必须与屋顶绿化系统相连接。铺装材料的选择要注意以下三个方面。

1. 重量轻

对于承重足够的屋顶,所有地面上使用的铺装材料都可以在屋顶花园中使用,但是通常会受承载的限制,尽可能选择重量轻的材料。一些轻质的地砖和防腐木甲板选用得较多。

2. 对防水层起保护作用,不破坏

很多铺装材料的下部存在坚硬突出物,以及受力不均、热胀冷缩等原因,很容易导致防水层损伤,所以不能将铺装材料直接与防水层牢固黏结。正确的做法是应该在它们之间至少设一道隔离层或是防护板。

3. 利于排水

屋顶花园种植区结构的常见铺装方式,如图 7-4-8 所示。

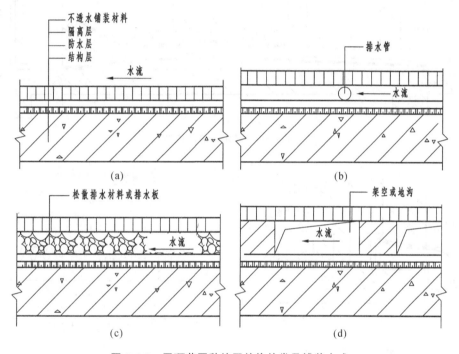

图 7-4-8 屋顶花园种植区结构的常见铺装方式

(a) 铺装材料上表面直接排水;(b) 铺装材料下部排水管排水;(c) 铺装材料下部排水层排水;(d) 架空排水

四、水景

水景的施工要在做好防水层,铺好防护板之后进行。水景施工中应注意以下方面。

① 屋顶要有足够的力量支撑这些水的重量,同时要便于安装供水设备。为减轻屋顶承受的重量,少用厚重的混凝土和砖石,可以选用一些轻质的玻璃纤维槽等做水池。水中的一些常用的造景元素如岩石、假山、雕塑等,用轻质混凝土和玻璃纤维等材料来仿制。

② 屋顶的喷泉、瀑布等水景经常会受到风力的干扰。可安装一个风力感应器,在风速达到特定值时将喷泉关闭。

③ 为减轻荷载和防止漏水的危险,通常会采用玻璃纤维或者坚韧的丁基合成橡胶等材料制成成品水池,作为一个坚固、整体、防水的容器内衬,四周用传统材料装饰或是用土壤覆盖。

五、屋顶花园节点施工图

屋顶花园的防水是施工的关键,除了铺好防水层之外,还要做好防水层之上水的疏导排除,基本构造如图 7-4-9 所示。重要的节点部位是防止水的渗漏的关键点。图 7-4-10 至图 7-4-13所示为重要节点的施工图。

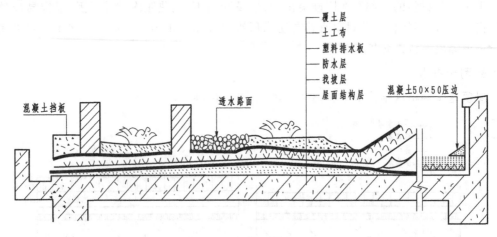

图 7-4-9　防水层基本构造

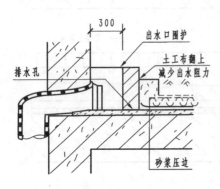

图 7-4-10　外排出水口

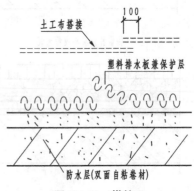

图 7-4-11　搭接口

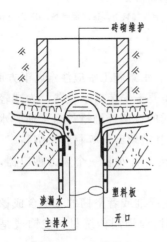

图 7-4-12　内排出水口

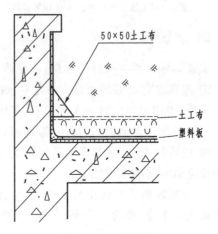

图 7-4-13　女儿墙

复习提高

　　选择正在施工的屋顶花园现场参观,熟悉屋顶花园施工的基本步骤,在屋顶绿化场地进行现场施工操作,完成屋顶绿化场地的施工。

项目八　综合工程施工

　　园林工程是以市政工程原理为基础,以设计文件(图纸文件、文字文件等)为依据,以园林艺术理论为指导,研究工程造景技艺并用于实践的一门学科。它是集掇山、理水、改造地形、铺筑道路、铺装场地、营造建筑、构筑工程设施及绿化栽植等多项内容为一体的大型综合性景观工程。运用工程技术手段来塑园林艺术形象,使各项工程设施与园林景观融为一体,为人们创建舒适、优美的园林式绿化空间。本项目中重点介绍小游园的综合施工,其中心内容是探讨在最大限度发挥园林综合功能的前提下,妥善处理工程衔接及施工配合的关系,按照设计图纸,遵守操作规程,通过严格的成本控制和科学的施工管理,实现优质、低价的园林景观。

- ● 综合工程设计图、结构施工图纸的识读;
- ● 综合工程施工的定点放样;
- ● 综合工程施工的工艺流程;
- ● 综合工程的施工操作技术要点。

- ● 综合工程基本原理;
- ● 综合工程施工的基本技术知识;
- ● 综合工程施工后期养护知识。

任务　小游园综合施工

一、小游园的概念及类型

　　小游园是指为人们提供室外休息、观赏、运动、娱乐功能,设施简单的小型绿地。它包括绿化广场,居住小区内的小块公共绿地,道路交叉口上较大的绿化交通岛,以及街头、桥头、街旁的小块绿地等。

二、小游园的特点

　　小游园面积小,分布广,方便人们使用。小游园以花草树木绿化为主,合理地布置游步道和休息坐椅,也会布置少量的儿童游玩设施、水池、花坛、雕塑,以及花架、宣传廊等园林建筑小品作为点缀。如图 8-1-1 所示。所以小游园工程是园林工程中的一项综合施工工程。

图 8-1-1 小游园效果图

它是运用一定的工程技术和艺术创造,完成构景要素在特定境域的艺术体现。其工程特点体现在工程施工管理的全过程中。

1. 小游园工程的生物性

植物是小游园最基本的构景要素。园林植物品种繁多、习性差异较大、立地类型多样,园林植物栽植受自然条件的影响较大,为了保证园林植物的成活和生长,达到预期设计效果,栽植施工时就必须遵守一定的操作规程,同时要加强栽植后的养护管护措施,这就使得小游园工程具有明显的生物性特征。

2. 小游园工程的艺术性

小游园是一门艺术工程,涉及造型艺术、建筑艺术和绘画、雕刻、文学艺术等诸多艺术领域。园林各要素中的不定因素较多,如置石的形状,植物单株的外形,假山、驳岸的堆砌等,这些内容需要在施工时进行二次创作。要使竣工的小游园符合设计要求,达到预定功能,在园林植物栽植时就要讲究多种配置手法的应用;各种园林设施必须美观舒适,整体上讲究空间的协调,既要追求良好的整体景观效果,又要讲究空间的合理分隔,所有这些要求都体现在工程的艺术性之中。

3. 小游园工程的综合性

小游园工程是综合性园林工程。项目涉及地形的处理、水景、给排水、园路假山、园林植物栽种、艺术小品点缀等诸多方面的内容。景观的多样性导致施工材料也多种多样,如园路工程中可采取不同的面层材料,形成不同的路面。树木花草栽植、草坪铺种等又是季节性很强的施工项目,应合理安排,否则就会降低成活率,加大成本。这就要求组织者必须对整个工程进行全面的组织管理,并具有广泛的多学科知识,同时掌握与园林工程相关的先进技术。

4. 小游园工程的安全性

小游园是人们活动密集的地区,这就要求园林设施应具有足够的安全性。例如建筑物、驳岸、园桥、假山、雕塑等工程,必须严把质量关,保证结构合理、坚固耐用。

图 8-1-2 至图 8-1-5（文后插图）是某绿化广场的施工图，其中，图 8-1-2 是施工总平面图，图 8-1-3 是竖向平面图，图 8-1-4 是绿化种植总平面图，图 8-1-5 是工程详图。根据该施工图设计完成绿化广场的施工。

该工程是绿化广场施工，属于小型综合施工项目，包括地形的整理、广场的铺筑、绿化栽植、置石、景墙等工程施工。所以在施工准备及施工过程中，明确各项目的施工技术要求，确定各项目的施工顺序，根据施工图纸的设计，确定施工方法，并协调好各项目施工的衔接处理。

该小游园的施工工艺流程如下：

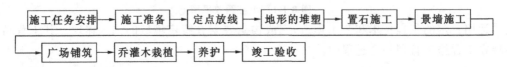

根据该工程的施工特点，主要材料包括普通水泥、白水泥、石子、粗砂、中砂、细砂、钢筋、各种类型的块料、种植土、各种植物材料、石材、放线材料等。

该工程主要的工具及设备包括斧头、钎子、铁锹、镐、挖掘机、运输车辆、打夯机、脚手架、经纬仪、水准仪、放线尺、平板震动机、推土机、钢筋切断机等。

一、施工任务安排

由于本工程是一项综合工程，它包括地形的整理、广场的铺筑、绿化栽植、置石、景墙等工程施工。施工内容比较多，所以，要求包含土建施工队伍和绿化施工队伍、具有专业施工资质的专业队伍来完成施工，或者安排主要的两支专业施工队伍进场施工，即由土建施工队伍负责施工本工程范围内所有基础工程的工程量，由绿化施工队伍负责施工本工程范围内所有绿化的工程量。为了保障工期与施工质量，同时为了提高工作效能，除了加强人员管理，增加施工人员外，能使用机械操作的尽量使用机械操作，同时加强各专业施工单位的协调关系。施工时各专业施工队交叉流水作业，互不干扰，具体施工顺序是先进行结构施工及大乔木的栽植，然后进行置石、景墙、广场铺装，最后进行小乔木及灌木的栽植。

二、施工准备

1. 技术准备

组织技术和施工管理人员仔细熟悉图纸，认真阅读图纸内容和建设单位对本工程要求的一切规定,并同设计和监理人员做好技术交底会审工作,真正了解设计的意图,明确施工任务,根据施工现场的施工条件定出最佳实施方案,并绘制详细的施工平面布置图和施工总体进度安排表。还要制定施工规范、安全措施、岗位职责、管理条例等。

2. 材料准备

（1）建筑材料

根据实际情况做好材料采购计划,落实好供货渠道,做好材料的进场工作,同时严格控制材料质量,并收集好原材料的合格证,交质检员审核,配合试验员做好各类材料的抽检试验工作,以确保施工过程材料的充足供应。各类材料均在施工前十天内进场,常规用的水泥、钢材、砂、石料等应备足半个月的使用量,以防工程大规模使用时材料断档。

（2）植物材料

按照栽植所要求的苗木种类、规格、数量编制苗木计划。确定各类苗木的来源地,与苗木生产单位取得联系、签订货合同。苗木的选择除了根据设计提出对规格和树形的要求外,要注意选择长势健旺、无病虫害、无机械损伤、树形端正、须根发达的苗木。苗木选定后要安排好运输、栽植方案。

3. 机具准备

用于工程施工的一切施工机械,必须类型齐全、配备完整,并与施工质量和进度相适应,其机械状况应能满足工程要求,并能完成保证质量的作业。施工机械和设备的配备必须保证在任何施工阶段中都不影响工程的正常进行,并留有适当的余地,作应急之用。

4. 施工人员培训

所有施工人员在上岗前要进行各种质量、安全、文明施工意识的教育工作,明确施工目标,并对全体施工人员进行施工技术的培训,以保证施工质量及施工后能够达到符合设计要求的景观效果,如图 8-1-6 所示。

图 8-1-6　施工前培训

5. 现场准备

清除现场障碍,搞好场地整理,做好施工便道工作,以便材料运输车辆能够正常通行。根据建设单位提供的控制桩和水准点,认真组织测量放线,做好临时水准点的引测工作,并做好保护,确保工程施工的正确性。根据建设单位提供的电源、水源、使用场地,架设好水电

线路和搭设好各种生产、生活用临时设施。做好施工围护工作,设置相应的文明施工牌和工程、企业概况牌,做好文明施工和环境卫生工作。做好施工现场的临时排水系统。

三、定点放线

根据图纸设计,按方格网上坐标在施工范围内测设纵、横两道主控制线,设置控制桩,并加以定位保护。然后用经纬仪根据控制桩测设全场方格网。根据设计施工总平面图用石灰粉在施工区域内以 10 m×10 m 为一方格撒出方格网,定出施工范围,打上控制桩并注明编号。每项工程具体施工时,在施工范围内再按施工要求进行局部的详细定点放线。

四、地形的堆塑

根据总平面图(图 8-1-2)和竖向平面图(8-1-3)所示,在广场的东西两侧有微地形的堆塑,应按如下施工流程进行施工:施工前准备→定点放线→分层填土→夯实→整理。其详细施工操作详见相应项目。

五、置石施工

根据总平面图(图 8-1-2)和施工详图(图 8-1-5)所示,置石的施工应按如下施工流程进行:施工前准备→定点放线→基座设置→置石吊装→修饰。其详细施工操作详见相应项目,如图 8-1-7 所示。

图 8-1-7 置石的吊运

六、景墙施工

根据总平面图(图 8-1-2)和施工详图(图 8-1-5)所示,景墙的施工按如下施工流程进行:施工前准备→定点放线→挖槽→挂线→基础施工→砌砖→各种造型门窗支模(或安装预制件)→封顶→墙面找平→放线→镶嵌→贴面→修饰。其详细施工操作详见相应项目。

七、广场铺筑

根据总平面图(图 8-1-2)和施工详图(图 8-1-5)所示,广场铺筑的施工按如下施工流程进行:施工准备→场地放样、定标高→挖方与填方施工→场地平整与找坡→素土夯实→路牙铺设→稳定层的浇筑→铺板→灌缝、擦缝。其详细施工操作详见相应项目,如图 8-1-8 所示。

图 8-1-8　路牙铺设

八、乔木、灌木种植

根据总平面图(图 8-1-2)和绿化种植图(图 8-1-4)所示,乔木、灌木的施工按如下施工流程进行:施工前准备→定点放线→挖栽植穴→修剪→散苗→栽植→设支柱→灌水→封堰。其详细施工操作详见相应项目,如图 8-1-9 所示。

图 8-1-9　苗木修剪

九、养护管理

整个工程施工完成后要进行养护。养护期按合同规定,一般为 1～3 年。当完成合同规定的养护期,达到工程质量标准后才能进行竣工验收。各施工项目的养护内容参照相应项目的具体要求。

十、竣工验收

1. 资料的准备

竣工验收资料与文件是项目竣工的依据,从施工开始就应进行完整的积累和保管,竣工验收时应编目建档,包括施工中标通知书、施工合同、工程预算、工程组织设计、设计图纸、技术交底、工程竣工报告、园林绿化质量验收记录表、养护管理措施及保修书、植物检疫证及建材产品合格证、工程监理资料、工程决算、设计变更、竣工图纸、补栽计划、情况说明等其他材料。

2. 竣工预验收

竣工预验收是施工单位自行组织的内部模拟验收。施工单位组织相关的技术人员,对拟竣工的工程情况和条件,根据施工图要求、合同规定和验收标准进行检查验收。主要包括:竣工项目是否符合有关规定,工程质量是否符合质量检验评定标准,工程资料是否齐全,工程完成情况是否符合施工图及使用要求等。若有不足之处,及时组织力量限期完成。

3. 提交验收申请报告

施工单位向监理单位或建设单位提交验收申请报告。

4. 正式验收

由监理方组织建设方、设计方和施工方,共四方,进行正式验收。对整个项目进行全部验收时,对已验收过的单项工程,可以不再进行正式验收和办理验收手续,应将单项工程的验收单作为全部工程验收的附件加以说明。工程由质检部门和建设方、监理方经验收确定合格后,办理竣工验收签证书,必须有三方签字方可生效。

任务考核

任务考核内容和标准如表 8-1-1 所示。

表 8-1-1　任务考核内容和标准

序号	考核内容	考核标准	配分	考核记录	得分
1	小游园施工图识读	熟读表达内容	30		
2	小游园基本知识	了解小游园概念及特点	10		
3	小游园施工	掌握小游园施工的工艺流程	50		
4	工程验收	能够达到小游园工程验收标准	10		

知识链接

一、工程项目施工组织

合理编制施工组织设计是保证工程项目实施和实现预期目标的重要依据。施工组织设计是指导综合工程施工全过程中各项活动的技术经济和组织的综合性文件。合理编制施工组织设计,可以全面考虑整个工程的各种具体施工条件,拟定合理的施工方案,确定施工顺序、施工方法和劳动组织,合理地统筹安排拟订施工进度计划;可以把综合工程的设计与施工、技术与经济、施工方的全部施工安排与具体工程的施工组织工作更紧密地结合起来;可

以把直接参加的施工单位与协作单位、部门与部门、阶段与阶段、过程与过程之间的关系更好地协调起来。

施工组织设计的编制与施工程序的安排是综合工程项目施工组织中必不可少的两大重要内容,也是工程项目顺利实施,实现预期目标的重要保障。

1. 施工组织设计的编制

(1)工程概况

工程概况说明工程地点、工程规模、工程特征、承包的方式、招标的范围、质量目标、安全目标、工期要求。

(2)施工方案

在施工部署中将施工队伍和施工段做具体划分,写明与其他各专业工程交叉施工的协调方案。施工总平面布置中要进行施工临时设施的布置,用水、用电量及材料的布置,通信设施的布置及施工围蔽的布置。施工总体安排中,首先进行施工准备,包括技术、材料、人员、现场等方面的准备工作,然后再进行施工顺序的安排。

(3)主要景观项目施工说明

主要景观项目施工说明说明主要景观项目的施工工艺,详细介绍主要景观的施工操作过程。

(4)工程质量保证措施

工程质量保证措施包括质量目标要求、质量管理体系、质量管理制度和质量保证措施。

(5)安全施工措施

安全施工措施包括施工现场用电安全技术措施、现场施工机械的安全技术措施、安全生产管理措施、消防安全措施。

(6)文明施工措施

文明施工措施保证文明施工的技术组织措施、争创"文明工地"管理办法。

2 综合绿化工程中施工程序的安排原则

(1)遵循园林工程施工工艺及技术规则,合理安排施工程序

园林工程与市政建筑类工程在施工工序上有着共同的特性:全场性工程的施工→单位工程的施工。园林工程中,首先应完成场地平整与测量定位等全场性工程,然后按单位工程的划分逐个或交叉进行园林小品工程、园路铺装工程、绿化工程、绿化给排水及喷灌工程、电气安装及灯光照明工程。这样不仅有利于工程施工的相互衔接,减少工种之间时间上的交叉冲突,而且有利于节约工程成本,提高工程文明施工程度。

(2)采用流水施工方法和网络计划技术,组织有节奏、均衡、连续的施工

综合绿化工程中流水施工方法和网络计划技术的采用,有利于工程项目的计划管理与顺利实施,而且会带来很大的技术经济效果。

(3)科学地安排高温、雨季、冬季施工项目,保证全年生产的均衡性和连续性

综合绿化工程受气候季节和植物季相变化的影响非常明显,在编制综合绿化工程施工部署及施工方案时必须注意常绿与落叶树、喜阳与耐阴树种的搭配,并注意反季节栽植的技术措施。另外,土方工程应避开雨季作业,以防土壤团粒结构的破坏,从而影响植物生长所依赖的立地条件。

(4)尽量减少暂设工程,合理储备物资,减少物资运输量,科学布置施工平面图

综合绿化工程的特性一般为工期较短,施工时效快。因而临时设施应采用可再用性的

移动用房;园林绿化苗木、安装管材及其他材料一般实行有计划采供,而不采用物资储备方式;土方工程要求就地取土或选择最佳的运输方式、工具和线路,减少运输量上的成本支出。科学合理地布置施工平面图,有利于减少施工用地,为工程项目立体平行交叉施工作业提供场地条件,降低工程成本。

二、项目施工管理

园林工程是属于综合性施工项目,它包括地形的改造、广场的铺筑、园路的设置、建筑的应用、植物的栽植等工程施工。为了保证施工质量达到设计及行业规范要求,在施工过程中除加强施工管理,按技术要求规范操作外,还要严格执行工程质量保证措施,安全、文明施工措施。同时,注意在交叉施工中协调好各施工项目间的关系。

1. 施工质量控制

(1)开工前的技术交底制度

一项工程开工前,在认真熟悉设计图纸和规范标准的基础上,由主管工程师向有关施工人员进行技术交底,讲清该项工程的设计要求、技术标准、功能作用、施工方法、工艺和注意事项及与其他工程的关系等,要求全体人员明确标准,做到心中有数地投入施工。

(2)工序"三检"制度

"三检"即自检、互检、交接检。上道工序不合格,不准进入下道工序,确保各道工序的工程质量。

(3)工序交接制度

实行"五不施工"和"三不交接"制度。"五不施工",即未进行技术交底不施工、图纸及技术要求不清楚不施工、测量桩位和资料未经复核不施工、材料无合格证或试验不合格者不施工、上道工序不经检查签证不施工。"三不交接",即无自检记录不交接、未经专业人员验收合格不交接、施工记录不全不交接。

(4)隐蔽工程检查签证制度

隐蔽工程隐蔽前先进行自检,自检合格后书面通知建设方及监理方验收。建设方和监理方及时到现场进行验收,经建设方或监理方确认合格后方可隐蔽;验收不合格,在限定时间内整改后重新验收。

(5)测量资料换手复核制度

测量资料必须换手复核无误,再报监理方审查认可后,方可用于施工,并对中线桩、水准点建立定期复测检查制度。

(6)施工过程质量检测制度

施工过程的质量检测按三级进行,即"跟踪检测"、"复测"、"抽检"三级。通过对施工过程的质量检测,达到及时发现问题、及时解决问题的目的,以便为验收时的质量检验打下良好基础。

(7)仪器设备的标定制度

各种仪器、仪表均按照计量法的规定进行定期或不定期的标定,确保测量、试验数据准确。设专人负责计量工作,设立账卡档案,进行监督和检查。仪器设备由试验室和相关专业指定专人管理。

(8)施工资料管理制度

施工原始资料的积累和保存由分管人员负责,及时收集、整理原始施工资料(含照片、录像资料),分类归档,确保数据记录真实可靠。文件记录的整理工作由工程项目(单位工程)负责人负责组织填写整理,工程结束时装订成册。质检工程师将全部工程质量保证文件和记录汇编成册,竣工时随竣工文件移交。

2. 材料的质量要求

(1)用于工程施工的材料(含半成品、成品)都必须是合格材料,按有关规定满足设计和规范要求,做好成品保护,认真做好记录,在办理工程中间交接的同时向建设方提供产品合格证明、检验资料和清单。

(2)用于工程项目的材料,均按规定进行抽验、试验;经检验不合格的材料禁止进入施工现场。

(3)如工程项目未设计而工程又需要的某些材料要符合监理方批示的质量要求。没有监理方的批准,不能采用任何替代材料。

3. 施工管理协调

(1)与建设方的工作协调

尊重建设方对工程的统一指挥,服从、配合建设方与各施工单位的协调。在施工过程中,与建设方经常保持联络,加强沟通,主动、及时向建设方汇报工程的进展情况,反映工程存在的问题,以便建设方尽早解决。

(2)与设计方的工作协调

积极主动取得建设方与设计方工作的配合,进一步了解设计意图和要求,根据设计的要求,确定实施性方案,以取得设计方的支持。施工过程中,若遇到地质变化与施工图不符,及时与设计方联系,并提出解决处理办法供设计方参考,但最终按设计方要求实施。

(3)与监理方的工作协调

尊重监理方,积极配合现场监理的工作,在施工过程中严格按照监理方批准的施工实施方案进行施工。在施工过程中,接受监理方的验收和检查,对监理方提出的质量问题应及时地整改,直到监理方满意;在现场质量管理工作中,维护好监理方的权威性。在未经监理方检查验收认可的情况下,不能进入下一道工序施工。

4. 加强安全施工管理

① 要坚持管生产必须管安全的原则,树立"安全第一、预防为主"的指导思想,做到安全生产。

② 严格执行建筑施工安全用电规定;主要施工管理人员均要持证上岗,按职分工;工地管理人员要实行安全责任挂牌制度。

③ 施工现场要有齐全的安全防护设施:操作台要有防风避雨设施,电气设备要有防触电保护器,危险地段要设醒目的安全标志牌和护栏。

④ 工地要设专职安全员,负责各项安全工作。

⑤ 要根据季节特点,经常对职工进行防滑、防触电等安全教育,并采取相应的防患措施。

5. 保证文明施工

① 按批准的"施工组织设计"的总平面布置图进行施工场地布置,生活和生产设施规划布局要经济合理,方便施工,并符合消防、环保和卫生的要求,及时完成场地排水和"四通一清"工作。

② 施工现场设标牌,标明工程项目概况、施工负责人、质量目标和工期目标,重要位置设醒目的标语口号和安全警示标牌。

③ 场内材料堆码整洁有序、分类清楚、标识明确。机械停放整齐并保持完好洁净。施工人员统一着装,时刻保持文明礼貌、奋发向上、纪律严明、整洁愉快的精神风貌。

④ 统一规划施工污水、泥浆、废料和生活垃圾的堆放和运弃。每项工程完工后,及时清理场地,做到工完、料净、场清,不留痕迹。

⑤ 施工现场质量管理标准有关标识要规范和齐全,作业现场要有安全操作规章制度,建设好安全标准工地。

⑥ 所有进场施工机动车辆要标识清楚,在场内和道路上要文明行驶、遵章守纪,树立企业良好社会形象,确保交通和施工安全。

⑦ 工地要有专人管理现场文明施工,污水排放、车辆进出污泥冲洗,确保现场与邻近马路洁净。

⑧ 认真做好卫生防疫工作,根据季节做好流行病的防疫、防暑降温和防寒,保证职工有健康的体魄投入到施工生产中。

在施工过程中加强上述管理措施,同时按照技术规范进行施工,落实质量措施,把影响质量的隐患消灭在萌芽中才能真正保证工程施工的高质量。

复习提高

结合校企合作单位施工情况,到园林工程施工工地进行顶岗实习,通过参与整个工程的建设过程,充分地理解园林工程施工技术的基本知识,真正地掌握施工管理的能力。

参 考 文 献

[1] 孟兆祯.园林工程[M].北京:中国林业出版社,1996.

[2] 董三孝.园林工程施工与管理[M].北京:中国林业出版社,2004.

[3] 李永兴.园林工程技术[M].北京:中国劳动社会保障出版社,2008.

[4] 吴为廉.景园建筑工程规划与设计(上、下册)[M].上海:同济大学出版社,2003.

[5] 陈科东.园林工程施工技术[M].北京:中国林业出版社,2007.

[6] 吴戈军,田建林.园林工程施工[M].北京:中国建材工业出版社,2009.

[7] 易新军,陈盛彬.园林工程施工[M].北京:化学工业出版社,2009.

[8] 中国风景园林学会园林工程分会,中国建筑业协会古建施工分会.园林工程施工问答实录[M].北京:机械工业出版社,2009.

[9] 筑龙网.园林工程施工方案范例精选[M].北京:中国电力出版社,2006.

[10] 易军.园林工程材料识别与应用[M].北京:机械出版社,2009.

[11] 陈科东.园林工程施工与管理[M].北京:高等教育出版社,2002.

[12] 邓宝忠.园林工程(一)[M].北京:中国建筑工业出版社,2008.

[13] 陈祺,李忠明.景观小品图解与施工[M].北京:化学工业出版社,2007.

[14] 乐嘉龙,李喆,胡刚锋.学看园林建筑施工图[M].北京:中国电力出版社,2008.

[15] 沈克仁.地基与基础[M].北京:中国建筑工业出版社,2005.

[16] 包永刚,钱武鑫.建筑施工技术[M].北京:中国水利水电出版社,2007.

[17] 王兆.建筑施工实训指导[M].北京:机械工业出版社,2006.

[18] 曹启坤.施工员速学手册[M].北京:化学工业出版社,2009.

[19] 苏炜.房屋建筑学[M].北京:化学工业出版社,2004.

[20] 刑丽贞.给排水管道设计与施工[M].北京:化学工业出版社,2004.

[21] 梁伊任.园林建设工程[M].北京:中国城市出版社,2000.

[22] 张建林.园林工程[M].北京:中国农业出版社,2002.

[23] 唐学山.园林设计[M].北京:中国林业出版社,1996.

[24] 衣学慧.园林艺术[M].北京:中国农业出版社,2006.

[25] 田建林.园林假山与水体景观小品施工细节[M].北京:机械工业出版社,2009.

[26] 陈祺.山水景观工程图解与施工[M].北京:化学工业出版社,2008.

[27] 李世华,徐有栋.市政工程施工图集(五)[M].北京:中国建筑工业出版社,2004.

[28] 陈祺.园林工程建设现场施工技术[M].北京:化学工业出版社,2005.

[29] 本书编委组.园林工程施工一本通[M].北京:地震出版社,2007.

[30] 陈祺,杨斌.景观铺地与园桥工程图解与施工[M].北京:化学工业出版社,2008.

[31] 韩玉林.园林工程[M].重庆:重庆大学出版社,2006.

[32] 孙晓刚.草坪建植与养护[M].北京:中国农业出版社,2002.

[33] 孙吉雄.草坪学[M].北京:中国农业出版社,2003.

[34] 赵燕.草坪建植与养护[M].北京:中国农业大学出版社,2007.

[35] 董丽.园林花卉应用设计[M].北京:中国林业出版社,2003.

[36] 吴涤新.花卉应用与设计[M].北京:中国农业出版社,1994.

[37] 张吉祥.园林植物种植设计[M].北京:中国建筑工业出版社,2001.

[38] 戴善奎.屋顶花园的设计与建造[M].石家庄:河北科学技术出版社,1999.

[39] 黄启敏.阳台种花与屋顶花园[M].福州:福建科学技术出版社,1986.

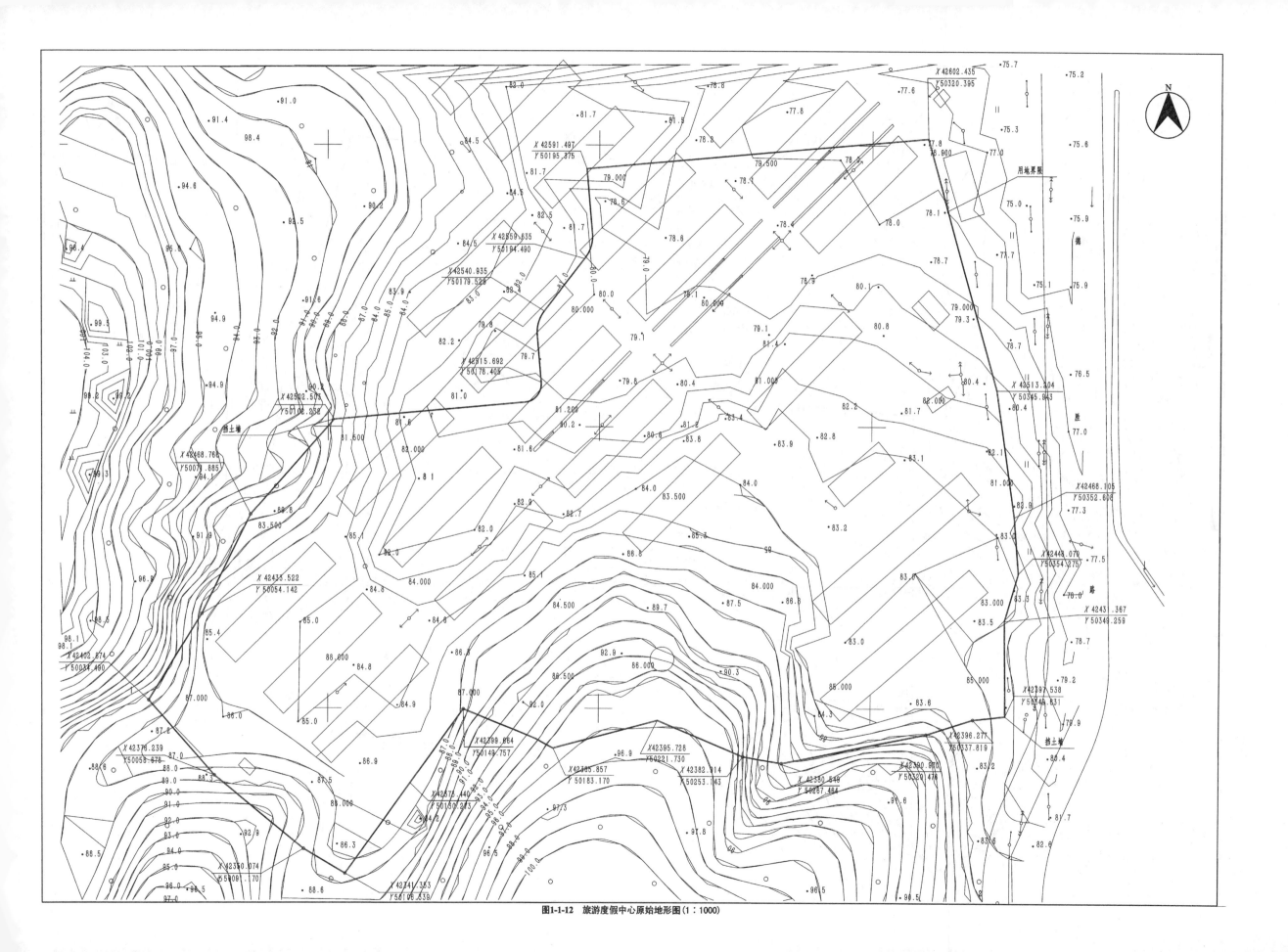

图1-1-12　旅游度假中心原始地形图(1:1000)

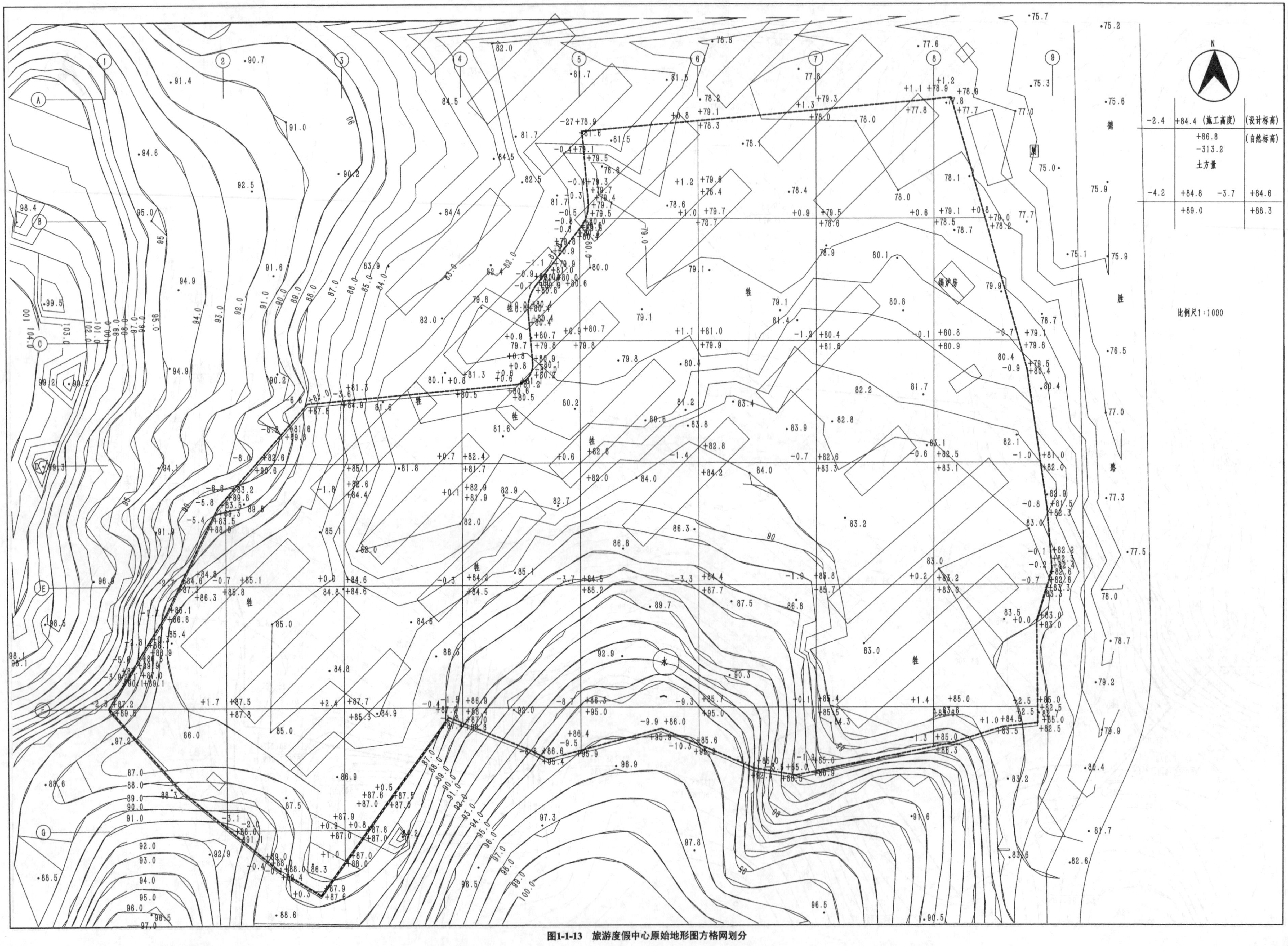

图1-1-13 旅游度假中心原始地形图方格网划分

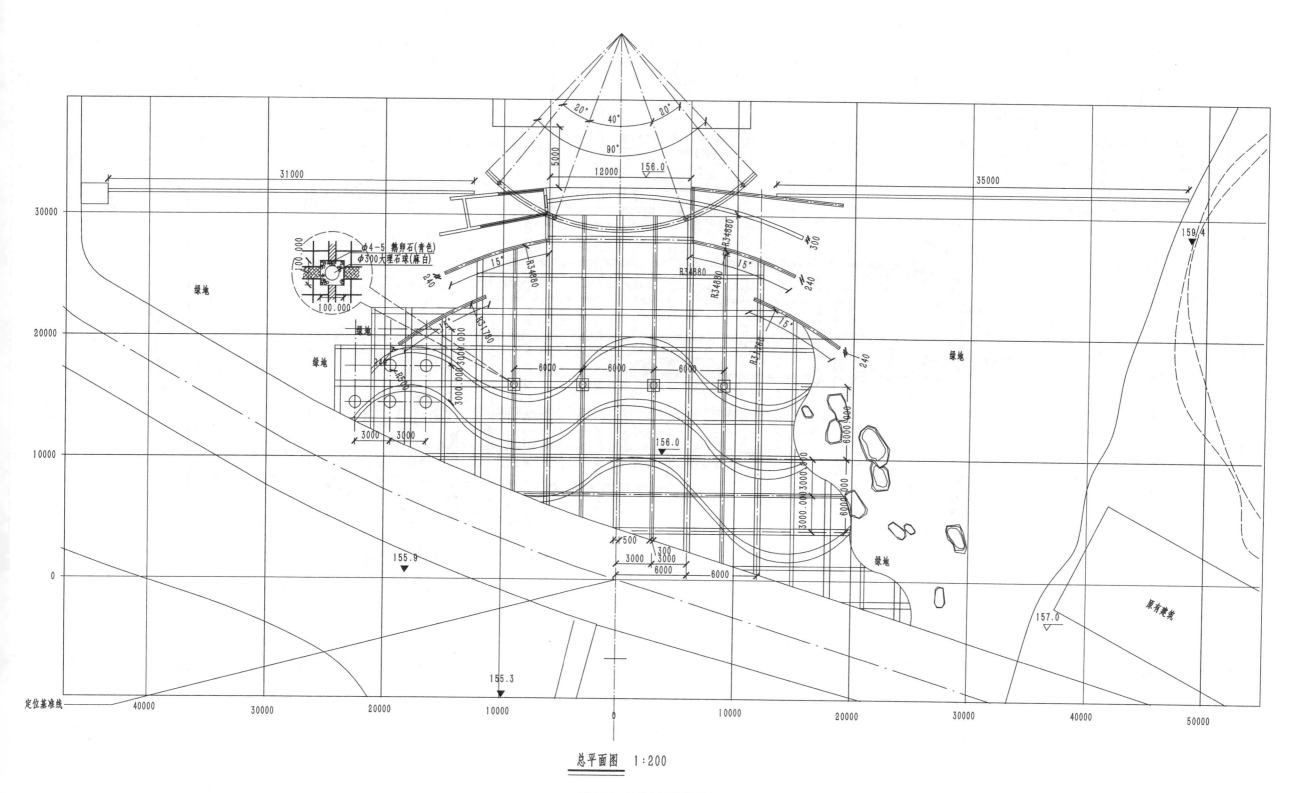

总平面图 1:200

图8-1-2 绿化广场总平面图

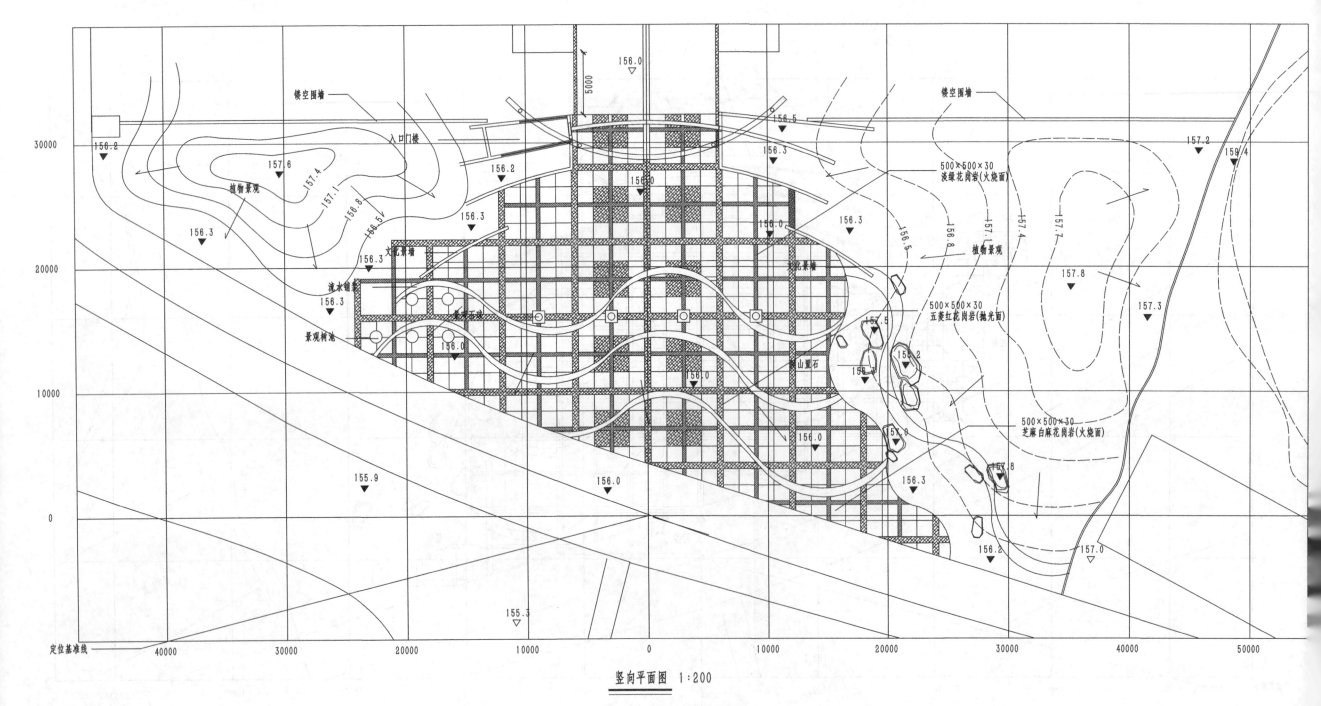

镂空围墙

入口门楼

植物景观

文化景墙

流水铺装

景观水池

景观树池

文化景墙

假山置石

镂空围墙

500×500×30
淡绿花岗岩(火烧面)

植物景观

500×500×30
五羊红花岗岩(抛光面)

500×500×30
芝麻白麻花岗岩(火烧面)

定位基准线

竖向平面图 1:200

图8-1-3 绿化广场竖向平面图

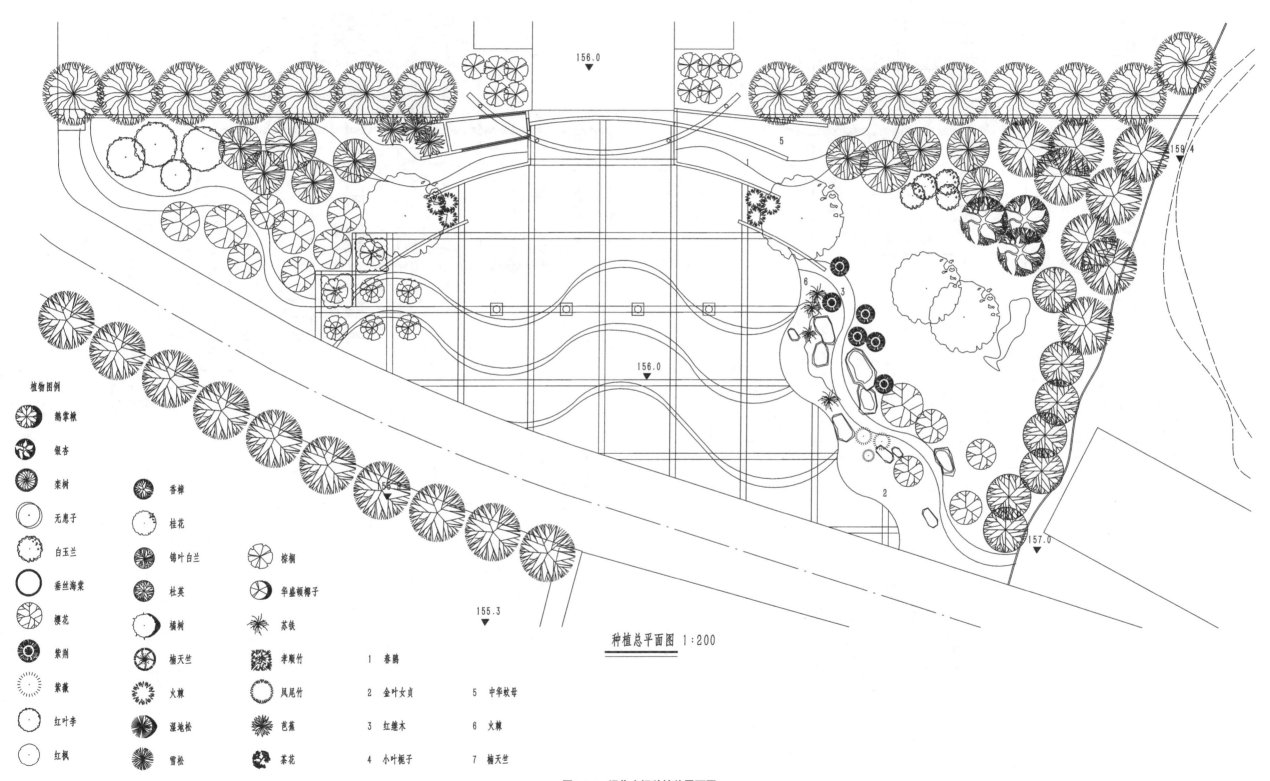

植物图例

	鹅掌楸		香樟				
	银杏		桂花				
	栾树		锦叶白兰		棕榈		
	无患子		杜英		华盛顿榈子		
	白玉兰		橘树		苏铁		
	垂丝海棠		楠天竺		孝顺竹	1	春鹃
	樱花		火棘		凤尾竹	2	金叶女贞	5	中华蚊母
	紫荆		湿地松		芭蕉	3	红继木	6	火棘
	紫薇		雪松		茶花	4	小叶栀子	7	楠天竺
	红叶李						
	红枫						

156.0

159.4

156.0

157.0

155.3

种植总平面图 1:200

图8-1-4 绿化广场种植总平面图

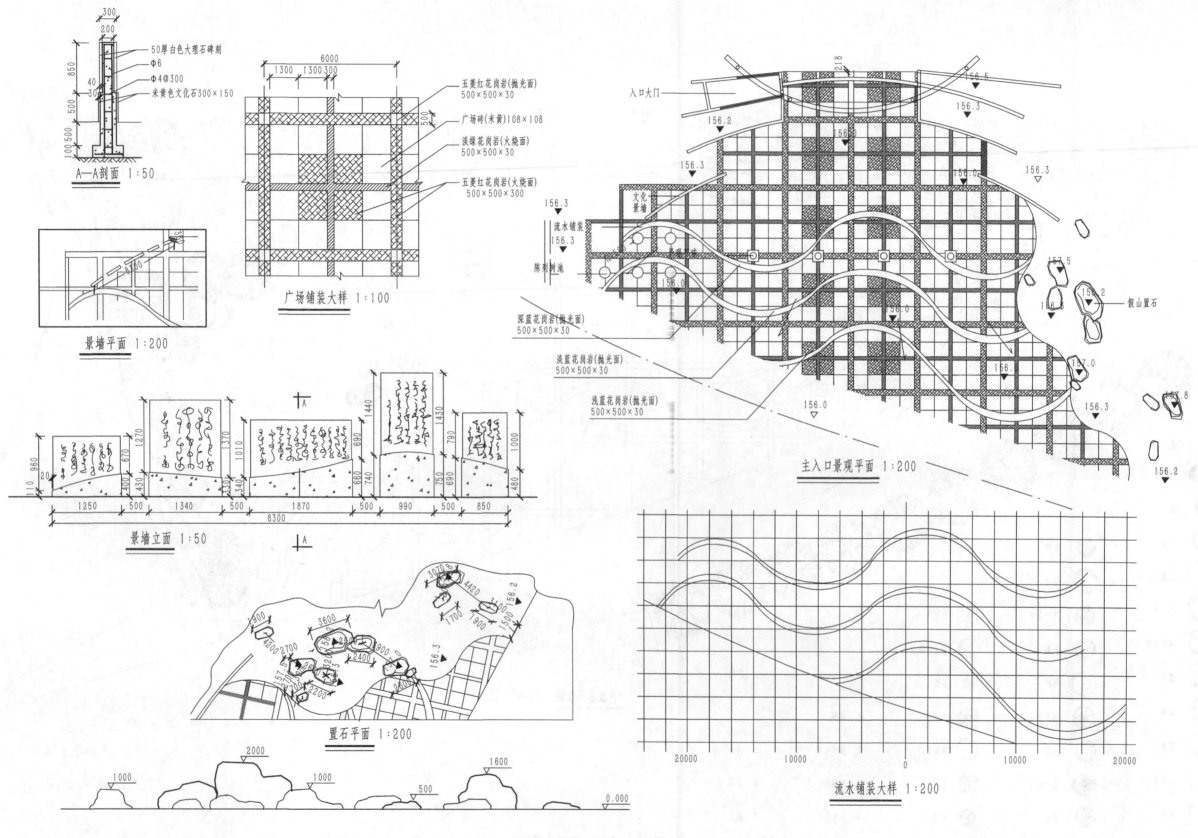

A—A剖面 1:50

300
200
850
40
30
100 500 500

50厚白色大理石碑刻
Φ6
Φ4@300
米黄色文化石300×150

景墙平面 1:200

广场铺装大样 1:100

6000
1300 1300 300
500

五菱红花岗岩(抛光面)
500×500×30
广场砖(米黄)108×108
淡绿花岗岩(火烧面)
500×500×30
五菱红花岗岩(火烧面)
500×500×300

景墙立面 1:50

1250 500 1340 500 1870 500 990 500 850
8300

置石平面 1:200

景石立面 1:100

2000
1000 1000 1600
500 0.000

主入口景观平面 1:200

入口大门
文化景墙
流水铺装
陈列树池
假山置石

深蓝花岗岩(抛光面)
500×500×30
淡蓝花岗岩(抛光面)
500×500×30
浅蓝花岗岩(抛光面)
500×500×30

156.2 156.3 156.3 156.5
156.3 156.3
156.3 156.0
156.0
157.5 156.2
157.0 157.0
156.3 157.8
156.2

流水铺装大样 1:200

20000 10000 0 10000 20000

图8-1-5 绿化广场详图